百年"陆战之王"

——坦克发展史

主编 刘向刚 李 雄 张有凤

国防工业出版社

·北京·

内 容 简 介

本书系统介绍了坦克发展历史,从第一次世界大战坦克的艰难诞生与初露锋芒,到第二次世界大战大放异彩与陆战称霸;从冷战时期成为美苏争霸利器,到21世纪信息化战场数字化改造与名扬天下,坦克历经战争磨练而刀锋依旧锐利。当前,信息化浪潮与军事变革席卷全球,未来坦克在信息化战场上将会以何种面貌出现在世人面前,坦克仍是叱咤风云、主宰战场的主角吗?本书为读者系统梳理了坦克发展的百年历史,读者可以从中了解到美国M1A1、俄罗斯T90、德国豹Ⅱ、以色列梅卡瓦、法国勒克莱尔、日本90式等世界王牌坦克的发展历史、设计背景和战技指标以及未来发展方向,同时还可以领略到"陆战之王"在硝烟弥漫的战场上的气魄与战绩。

本书介绍的每一种坦克都配有精美图片,生动再现了世界战争史上的那些功勋坦克的过人风采。坦克工艺图详尽地介绍了各型坦克的主要战技指标,包括整车战斗全重、乘员数、发动机输出功率、最大行程、武器装备和装甲厚度等情况,力求让喜爱现代军事的读者获得视觉和阅读的双重享受。同时,我们也加入了与之相关的一些趣闻和知识,增加阅读的趣味性。

图书在版编目(CIP)数据

百年"陆战之王":坦克发展史 / 刘向刚,李雄,张有凤

主编 . —北京:国防工业出版社,2016.4

ISBN 978-7-118-10188-1

Ⅰ. ①百⋯   Ⅱ. ①刘⋯ ②李⋯ ③张⋯   Ⅲ. ①坦克—军事史—世界   Ⅳ. ① E923.1-091

中国版本图书馆 CIP 数据核字(2016)第 047176 号

※

国防工业出版社 出版发行

(北京市海淀区紫竹院南路 23 号　邮政编码 100048)

三河市众誉天成印务有限公司印刷

新华书店经售

*

开本 710×1000 1/16　印张 24¼　字数 368 千字

2016 年 4 月第 1 版第 1 次印刷　印数 1—5000 册　定价 58.00 元

前言

　　1915 年，在英国海军部里诞生了世界上第一辆坦克，它由内燃机、装甲和火炮组成。由于这种武器外形像斜方形铁盒，加之为了蒙蔽间谍，英国人把它称为"TANK"，即"坦克"，当时处于战场主角位置的炮兵对此不屑一顾，认为"如此粗糙的铁块根本无法在战场上发挥作用"。历史并非巧合，飞机在问世之初也没有受到陆军的好评价，被认为是"木头和布制作的危险玩具"。随着信息化时代的到来，号称"陆战之王"的坦克被安装了计算机和传感器等设备，可以肯定的是，随着人工智能和自动化控制技术的发展，未来的坦克，也许不再称作坦克，却有可能是未来信息化战场联合作战中一个网络作战节点。

　　为加强我军陆军装甲装备理论建设，本书紧密跟踪当前世界军事强国装甲装备发展进程，以装甲装备发展为脉络，全面系统地阐述了百年以来装甲装备发展的历程、趋势、规律等。本书的相关数据资料来源于世界各国国家档案馆、网站等已公开的军事文档、《简式防务周刊》等国外知名军事媒体的相关技术资料，关于武器的相关参数还参考了制造商官方网站的公开数据。我们将其中有关这些武器的来历、发展和参数等内容客观地记录下来，让读者可以全方位地了解它们。在编写的过程中，我们在内容上进行了去伪存真的判别，让内容更加符合客观事实，同时全书内容经过多位军事专家严格的筛选和把关。

　　本书编写人员有刘向刚、李雄、张有凤、刘利超、董志明、罗建军、蒲玮、韩战宁，刘向刚、李雄、张有凤对全书进行了汇总统稿，张有凤、刘利超等对文字、图片进行了认真细致的校对。需要说明的是，为方便读者阅读，书中涉及的数据单位，统一用中文表示。

　　由于信息化条件下陆军装甲装备发展建设迅速，加之编写人员水平有限，书中难免有诸多不当之处，恳请专家和广大读者批评指正。

编写组

二〇一五年一月于北京

目录

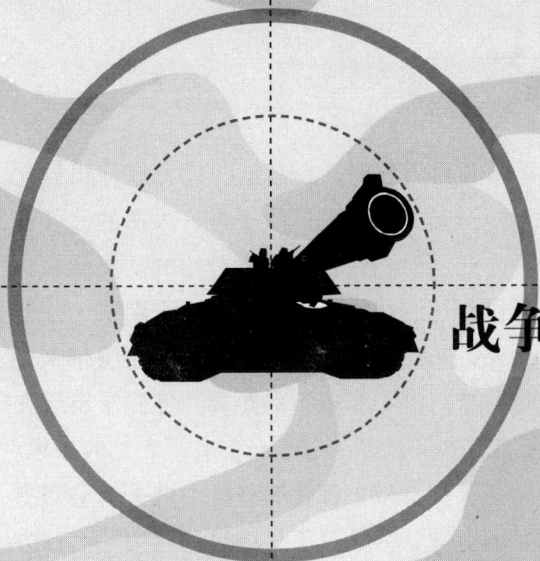

第一章

战争召唤　应运而生

"坦克"一词系英语单词"TANK"的音译，原意为很大的储存液体或者气体的金属容器（水箱、水柜）。1915 年生产制造世界上的第一辆坦克时，由于这种武器外形像斜方形铁盒，加之为了蒙蔽德国的间谍，英国人便为它取了这个名字，却没有想到被沿用至今。

第一节
艰难的诞生历程

当第一次世界大战在 1914 年 8 月爆发时，交战双方均无任何机械化的运输工具，后方梯队绞尽脑汁支援前线作战部队。于是，大量的马匹就成了部队运输的主要机动力量。与此同时，在执行后勤补给的队伍里，也出现了一些拖拉机。它们以内燃机和蒸汽机为动力，主要用于牵引一些诸如大型火炮之类的重型装备。此外，一些早期型号的拖拉机还用履带来替代轮胎。尽管这些拖拉机在战时经常行进不了多远的距离，但还是出现在负责后勤保障的后方梯队里。所有这些问题都引起了一些有识之士的深思。

第一次世界大战进入相持阶段，交战双方都没有好的办法去突破对方阵地。同时，法国东部和北部战场更被认为是"不可逾越的鸿沟"。双方用机枪作为据守阵地的主要武器，由于防守方的火力太猛，进攻方往往不得不取消相应的战役企图。在进攻中，缺乏防护的官兵经常遭受重大的伤亡；同时，也没有任何车辆能穿越双方对峙区内的无人地带。至于那些逃脱机枪和火炮攻击而幸存下来的车辆，它们会被视为"奇迹"。第一次世界大战的地面战斗就以这样一种方式在延续……

一、斯温顿的大胆提议

在 1912 年，一位澳大利亚工程师，同时也是专业发明家的劳塞罗特·德·摩尔先生向英国战争部递交了一份装甲车辆的设计图纸，却被英国官僚们视为无稽之谈。第一次世界大战爆发后，一位当时在英军服役的军官恩斯特·斯温顿中校也提出了与其类似的方案。

早在担任帝国防御委员会助理秘书时，斯温顿中校就已经预见到装甲战斗车辆在未来战争中的作用。他作为可以到达战区进行访问的随军记者，

在查尔斯·塞姆逊领导的皇家海军航
空兵驻法国中队作过短期采访，由于
该中队执行迫降飞行员营救任务以及
地面侦察的任务，所以他对前线部队
的作战环境有着直观的认识。同时，
他也参与了日俄战争报告的编撰工作，
对机枪所具备的巨大杀伤力同样有着
清醒的认识。受战争经验的启发，斯
温顿中校提出要在当时的"豪尔特"
型履带式拖拉机基础上设计装甲车辆，
"豪尔特"型履带式拖拉机是当时主
要的火炮牵引车辆，在装备防护装甲
和火炮的情况下，经过武装的履带式

发明坦克的功劳归于英国军官恩斯特·斯温顿

拖拉机将在战争中扮演机动的"机枪破坏者"的角色。他设想了一架自动推
进的机器，能在一条连续的带子上前进，可用于突破敌方防御阵地。

斯温顿中校的建议被呈递给帝国总参谋部，最终得到海军大臣温斯
顿·丘吉尔的支持。在这种情况下，战争办公室决定提供给"豪尔特"型
履带式拖拉机一次测试的机会。于是，在1915年2月17日，暴雨如注的
日子，没有携带武器和装甲的"豪尔特"型履带式拖拉机与一辆卡车开始
了对比测试，由于暴雨的缘故，地面一片泥泞，卡车装载2.5吨沙袋可通
过战壕，但履带式拖拉机并不能拖载负荷顺利通过战壕，战争办公室认为
斯温顿中校提出的方案并不可行，于是他的设计也被束之高阁。

但是在丘吉尔的推动下，既然陆军对此设计不感兴趣，丘吉尔就转而
责成海军部"陆地战舰委员会"对该方案再次进行论证。在经历了一连串
失败之后，一个小的装甲车辆设计组成立了。该设计组的召集人是林肯郡
的富勒牵引发动机制造厂主管威廉·特里顿爵士，而海军机械翻斗车制造
厂主管沃特·威尔逊则担任他的副手。几乎与此同时，斯温顿中校设计了
新的装甲车辆草图，这种新装甲车辆将适于在前线进行作战。很幸运，该
方案最终被采纳了。新设计的装甲车辆可爬上垂直高度1.5米（5英尺）
的45°陡坡，并可通过宽度2.5米（8英尺）的战壕。

　　1915 年，第一辆 "林肯机器"（或者叫做 "屈利顿机器"）开始进行制造，同年 9 月 10 日对样车进行了测试。这辆车在工艺上没有什么创新之处，唯一的亮点是使用了美国 "巴尔劳克" 型拖拉机的履带系统。首辆 "林肯机器" 在测试中暴露出很多的不足。为此，屈利顿爵士建议将小块的金属履带连接起来组合成新型履带结构。这项建议得到了很好的采纳。重新制造的 "林肯机器" I 号车，被叫做 "小威廉"，也叫 "小游民"，在使用新型履带后，整车的行驶性能得到了极大的改观。它能通过宽 1.5 米（5 英尺）的战壕，并能爬过垂直高度 1.4 米的陡坡。英国海军则针对其可笑的外形开玩笑地叫它 "水柜"，按照英文发音就是 "TANK"。世界第一辆坦克就这样诞生了。

世界第一辆坦克 "小游民"

　　然而，这辆改进型的样车又落伍了。威尔逊先生在样车组装工作结束前又有了新的灵感。1915 年 9 月份，他制作了一个大的木质装甲车模型，该模型与斯温顿中校设计的装甲车草图非常相似。

　　威尔逊先生认为，增加前履带和后履带之间的垂直高度并使上履带向前运动可以增强坦克的爬高能力。由此，他觉得装甲车辆前履带的驱动行进能力比任何其他部分的传动装置都要重要。在原型车中，威尔逊先生使用了直径为 18 米（60 英尺）的轮子。接着，他又制造了第二辆 "威廉·特里顿" 样车，这辆车成为第一次世界大战中装甲车辆的代表。它是索姆河战役中世界上第一种投入实战的坦克，代号"大游民"，即马克I型坦克。

1915年9月29日，在"陆地战舰委员会"召开的一次会议上，威尔逊先生展示了他所设计的改进型装甲车。细节设计方面的工作随即展开。该型车被称作"大威廉"，其主要技战术性能指标为：车长（包括后驱动/稳定轮）9.9米（32英尺6英寸），车高2.4米（8英尺），车宽（包括两侧的突出炮座）4.25米（14英尺），车重超过28吨；主要的武器装备为2门装在突出炮座上的6磅火炮；坦克前部的主装甲厚度10毫米（0.4英寸），两侧装甲厚度8毫米（0.375英寸）；最高时速5.5千米（3.5英里）。在装载227升（美制60加仑）燃油的情况下，最大公路行程为40千米（24英里）。可以爬越坡度为25%的阶梯，垂直爬高高度为1.4米（4英尺6英寸），可通过3.3米（11英尺）宽的战壕；可通过转换变速箱中的变速挡来控制车辆在行进中的状态。坦克乘员4人，指挥官和驾驶员位于前炮塔内，另两名乘员负责换挡。此外，由于坦克在运动中噪声太大，指挥官只能通过打手势或用锤子敲击预先约定的信号来与后面乘员进行交流。坦克尾部装载了一对稳定轮，用来增加坦克通过战壕时的稳定性。从1916年11月起，坦克尾部装载稳定轮已成为一种惯例，这对稳定轮同时也起到了控制坦克行进方向的作用。

1916年初，在装甲车试制成功之后，英国官方订购了40辆该型车。在斯温顿中校的建议下，"陆地战舰委员会"改名为"水箱供给委员会"（注："水箱"和"坦克"在英文中是同一个单词），以便保住这种新型武器的秘密。根据当时官方的说法，"水箱供给委员会"主要负责为伊拉克的沙漠地区提供水箱补给。就这样，这种名为"斯塔克"的重型履带式车辆从那时起就被称作"水箱"。在"水箱供给委员会"并入军需部后，官方订购坦克的数量迅速增加。据当时的文件记载，官方打算订购100辆马克I型坦克，而最终的订购数量估计为150辆。1916年6月的最后一个星期，第一辆真正意义上的坦克驶下了生产线。

最初，斯温顿中校提议建造装甲车辆是为了将其作为"机枪破坏者"来使用。但在装甲车辆初具雏形的时候，他又开始考虑"机枪破坏者"自身的防御问题：4挺"霍奇基斯"型机枪是否足以击溃利用战壕和机枪进行狙击的敌方步兵？敌军能否利用现有火力轻易地狙击并破坏进攻中的坦

克？斯温顿中校认为，当时制造出的坦克在火力方面略显不足，射手在首先操纵机枪的情况下，很少有机会去操纵 2 门 6 磅火炮。因此，在 1916 年 4 月，斯温顿中校正式提出需求报告，要求在 50% 的坦克上换装维克斯公司出品的弹链供弹和水冷式 7.7 毫米口径 C 型机枪，其中，C 型机枪将安装在改进后的炮塔上以替代 6 磅火炮。用机枪来替代火炮的这种坦克被称为"雌性"坦克，而装载火炮和机枪的坦克称为"雄性"坦克。"雌性"坦克主要用来伴随并保障"雄性"坦克对战壕中的敌军士兵进行攻击。就这样，在第一次世界大战期间，英国出产的坦克根据所装备武器的不同分成两类——"雄性"坦克和"雌性"坦克。

马克Ⅰ型的"雄"与"雌"坦克

之后，在马克Ⅰ型坦克的基础上发展了马克Ⅱ型坦克，即加大车顶部的舱盖直径，并改进坦克的动力牵引系统，之后又发展了马克Ⅲ型坦克和马克Ⅳ型坦克，将装甲厚度进一步增加。为了有效防御德制 K 型步枪所发射的 7.92 毫米子弹，马克Ⅳ型坦克的前部装甲增强到 16 毫米（0.625 英寸），其他部位的装甲厚度也增加到 8 毫米（0.375 英寸）至 12.5 毫米（0.5 英寸）。因为早期的战斗证明，K 型步枪子弹可以轻易地击穿马克Ⅰ型或马克Ⅱ型坦克的装甲。马克Ⅳ型坦克的总产量达到了1,200辆，其中"雌性"坦克与"雄性"坦克之间的比例大约为3：2。从1917年4月开始，马克Ⅳ型坦克开始陆续开赴法国战场。之后又在坦克行进速度上进行提高，产生了马克Ⅴ型坦克。

在坦克发展的初期，其设计者还没有一体化的设计理念，乘员所处的内部工作环境是相当恶劣的。以马克Ⅰ型坦克举例而言，其内部空间非常狭小。而在这么小的空间里，必须得容纳8名乘员及其配发的保护性服装。坦克内部装备有发动机、变速箱等，同时为满足作战和机动的需要，还携载了227升（60美制加仑）坦克油料。此外，坦克中还储备了大批武器弹药，按型号分为："雄性"坦克主要携载336发6磅火炮炮弹、6,272发8毫米口径机枪弹；"雌性"坦克主要携载33,000发8毫米和7.7毫米口径机枪弹。每辆坦克还携载相当数量的机械润滑油和90升（24美制加仑）饮用水、1箱信号照明弹和信号旗、1部野战电话和数百米长的电话线以及坦克火炮和发动机的配件。以上每件物品都是必需的，因此留给坦克乘员的工作空间只剩下了很小一部分。所以当时坦克内部的机械布置也是杂乱无章的。乘员在工作中经常被突出的坦克部件撞破脑袋或身体，使得他们在战时出现非战斗伤亡或减员。另一方面，早期坦克中也没有抽烟装置，因此坦克火炮和机枪在发射时产生的废气存留在坦克内部，使坦克乘员的工作环境进一步恶化。

二、怪物亮相索姆河

1916年9月，随着第一辆英国坦克冲向德国人据守的战壕，世界战争史揭开了崭新的一页。在当时，几乎没人能够预料到这种"笨拙的机器"将对20世纪的战争模式产生何等深远的影响。比起之后的许多次坦克大战，第一次世界大战中的坦克战只能说是小战斗，然而它却开创了战争史上坦克与坦克交战的纪录。有了坦克战，陆地战场就变得更加惊心动魄了。

1916年6月，英国建立了第一支坦克部队（由6个坦克连组成，每连编25辆坦克）。到第一次世界大战结束时，英国坦克部队的组织形式是坦克营和坦克旅。1918年8月，英国坦克兵成为一个独立的兵种。

1916年9月15日，在温斯顿·丘吉尔的热情支持下，英国首次将坦克投入战斗，参加索姆河战役。

索姆河战役中的英军坦克

当时英国派到法国的有 2 个坦克连共 60 辆坦克。坦克建制被打乱，分散配置在 9 个师 5 公里宽的战线上。60 辆坦克中，49 辆开出了车场，36 辆到达了进攻出发阵地，在步兵前面或和步兵一起发起冲击。这群 "钢铁巨怪" 不顾枪林弹雨，肆无忌惮，横冲直撞，碾倒铁丝网，压过堑壕，引起极大的心理震撼。德军惊恐万状，英军大受鼓舞。英军一举突破德军 5 公里的陆地，付出的伤亡代价仅为过去的 1/20。但只有 9 辆坦克开了回来，其余的因为机械故障或翻在沟里动弹不得，被德军炮火击毁。

那些模样粗陋沾泥带土的钢铁怪物碾过了德军的堑壕，惊慌万状的德军士兵四散奔逃，这是坦克冲上第一次世界大战战场的首幅画面。从阵地败逃而回的德军士兵很快便知道那钢铁怪物叫坦克，自此便闻 "坦克" 而色变。

在索姆河进攻战中，一支由 7 辆坦克组成的小规模坦克部队脱离了整个进攻队形。虽然有 4 辆坦克被德军的炮火击毁，但另外 3 辆坦克绕到了德军前沿防御阵地的后方（距前沿阵地大约 2 千米），从而达成了战斗的突然性。这支坦克分队的作战行动充分显示出坦克这一新式武器在攻击中的有效性，也取得了自坦克问世以来第一次重要战役的胜利，因此在战争史上占据了一席之地。索姆河进攻战使得英军阵地向前推进了 2 千米（1.2 英里），并且控制了超过 9 千米（6 英里）宽的一整片阵地，同时攻占了

3 个具有重要战略意义的村庄，基本实现了该次战役目的。

三、墨西纳斯失败的启示

　　1917 年 3 月，德军最高统帅部将部队后撤至 1914 年 8 月发动第一次世界大战时的齐格菲防线。这一举动大大出乎英国人和法国人的意料。要知道，齐格菲防线的纵深防御体系与索姆河防线相比更为坚固，英军要想攻破这条防线难度很大。但是，英军指挥官黑格将军表现出了超人的胆略，他决定在 1917 年 4 月上旬发动一次新的进攻战役，包括 34 辆马克 I 型和 26 辆马克 II 型等所有保养良好的坦克都将投入这次进攻行动。坦克作为步兵的支援力量，帮助步兵突破齐格菲防线。但是，由于坦克自身的不成熟与机械故障，坦克表现不佳，被德军的火炮一一摧毁。失去了坦克掩护的步兵在德军坚固的防线前遭受了沉重的打击，最终，在德军随后发动的疯狂反扑下，英军又被赶出了齐格菲防线。

　　转眼之间，季节已经由春季轮换到了夏季。英军总参谋部又制订了新的作战方案，计划在伊普尔地区发动一次新的战役。1917 年 6 月 7 日，战役首先在墨西纳斯地区打响，随后一直持续至 11 月 10 日。英军在发起进攻前，按一字形在德军防线前开挖了 19 个大坑，并在坑中埋设 1,400 多吨炸药。在战斗发起时炸毁了德军在阵地前铺设的障碍物，从而开辟了多条进攻通道。在这次战役中，马克IV型坦克首次出现在世人的面前，并在作战使用上取得了巨大的成功。马克IV型坦克的主要作战任务是在战斗中为进攻步兵提供强有力的火力支援，在战斗初期投入的 40 辆坦克中，有 25 辆完成了火力压制任务。在随后的第三阶段作战行动中，200 多辆马克IV型坦克被配属给进攻部队投入作战。在进攻中，有不少坦克倾覆在弹坑里不能动弹，成为德军火炮的"固定目标"，而成百上千的步兵在德军的机枪扫射下纷纷倒在战场上，成为战争的炮灰。最后，在长达 14 周的激烈战斗后，进攻方逐渐丧失了战场的主动权，德军防线又向前推进了。

　　坦克在墨西纳斯进攻战中的表现遭到了多数军方人士的批评。一位英国陆军高级指挥官指出："第一，坦克不适合在路况较差的道路上行驶；第二，战场上的路况一般都比较差；第三，因此坦克不会在战场上取得比较好的表现。"而坦克部队的高级指挥官们明白，坦克确实存在着不少问题，

可同时他们也清楚,只要在战斗中正确地使用坦克,就能最大限度地发挥其潜力。在当时的战场上,装甲可以被视作胜利的源泉。这一点在 1917 年冬季进行的坎布雷战役中得到了很好的证明。

第二节
"一战"初露锋芒

坦克在战争中的使用,引起了士兵的极大恐慌,德军的总参谋长兴登堡元帅和副总参谋长鲁登道夫将军似乎还未感受到坦克的压力。尤其是鲁登道夫,仅仅 10 余天前,也就是 1916 年 8 月 29 日,他才接任副总参谋长。上任后,就与兴登堡元帅一起策划了战争史上最大的阵地战。双方的阵地战处于僵持状态。英军的几辆坦克冲垮了索姆河前线德军堑壕防御地带,获得了局部的胜利,然而后几日德军又在别的地段捞到了便宜。

直到凡尔登之战尤其是康布雷之战,兴登堡和鲁登道夫才认识到坦克"够讨厌的",才接受一个军参谋长的报告:"敌人使用了一种新型作战武器,这种武器极为有效但又十分残酷。"

鲁登道夫也发过慌,只是恢复冷静要比部属快一些。他看出了协约国军队用坦克突破取得了成功,"多数运动迅速的坦克在有谷物的田野上急骤前进更增加奇袭的效力。"

就是在这种情况下,兴登堡和鲁登道夫共同想到了最好的对付办法是自己制造更好的坦克去对抗。于是他们多次下令催促军事部门快些研制出坦克。

继英国之后,法国、德国、美国等国相继组建了坦克营、连。1918 年,法国开始组建坦克团、坦克旅。第一次世界大战期间,英国、法国、德国共制造了近万辆坦克。主要有英国的马克Ⅳ型、A 型;法国的"圣夏蒙"、雷诺 –17 型;德国的 A7V 型坦克等。

一、雌雄"双胞胎"

在 1917 年的作战中,鲁登道夫的一大收获便是缴获了英国的马克Ⅳ型坦克,德军士兵称这些缴获来的马克Ⅳ型坦克叫"战利品铁甲车"。

　　马克Ⅳ型是典型的菱形坦克，由马克Ⅰ型（大游民）改进而来，吸收了Ⅱ、Ⅲ型的一些长处，在康布雷战役中大显威风，是第一次世界大战中使用最广泛、最成功的英国坦克。雄性马克Ⅳ型装置了2门小口径火炮，发射6磅重炮弹，另外装置4挺7.696毫米刘易斯机枪；而雌性则只装置6挺7.696毫米刘易斯机枪。因此雌性Ⅳ型比雄性Ⅳ型要轻1,016公斤。

马克Ⅳ型雌性坦克

马克Ⅳ型雄性坦克

　　1917年6月，马克Ⅳ型坦克进入英军服役。马克Ⅳ型有8名乘员，车内条件比前几型有了改进。乘员室内装有比较好的通风设备，在车辆顶部和两侧设有安全门。车内装了风扇，向发动机吹冷却空气，通过尾部散热器把热气排出车外。车上增设了消音器，降低车辆噪声。

　　采用刘易斯机枪给Ⅳ型坦克带来了麻烦。但这是不得已而为之的事。因为阵地战，霍奇基斯机枪用量大增，供不应求，只好用刘易斯代替霍奇

基斯装到坦克上。刘易斯机枪有较大的圆形冷却套，要装机枪就得在甲板上开个安装孔。刘易斯机枪安上了，这个安装孔也留下了。马克Ⅳ型一上战场，这个安装孔便成了敌人弹片和弹丸钻入车内的通道，那个机枪冷却套也会被敌人轻兵器打得支离破碎。所以，后出厂的Ⅳ型坦克都换上了霍奇基斯机枪。

英国共生产5种菱形坦克，从坦克的鼻祖“小游民”型坦克到马克Ⅰ、Ⅱ、Ⅲ、Ⅳ型，不过前4种产量少，唯独马克Ⅳ型是生产数量最多的菱形坦克。随着世界大战结束，菱形坦克很快退出了军事舞台，取而代之的是那种重量轻且速度快的坦克。

1917年11月，英国远征军总司令D·黑格将军决心在地形平坦、适于坦克作战的法国北部康布雷西南地区，集中大量坦克实施进攻，企图一举突破兴登堡防线。参战部队为G·宾将军指挥的英国第3集团军，下辖第3、第4步兵军，第3坦克军和第3骑兵军。第3坦克军编有3个坦克旅，配备450多辆坦克。

在11月20日之前的一周内，遵照黑格将军的指令，英军集中了大量的作战装备和补给物资。在当时，英军拥有3个编制旅的坦克部队，具体包括：376辆作战坦克、18辆用于补给及携载备用火炮身管的坦克，以及3辆用于无线电联络的坦克。此外，还有32辆装备拖曳式器材的坦克负责清除路障，以确保跟进的骑兵部队能够顺利通过。考虑到战时的需要，在执行进攻任务的坦克部队中，有两辆携载架桥器材，另有一辆携载大捆的电话线。这样一来，投入此次进攻战役的装甲车辆总数就达到了400多辆。

11月20日拂晓，在未经炮火准备的情况下，在将近10千米宽的正面上，英国坦克部队在步兵配合下发动进攻，炮兵和航空兵提供火力支援。450多辆坦克中，有300辆到达进攻出发阵地。在前12个小时战斗中，已有一大半坦克伤残毁损。在后12个小时里，其余坦克，大部分或者因为机械故障或者因为驾驶员精疲力竭而无法开动，只有少量坦克集中起来又坚持了一天战斗。

到第二天，坦克已突入德军防线近10千米。这是1914年以来西线最成功的一次突破，而且这次突破是在令人难以置信的短时间内完成的。但之后，德军动用自行火炮和飞机对付英国的坦克，夺回了失地。

英军在发起进攻前发现了一个问题，马克Ⅳ型坦克的越壕能力不足以保证坦克部队顺利通过德军挖设的壕沟。解决的办法有两个：第一，对马克Ⅳ型坦克进行改进，但这在当时的情况下是不可行的；第二，每辆坦克在进攻中携载一捆大约 2 吨重的大束柴，每捆大束柴的直径大约 1.4 米（4英尺 6 英寸）、长 3 米（10 英尺），按照这一标准，每捆大束柴足以承受一辆满载坦克的重量。在战斗中，大束柴被放置在坦克上甲板的前端，以便于坦克乘员从内部将其推入前面的战壕中，从而在保证乘员安全的前提下确保坦克顺利地通过德军战壕。这一构想在战斗中取得了极大的成功。

康布雷战役最好的教训或许是使人认识了坦克的首要功能，即坦克有控制地面的能力而无需占领地面。德国元帅兴登堡也不得不承认："英国在康布雷的进攻，第一次揭示了用坦克进行大规模奇袭的可能性……它们能够越过坚固的堑壕和障碍物，对我们的部队产生了显著的影响……步兵感到对坦克的进攻有些无能为力。"

后来，明显不顾安全和集中的传统原则，大胆利用坦克扩张战果，是以上述认识为基础的。给人印象深刻的一条经验是，坦克进攻对士气有巨大影响。J·F·C·富勒在评论康布雷战役中坦克作战时曾说："坦克的主要价值在于对士气的影响，武装部队的真正目是威慑而不是摧毁敌人。"

二、颇有建树的雷诺 FT-17

法国是继英国之后第二个生产坦克的国家。尽管英国是世界上第一辆坦克的诞生地，但法国坦克是独立发展起来的。法国和英国几乎同时发展了世界上的第一批坦克，两者的时间相距不到半年。几乎与英国同步，德国起初也在研发装甲战斗车辆这一新型武器。但到 1914 年，出于多方面的考虑，军方废止了相关的发展计划。因此，在战争初期，除英国外还在发展装甲战斗车辆的国家仅剩下法国。"圣夏蒙"和"施纳德"突击坦克是法国研制的第一批坦克，用法国人的话说："突击坦克是创造性的产物，是新技术的出现和人的聪明才智相结合的产物。"

1915 年 5 月，法国主要的重武器生产商斯科内德公司从美国进口了两辆"豪尔特"型履带式拖拉机，并以此为基础开始进行相关的实验。

1915 年 12 月中旬，斯科内德公司邀请法国政府主管发明事务的居里

斯·路易斯·布利顿先生参观该公司，并向他展示了一辆由该公司总工程师英玖尼·布利里恩负责设计和制造的小型拖拉机。与普通拖拉机不同的是，这辆拖拉机的动力只有45马力，并且安装了箱式装甲。在演示中，小型拖拉机暴露出来的一个很明显的问题就是动力不足。布利顿先生从这次演示中预见到装甲战斗车辆在未来战争中的应用前景，因此，在参观结束后他向法军总参谋部递交了一份报告，力主研制并生产装甲战斗车辆。几天后，法军总司令约瑟夫·约弗雷将军对布利顿先生的报告作了批复，同意研制并生产装甲战斗车辆。12月20日，布利里恩先生受命研发CA型装甲战斗车辆。他的项目合作者是负责装甲车辆实验工作的基恩·拜普提斯特·厄斯泰尼先生。

1916年2月21日，一辆装甲车原型被展示在法军总司令约瑟夫·约弗雷将军面前。这辆原型车照搬了"豪尔特"型履带式拖拉机的履带推进系统，并在关键部位加装了装甲。4天后，斯科内德公司接到了一份军事订购合同。在这份合同中，法军拟采购400辆装甲战斗车辆。最终，斯科内德公司向军方交付了相当数量的CA-1型装甲战斗车。对于英国人称呼这种战斗车辆为"水柜"不同，法国人的称呼为"char d'assaut"，Char在法文中本是车的意思，也可以引申为战车，assault就是"突击"的意思，所以直译就是突击战车，而法国最初的国产坦克，便以CA-1命名。

法国"施纳德"CA-1型轻型坦克

据史料记载，CA-1型装甲战斗车的前端被设计成船型，并且装备一个三脚架以切断或撞倒敌军阵地前沿设置的铁丝网。与英国设计制造的第一辆装甲战斗车辆相比较，法国出产的同类车辆不但重量较轻，而且行驶表现和持久性也不如英国装甲车。然而，尽管法国装甲车存在着种种不足之处，但他们却没有寻求改进。因此，第一代法国装甲车的战斗表现也是可想而知的。斯科内德公司制造的CA-1型装甲战斗车装备了短炮管型75毫米口径快炮，炮口位置在驾驶位置的右侧。这一布置限制了火炮的有效射界——火炮的射击范围被局限在60°的射界之内。CA-1型装甲车第一次"露面"是在1917年4月16日的贝利·奥·柏克战役。在参战的132辆坦克中，有57辆被摧毁。而在当时，对坦克构成巨大威胁的正是德国出产的K型步枪。

就在斯科内德公司的CA系列装甲车投入批量生产之前，"圣夏蒙"坦克也出现了，装备有36倍口径的M1897 75毫米火炮，而此时的英国坦克只有57毫米6磅炮而已，在火力上法国坦克已经站在了世界的前沿。装备了威力巨大的75毫米火炮，并采用电力推动，性能在当时十分先进。这两种坦克组成了法国第一支坦克部队，一共制造了200多辆。在这两个类似于舰艇一般的奇怪炮车的设计下（其实并不奇怪，很多法国坦克设计师最早都是造船的行家），涌现出2个传奇的人物，第一位是施纳德公司总设计师，日后成为法国坦克设计界领袖的欧仁·布里耶（Eugène Brillié）。第二位是炮兵上校欧仁·埃蒂安纳（Jean-Baptiste Eugène Estienne）。而后者被称为法国坦克之父。

"圣夏蒙"重型坦克

第一次世界大战中法国圣夏蒙重型坦克遭受德军火炮的攻击，损失惨重，为适应战争需要，法国主张坦克体积要小型化，而规模要大型化。但由于它的车体太重，随后又被 FT–17 型坦克所取代。

FT–17 型坦克是雷诺公司 1917 年出产的一款轻型坦克，第一次世界大战后期，法国雷诺公司借鉴各国坦克发展的成功经验，并结合本国实际，研发成功了 FT–17 型坦克。

该型坦克的主要性能指标为车重不到 7 吨，乘员 2 名，装备 1 挺机枪和 1 门 37 毫米口径的短身管火炮，车身上部有 1 座 360° 旋转炮塔，车长为（包括尾部）5.0 米（16.4 英尺），车宽为 1.74 米（5.7 英尺），车高为 2.29 米（7.5 英尺），装甲厚度为 6~16 毫米（0.24~0.63 英寸），最大速度为 7.7 千米 / 小时（4.8 英里 / 小时），最大行程为 55 千米（34 英里）。FT–17 型坦克的履带系统也作了改进，加装 1 个惰轮以增加坦克的爬坡能力。由于履带全长只有 5 米，因此该型坦克无法通过宽度超过 1.8 米的战壕。FT–17 型坦克的发动机为雷诺公司出品的 35 马力汽油机，最高时速 8 千米（5 英里），在携载 100 升（26 美制加仑）燃料的情况下，行程仅为 35 千米（22 英里）。

FT–17 在布鲁塞尔军事博物馆

FT-17 坦克在 1917 年 2 月制造出原型车，3 月开始量产第一批 150 辆 FT-17，早期量产的 FT-17 存在着散热风扇皮带容易断裂导致的冷却系统问题，虽然 1917 年只有 84 辆完成，但是适合量产的设计让 FT-17 总数迅速增加，有 2,697 辆在 1918 年战争结束前出厂。考虑到量产便利性，原型车使用的铸造圆锥形炮塔在量产初期改为铆钉接合的八角形炮塔，随后又改为铸造炮塔。1918 年 3 月 31 日后的第一次世界大战末 FT-17 被广泛使用于法国军队和美国军队，停产时法国陆军接收了 3,144 辆 FT-17，美国陆军接收了 514 辆，意大利则接收了 3 辆与设计图，法国最终总共生产 3,661 辆，虽然数量庞大，但未达到在 1919 年结束时制造 12,260 辆（其中 4,440 辆在美国）的生产目标。

1920 年 7 月法国军方下达命令，要求全面建造装甲车辆，混合使用，分为 4 类：①以 FT-17 为主力的轻型坦克；②以 CA-1 为主力的榴弹炮武器支援坦克；③圣夏蒙重型突击坦克和 CHAR 2C 坦克；④增加装甲防护的补给和指挥车 FT-17 型"雷诺"坦克。

FT-17 坦克也参加了第二次世界大战，虽然该型坦克已经完全过时，但波兰、芬兰、法国和南斯拉夫王国的军队仍然在使用。在 1940 年，法国军队仍有 8 个营装备了 63 辆 FT-17。

三、"十月怀胎"A7V

德国在研制坦克的建设上起步较晚。整个一战期间德军都没有意识到坦克在战争中的重大意义，就连索姆河之战也未能给德军统帅部留下深刻印象。直到康布雷战役失败后，德军总参谋长鲁登道夫还是不无自信的说：坦克这种新武器"是够讨厌的，但绝不是决定性的"。虽然在德国也有人设计出了坦克，并像斯温顿和埃斯蒂恩那样四处奔走，但都被德国军方一一拒绝。德国统帅部固执地认为，打赢战争主要靠强大的人力和物力，而不是靠什么新式武器。

当时，德国在西线一直占据着步兵、炮兵数量和质量上的优势，所以对坦克这种性能不稳、威力有限的兵器颇不以为然，根本没有研制坦克的计划和打算。然而，在铁的事实面前，德国最高当局开始逐步改变自己的看法。

在坦克首次驰骋在第一次世界大战战场一个半月后，德国也开始着手研制坦克了。接受这项任务的是德国军事部门的第七交通处。在德文中，第七交通处的缩写词是 A7V，因此在制订设计方案时将要设计制造的坦克命名为 A7V 坦克。这个名字确实有点别扭，不过当时也想不到其他合适的名称，临时应个急吧，A7V 却由此载入了史册。

1916 年 11 月，A7V 进入设计招标，12 月 12 日签订了合同。一家拖拉机公司的常驻代表斯特纳承担了设计任务。然而这位先生对坦克和战场情况了解太少，他设计的 A7V 样车一试验，处处都"掉链子"，特别是发动机冷却和履带方面存在的问题十分突出。如，在发动机方面，坦克的整车战斗全重为 33 吨（除车重外包括 18 名乘员、坦克油料、补给品、57 毫米火炮和 6 挺机枪使用的弹药），2 台 100 马力的"戴姆勒"发动机的动力明显不足。

1918 年 4 月，德国以缴获的英国"马克"型坦克为样本，研制出了第一辆国产 A7V 型坦克。

A7V 也叫强击坦克，乘员为 18 人，车长（不含炮管伸出车体部分）7.47 米（24.5 英尺），车宽 3.1 米（10.2 英尺），车高 3.35 米（11 英尺），装甲厚度 10~30 毫米（0.4~1.18 英寸），发动机为 2 台 100 马力汽油机，最大行程为 40 千米（24.8 英里），最大速度为 8 千米／小时（5 英里／小时），车上安置 1 门 57 毫米火炮和 6 挺 7.92 毫米机枪，携带 180 发炮弹和 18,000 发机枪弹，其中比较厉害的是 40 发穿甲弹，当初速为 487 米／秒时，可在 2,000 米距离上击穿 15 毫米厚钢装甲，在 1,000 米距离上击穿 20 毫米厚钢装甲。这就是说，A7V 能够击穿当时英法两国所有的坦克装甲。A7V 的装甲防护不同一般，车底用较厚的钢板铆接而成，前装甲板厚 15 毫米，底装甲板厚 6 毫米。履带有了装甲防护，是 A7V 的一个优点，德军士兵有打断英军坦克履带的经验，把这个经验用到 A7V 上，就是对履带采取防护措施。A7V 的装甲防护在那时是突出的，不过装甲板并未经硬化处理，防护力受到了限制。

第一次世界大战中德国的 A7V 坦克

A7V 的火炮还能发射霰弹，用于近距离防御。车上 6 挺机枪分别置于车体两侧和后部，同车首处的火炮构成了环形火力。应该说这样的火力组成支援步兵还是够强的。

A7V 还创造了坦克乘员人数之最，达 18 人。车长和驾驶员位于车体中部的方形指挥塔内。炮手和装填手在车前部火炮左右。每两个机枪手负责 1 挺机枪。另有 2 名机械师分别在车内前部、后前，担任随时修理的任务。

武器和人这么多，都要占地方，这样一来，A7V 就成了庞然大物，它巨大得吓人，但是目标如此明显，也容易让敌人一下子就发现了，进而成了靶子。

1918 年 3 月 21 日，A7V 型坦克首次出现在战斗中，但表现欠佳。大约一个月以后，也就是在 4 月 24 日，第一次坦克之间的对决在 A7V 型坦克和马克Ⅳ型坦克之间展开。1 辆 A7V 型坦克在击毁 2 辆英军"雌性"坦克后，被 1 辆英军"雄性"坦克击中，丧失了作战能力。这辆"雄性"坦克随后同另 2 辆德军 A7V 型坦克交火，击毁 1 辆，同时打得另一辆坦克落荒而逃。

A7V 型坦克在战斗中的欠佳表现使得德军痛下决心对其进行改进，并希望将其改建成一种优秀的战斗车辆。德军坦克设计组针对 A7V 型坦克在战斗中暴露出来的缺点，计划借鉴英军在坦克设计方面的成功经验，研制一型与英军坦克大同小异的装甲战斗车辆——A7V/U 型坦克。该型坦克的整车长 8.5 米（约 28 英尺），战斗全重 40 吨。在制造出样车后，德国军方迟迟未批准 A7V/U 型坦克进入批量制造阶段。在同英军坦克进行比较之后，德军方人士认为，与 A7V 型坦克一样，A7V/U 型坦克的装甲强于同时期英军坦克上的装甲，且装甲厚度达到了 10~30 毫米（0.4~1.2 英寸），如此厚度的装甲在一战期间是让人感到非常满意的。在当时，德军还计划制造一种堪称一战时期体积最大、全车最重的超重型坦克——K 型坦克。根据设计计划，K 型坦克具体性能指标为：战斗全重超过 150 吨，乘员 22 人，装备 4 门 77 毫米口径火炮和 7 挺机枪；行动系统为四履带驱动系统，装备 2 台"戴姆勒—奔驰"公司出品的航空发动机，每台额定输出功率为 650 马力。德军方在一战结束前制造出了两辆样车，但是均未能按计划完成。在停战协议签署后，这两辆车也没有逃脱被销毁的命运。

四、米夏埃尔行动

1917 年 10 月，德军在有了 A7V 后组建了坦克分队。一个坦克分队编有 5 辆坦克，6 名军官和 170 名士兵。到 1918 年春，德军已组建了 9 个坦克分队，其中 3 个坦克分队装备了 A7V，另 6 个分队装备的是缴获的英国马克Ⅳ型坦克。

战争的对峙状态对德国越来越不利。美国宣布参战，数十万美军越过大西洋成为协约国的新生力量。潘兴将军的先遣部队在 1917 年 6 月 25 日到达法国后即为后续部队登陆做紧张的准备工作。兴登堡元帅和鲁登道夫将军决定赶在大批美军登陆前进行一场决战，击垮英法的主力部队。这个作战计划就是"米夏埃尔行动"。

1918 年 3 月 21 日，德军发动了强大攻势。在这场攻势中，鲁登道夫动用刚组建的坦克分队去实施"阵地战中的攻击战"。展开攻击的战线长达 80 多公里，参战的坦克却只有 9 辆，4 辆 A7V 和 5 辆马克Ⅳ型。虽然少，但已能说明德军开始运用坦克了。其实，这是德军坦克的第一次实战演练。既练使用战术，也检验 A7V 的性能。

清晨 4 时 40 分，德军数千门大炮和追击炮齐鸣。高爆炮弹、毒气炮弹，连续 6 小时轰炸英军前沿。按图发射的德军炮弹命中率很高，英军阵地受到很大破坏。炮击到第 5 小时后，炮轰由定点改为徐进弹幕射击。步兵和骑兵部队，顶着夹杂着炮火硝烟和毒气的浓雾开始进攻。

也就在此刻，在圣康坦战区，德军坦克第一次冲上战场。尽管 A7V 坦克在战斗中表现不太理想，4 辆 A7V 坦克中有 2 辆出了技术故障，瘫了，坦克分队的指挥常中断，弥漫的烟雾给驾驶员判定方向带来了困难，坦克与伴随的步兵联系不上，坦克走走停停，影响了进攻速度，但坦克发挥的震撼作用、突破作用，还是令德军指挥官们高兴不已。

五、德军遇上"赛犬"

在德国 A7V 驰上战场的同时，英国又将一种新研制的坦克送上前线，这便是"赛犬"A 式中型坦克。

马克菱形坦克在战场上显示了威力，可它仅有 6 千米／小时的速度，英军高层并不满意，他们希望装备一种轻型快速坦克，用来扩大突破口和追击败逃之敌。

威廉·福斯特公司总经理威廉·垂顿爵士抓住了这个机会。他是马克 I 型坦克的设计师，但不重复马克菱形坦克的设计思想，而是大胆地摆脱履带围绕车体转动的模式。

炮塔在车上部，履带在底盘上转动，这种设计思想在当时是相当先进的。垂顿爵士给他设计的这种新思想坦克起了个名字，叫"垂顿—追击者"。军方却将它命名为"赛犬"A 式中型坦克。

"赛犬"最大重量 14.225 吨，有乘员 3 人。车的长、宽、高分别为 6.09 米、2.61 米和 2.74 米。装甲厚度为 5 ～ 14 毫米。车上武器是 4 挺"霍奇基斯"7.696 毫米机枪。动力来自 2 台"泰勒"6 缸水冷发动机，每台功率为 45 马力。于是，"赛犬"比马克 IV 型跑得快了，平路速度达 12.8 千米／小时，行程达 64 千米。

"赛犬"A 式中型坦克共生产了 200 辆，1918 年初装备英军，当年 3 月亮相于第一次世界大战的西部战场。

维莱—布勒托纳的坦克对抗德军"米夏埃尔行动"的第一次攻势取

得了成功,这是鲁登道夫作战战术的一个杰出范例。德军在 8 天时间向前推进了 60 多千米,打破了长期静态防御的沉寂。一支突进的德军缴获了英军 200 万瓶威士忌酒,令英国人大惊。更重要的是,首次攻势造成英军伤亡 16.6 万多人、法军伤亡 7.7 万人。另外,英法军队官兵 7 万人当了俘虏。

鲁登道夫对这个胜利心情很复杂。他既为夺取了许多协约国军队阵地高兴,也为德军坦克分队首次参战就发挥了作用而激动,可他很担忧,因为德军付出了伤亡 23.9 万人的沉重代价,因为协约国的坦克还比德军多许多,双方又进入对峙状态。这时已经是 1918 年 4 月上旬了,大批美军将很快到达,加强协约国的力量。鲁登道夫心里很急,苦思新招。此间,英军在亚眠东南部的几次反攻均被德军第二军团击退。鲁登道夫便令第二军团司令马维茨将军抓住机会进攻,并使用坦克分队。

4 月 24 日,在亚眠附近的维莱—布勒托纳地区,马维茨军团在准备就绪后向英军阵地发起了猛攻。马维茨将军命令坦克队尝试着进攻英军在维莱—布勒托纳南部的阵地,坦克队 3 个分队本有 15 辆 A7V 坦克,但因 2 辆出了故障,只有 13 辆投入了战斗。

正当德军的 A7V 坦克冲向英军阵地时,一个新奇的现象出现了,英军并没有用炮火和反坦克枪阻击德军坦克,而是派坦克去对抗。于是便有了世界战争史上第一次坦克战。

英军参与对抗的是 3 辆马克Ⅳ型坦克和 7 辆"赛犬"A 式中型坦克。由于指挥和观察不灵,战斗几乎是在混乱的状态下进行的。战斗中精彩的镜头是德军 1 辆 A7V 坦克和英军 3 辆马克Ⅳ型坦克厮打,7 辆英军"赛犬"坦克围斗德军 1 辆 A7V 坦克。地形不平和观察受限,对抗的进程很慢,直到天黑才各自退回。

德军 A7V 坦克的火力显示了力量,英军"赛犬"的机枪对 A7V 没有构成威胁。德军 A7V 坦克的 57 毫米火炮击毁了百米外的 1 辆英军雌性马克Ⅳ型坦克。另 1 辆英军雄性马克Ⅳ型坦克见状赶来为同伴报仇,它向德军 A7V 坦克发射了 3 发 57 毫米炮弹,将这辆 A7V 击伤,但未能穿透装甲。英军"赛犬"在这次坦克对抗战中的表现不如德军 A7V。

参战的 7 辆"赛犬"有 1 辆被 A7V 击毁，3 辆被击伤，而参战的 13 辆 A7V 坦克仅有 3 辆被击伤。

1918 年 8 月亚眠战役，英法联军动用的坦克达 600 辆左右，是第一次世界大战中使用坦克最多的一次战役。

亚眠战役中的战斗画面

1918 年 8 月 3—13 日，在第一次世界大战最后战局中，英法军队对德军发起了亚眠战役，目的是要肃清亚眠突出部的德军，消除其对亚眠和巴黎—亚眠铁路的威胁。在布拉什、莫朗库尔 32 千米宽的突破地段上，集中了英军第 4 集团军和法军第 1 集团军、第 3 集团军（共 18 个步兵师、3 个骑兵师、2,684 门火炮、511 辆坦克和约 1,000 架飞机）。英法面对的是德军第 2 集团军（7 个受创的步兵师、840 门火炮和 106 架飞机），防御阵地的工事十分薄弱。8 月 8 日，英法军队未实施炮火准备，即在炮火掩护下由坦克引导出其不意地向德军阵地发起冲击，至日终前，已向德军防御纵深推进 11 千米。一天之内，德军伤亡达 2.8 万人，损失火炮 400 多门。8 月 9 日，法军第 1 集团军全部投入交战。8 月 10 日，法军第 3 集团军一部也投入交战。但是由于坦克损失严重，进展缓慢，逐渐变为局部性战斗。至 8 月 13 日日终前，英法军队在 75 千米的正面上向前推进 10～18 千米，完成了既定任务，使德军遭到重创（损失约 4.8 万人，其中 3 万人被俘）。

法国军队在亚眠战役中使用的坦克

　　亚眠战役之所以获胜，是由于正确地选择了突破地段（与正面其他地段相比，该地段德军防御纵深最小、工事较差），联军在兵力上占有巨大优势，并大量集中使用坦克。德军总参谋长鲁登道夫把 8 月 8 日称为"德军最不幸的日子"。英法军队在亚眠战役中的胜利使协约国彻底掌握了战略主动权，它标志着德国军事失败的开始。3 个月后的 11 月 11 日，德国不得不在停战条约上签字投降，第一次世界大战就此结束。

　　由以上可以看出，在第一次世界大战中，尽管坦克参战的作用异常突出，但它的机械性能还不足以支持长久的战斗，也缺乏必要的速度和行程进行非常深远的突破。通信方面，除目视联系外，还尚无其他联系方法，因而要实施计划之外的大规模战场机动就不可能了。

第三节
早期坦克在战争中的运用

　　早期的坦克只用于引导步兵完成战术突破，不能向纵深扩张战果。但坦克的问世，开启了陆军机械化的新时期，对军队作战行动产生了深远的影响。

　　一般来说，早期的坦克突破战术主要是指坦克排（3 辆坦克）越壕攻击战术。3 辆坦克排成三角队形开进，1 号车负责在敌铁丝网中开辟通路，一直前进到敌前沿阵地前然后左转，使整车与战壕平行，同时以右侧炮塔上的火炮（或机枪）进行压制性射击；随之跟进的2号车行至战壕前，将车上携载的大束柴抛进战壕而后穿越壕沟，在成功后左转，也使整车与战壕平行，并以右侧炮塔上的火炮（或机枪）进行压制性射击；3号车利用2号车抛下的柴束，越过第一道战壕，进至辅助战壕前，将车上携载的大束柴抛进战壕，穿越壕沟，成功后左转，也使整车与战壕平行，并以右侧炮塔上的火炮（或机枪）进行压制性射击。随后，第1、2号车利用已抛下的柴束越过战壕，在与第3号车会合后再向敌军纵深阵地发起进攻。这个看上去很简单的计划，在当时的情况下操作起来却着实不易，这主要和一战时坦克支援步兵作战的任务性质有关。

此后，在该战术的基础上又有所创新。如：要求坦克在越过战壕后向右转，并且每一坦克战术集群中的坦克数量也由3辆增加到4辆；而另一个改进之处就是将步兵集群以连为单位配属在坦克集群后大约100米（330英尺）处，以便使步兵获得有效的掩护。这一改进虽然减少了步兵的伤亡率，但也造成不少问题，影响了战斗的进度。与步兵部队相比较，坦克部队在每次进攻中都需要携载大量的补给。

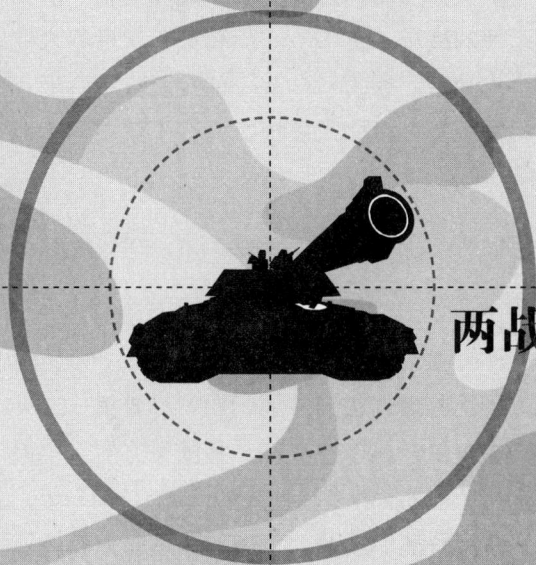

第二章

两战期间 冲破迷雾

第一次世界大战结束后，尽管坦克在欧美国家取得了长足的发展，但只有德军最高统帅部提出了"装甲战争"的概念——在战役中使用坦克集群遂行作战行动，从而达到进攻的突然性和快速性。在其他国家，坦克仍被当作一种步兵支援武器使用。如果按照现在的标准来衡量，1915年出产的坦克，那么它们无疑落伍了。但在当时，这些"装甲战斗车辆"的使用甚至可以改变战局，是当之无愧的战场"主宰"。随着第一次世界大战的结束，坦克的发展也成了一个未知数。因为"一战"的经验告诉我们，坦克在研发、生产和使用方面所需经费之多让人震惊。人们不禁要问，坦克在这种条件下还能继续"生存"吗？

第一节
坦克何去何从

"一战"结束后，坦克的发展面临着何去何从的问题？尽管第一次世界大战中坦克的应用，使作战样式发生了根本性变革，各国军方看到了坦克的巨大威力和发展前景，但是坦克仍面临着去往何方的问题。1919年，英国和法国的装甲部队已经面临着被解散的威胁。传统的军事家们希望恢复一战前包括步兵、炮兵和骑兵等兵种在内的部队结构。他们宣称，这些兵种是最终取得战争胜利的主要因素。而美国则更为直接，它在1920年取消了武装部队中装甲兵的编制。产生这些问题主要有2个原因：一是只有极少数的"坦克手"参加过真正意义上的战争；二是坦克部队被当时这些国家最高层的政策制定者和决策者所忽略。

由于各国在第一次世界大战中花费巨大，很难再投入巨资研发可能会导致"机器战争"的新型武器——坦克。在这种大气候下，坦克的支持者只能寄希望于改进当时几型尚在服役的坦克。在这方面，还是美国人采取了比较大的行动——美国陆军重新启动了"一战"结束时被取消的马克VIII型"自由"式坦克的改进计划，并拟将所生产的坦克用来装备一支中型坦克部队。尽管"雷诺"FT型坦克在技术上已过时，但法国仍坚持发展该型坦克。从某种意义而言，"雷诺"FT型坦克代表了坦克发展的一个方向。该型坦克上不但装备了360°旋转炮塔，而且安装了可反向驱动的履带系统。独立的炮塔结构保证了炮长可以完全独立于驾驶员而实现对火炮的控制。此后，360°可旋转的独立炮塔成为坦克发展的一个主流。

在"二战"爆发前，大战笼罩世界，各国加紧研制新型坦克的步伐。"二战"前夕，坦克的研制开始进入了一个高速发展的阶段。英、法、德、美、日等国的军事专家和设计师分别根据本国的特点，研制出了各具特色的坦克。在整个第二次世界大战期间，各参战国对坦克"量"的需求远远大于对"质"的要求，受各国的生产能力所限，因而出现了能跑动就得上阵的局面。当然，各国也在倾举国之力进行生产研制，于是就出现了众多的型号。

一、"有所作为又无所作为"

英国军方当时将坦克分为两大类，即步兵坦克和巡洋坦克。20世纪20年代，英国维克斯公司在陆军的支持下，先后研制出"独立"重型坦克、"维克斯MK2"中型坦克和"维克斯MK6"轻型坦克等一系列新产品，并在"独立"式坦克上，首次应用了喉头送话器，解决了车内联络问题。

维克斯公司的杰作曾经在坦克制造上领一时之风骚，对各国坦克的发展产生了重大影响。然而，从20世纪20年代末期起，坦克研制便逐步走下坡路，30年代几乎陷于停顿。

直到1934年，随着欧洲局势的紧张，英国才开始重新研制新一代坦克。英国陆军装甲总监、坦克兵元老艾利斯受思想观念和研制经费的双重限制，对新型坦克提出的战术技术要求很低，防护力仅要求能防御37毫米反坦克炮，速度要求与步兵前进的速度大体相同，火力只需要1挺机枪，总造价不超过6,000英镑。根据这一要求，英国维克斯公司的设计师卡顿设计出了一种步兵坦克。这种坦克大量使用20年代的成熟技术和现代装备坦克的部件，模样丑陋，老态龙钟。艾利斯见到样车后，觉得它很像当时流行的动画片中的小丑鸭子"马蒂尔达"，就随口将其称之为"马蒂尔达"。不料这个名字竟不胫而走，变成了它的正式名称。

"马蒂尔达"I型坦克重11吨，乘员两人，最大时速仅有14.8千米，配备1挺机枪，是一个典型的"老古董"。随着德国新式坦克问世，此时，设计师卡顿因飞机失事而去世，其后继者突破了6,000英镑造价限额设计出了"马蒂尔达"Ⅱ型坦克。该坦克采用了由维克斯公司发明的悬挂装置，重量约为26吨，车体两侧设有裙板，1门40毫米火炮，最大时速可达24千米。它的火力和装甲防护能力均超过了德国的主力坦克，曾在阿拉斯坦克反击战中给德军造成巨大威胁，并在盟军敦刻尔克大撤退的后卫战中立下了汗马功劳。

"马蒂尔达"Ⅰ型步兵坦克

英国远征军装备的比较突出的型号是A13巡洋坦克和A12"马蒂尔达"步兵坦克。A13巡洋坦克是一种轻型坦克，突出机动性能，战斗全重14吨，正面装甲厚14毫米，装备1门40毫米加农炮和1挺机枪，发动机功率340马力，公路最高时速达50千米。它的战斗效能与德国Pz-3型坦克相当，防护能力稍逊。

A12"马蒂尔达"步兵坦克是德军士兵的又一个噩梦，它的特点是装甲极厚，行动缓慢。该坦克战斗全重27吨，正面装甲厚达78毫米，装备1门40毫米加农炮和1挺机枪，动力系统是2台6缸汽油发动机，总功率190马力，公路最高时速24千米。马蒂尔达坦克的机械性能要优于法国的夏尔B1，因此在后来的北非战场发挥了举足轻重的作用。1940年西线战场上，以及1942年的北非战场上，德军面对马蒂尔达坦克的攻击，只能调88毫米高炮来对付，但依然在西线战役中一败涂地。

二、"坦克依然是步兵附属"

当时的法国同英国一样，也面临着坦克发展应何去何从的问题。法国在第一次世界大战后，片面的吸取了教训，认为在未来战争中，防御一方将占优势，于是便确定了以步兵为主力的防守战略，并倾投巨资在法德边界修筑了坚固的马其诺防线。结果，法国陆军不仅只有很少的资金研制和装备坦克，而且还直接影响到了坦克的发展方向。

发展突破型坦克的构想可追溯到 1916 年，当时法军在战斗中发现"施奈德"型坦克和"圣·切蒙德"型坦克明显不能满足部队突破的需要，因此责成坦克研究机构研发一型可供突击作战使用的突破型坦克。在当时，法军研究机构设计了两型 40 吨级的"CHAR"1A 型重型坦克，其形状为菱形。其中的一型坦克使用了机械传动装置，另外一型坦克则使用了电力—机械联合传动装置，虽都未能投入批量生产，但法军还是从中获取不少有益的设计思路。他们随即设计了装备电力—机械联合传动装置的"CHAR"2C 型重型坦克。1922 年，总共 10 辆"CHAR"2C 型重型坦克被交付给法军坦克部队。这些坦克此后一直在法军中服役，直至 1940 年 6 月退出现役。在第二次世界大战德军进攻法国的时候，有 6 辆完好的"CHAR"2C 型重型坦克被德军猛烈的炮火击毁。

为了研制战斗型坦克，法军于 1921 年提出了 5 项方案，但法军总参谋部直至 1927 年才确定发展"CHAR"B1 型坦克。当时为该型坦克制订的主要技战术指标为：整车重 15 吨；乘员 4 人；装备 1 门 47 毫米口径或 75 毫米口径火炮。1929—1931 年间，分别出现了多型"CHAR"B1 型坦克的原型车，而它们的整车重也基本在 25 吨左右。法军最终接受了这一车重。根据需要，"CHAR"B1 型坦克车体上部安装了可全向旋转的炮塔，并装备 1 门 37 毫米口径火炮。在修改"CHAR"B1 型坦克设计前，厂商已生产了 36 辆该型坦克。改进后的"CHAR"B1 型坦克，其主要技战术指标为：装甲厚度 40 毫米（1.57 英寸）；在炮塔上装备 1 门 47 毫米口径火炮；坦克发动机输出功率增大到 250 马力。到 1940 年 6 月为止，法军共接收了 365 辆"CHAR"B1-big 型坦克。

到 1926 年，法军装备的"雷诺"FT 系列坦克已走到了垂暮之年。但由于经费方面的制约，法军无力研发新型坦克，只能在原有坦克的基础上修修补补，将 FT 系列坦克改进为 "CHAR" NC1 型坦克和 "CHAR" NC2/NC31 型坦克。尽管这两型坦克都有出口海外的记录，但法军并没有装备这几型坦克。1931 年，FCM 公司、霍奇基斯公司和雷诺公司对法国陆军轻型坦克项目进行了竞标：FCM 公司推出了 FCM–36 型轻型坦克；霍奇基斯公司推出的是 H–38 型轻型坦克；而雷诺公司则推出了 R–35 型轻型坦克。

雷诺 R–35 型坦克战斗全重 10 吨，正面装甲 40 毫米，装备 1 门 37 毫米短身管火炮和 1 挺机枪，1 台雷诺 4 缸汽油发动机，功率 82 马力，公路最高时速 20 千米。R–35 坦克跟德国 Pz–2 型相比，装甲防护较好，火力就差一些，穿甲能力不如后者的 20 毫米机关炮，而且动力不足，速度较慢，但对付德国 I 型坦克绰绰有余。雷诺 R–35 是法军装备最多的坦克，战争爆发前夕共有 1,035 辆。

法国雷诺 R–35 轻型坦克

索摩亚 S–35 坦克是当时设计最先进的，炮塔和车体是钢铁铸造而成，具有优美的弧度，无线电对讲机是标准设备，这些独特设计影响了后来的美国谢尔曼和苏联 T–34 坦克。S–35 坦克战斗全重将近 20 吨，乘员 3 人，炮塔正面装甲厚度 55 毫米，车身装甲厚度 40 毫米，最薄弱的后部也有 20 毫米，防护效果相当不错。S–35 装备 1 门 47 毫米 40 倍口径的加农炮，这是西线战场威力最大的坦克炮。动力系统是 1 台 8 缸汽油发动机，功率

190 马力，公路最高时速 40 千米。S-35 坦克跟德军的对手 Pz-3 型相比，火力和防护都胜过一筹，只有动力稍逊 。

20 世纪 30 年代，法国又研制了夏尔 B 型步兵坦克。夏尔 B1 坦克是战争初期罕见的重型坦克，在德军中根本没有对手。它战斗全重 32 吨，乘员 4 人，装甲最厚达 65 毫米，武器装备是 1 门 47 毫米反坦克炮，装在炮塔上，另外还有 1 门 75 毫米短身管压制火炮，装在车身前方右侧。动力系统是 1 台 8 缸汽油发动机，功率 307 马力，公路最高时速 28 千米。德军初次遇到夏尔 B1 坦克，只能用"震撼"一词来形容士兵的感受，因为德军制式的 37 毫米反坦克炮根本无法击穿这种坦克的装甲，唯一的机会是瞄准侧面的一个小通风罩，难度可想而知。不过夏尔 B1 坦克的机械性能不太稳定，经常抛锚，而且需要 4 名乘员高度协作才能充分发挥战斗力，法军当时非常缺乏这样训练有素的坦克手。

夏尔 B1 坦克

法军有 7 个装甲师，总共装备 1,300 辆坦克，另外还有 25 个独立坦克营，分散配属给各个步兵部队。法军坦克是步兵的附属，是步兵战术的组成部分，坦克部队除了提供一线火力支援，基本上没有单独的机动战术训练。法军坦克虽然数量众多，但是分散部署在漫长的法德和法比边境，因此在德军装甲部队的突击点上通常只有几十辆隶属不同作战单位的坦克进行微弱抵抗。战役期间绝大部分的法军坦克部队未发一炮就成了俘虏。

三、"这正是我要的东西"

"一战"结束以后，德军被禁止拥有坦克，然而魏玛时代的德国国防军却暗地里同苏联合作，着手研制自己的坦克。20 年代末，德国专家到苏联喀山的试验基地秘密测试了英国劳埃德 IV 型坦克，并购买两辆回国，这就是后来德国 Pz–1 型坦克的原型。

1931 年，古德里安出任国防军摩托运输部队总监，开始大力发展坦克。他设想的德军装甲部队，将拥有两种坦克，一种是装备反坦克炮的中型坦克实现突破，一种是装备大口径压制火炮的中型坦克提供炮火支援，这其实就是后来的 Pz–3 型和 Pz–4 型坦克。但是当时的德国军火工业没有设计制造先进坦克的经验，正处于摸着石头过河的阶段，还不能指望外援，只能白手起家。德军急切需要坦克训练装备部队，因此只好因陋就简、降格以求了。1932 年，德军军械署提出一种轻型坦克的设计要求，最后 "奔驰" 的车体和 "克虏伯" 的底盘分别中标，组合起来就成了 "装甲战车 1 型" 坦克（Panzerkampfwagon I），简称 Pz–1 型。

Pz–1 型坦克

Pz–1 型坦克重 5.5 吨，乘员两人，装甲厚度 6 ～ 13 毫米，这个厚度勉强可以抵挡轻武器射击。武器是 2 挺 MG13 机关枪。1 台克虏伯 MG305 汽油发动机，功率 60 马力。Pz–1 型坦克高仅 1.72 米，还不及一人高。跟同时期的欧洲其他国家的现役坦克相比，这款坦克简直像个玩具，然而德国国防军却毫不嫌弃，大量订购，而最初的德军装甲部队就是在这些微型坦克里磨炼技术的。Pz-1 型坦克从 1934 年开始批量生产，到 1939 年停产，一共生产了 1,500 辆。

不过德军军械署也清楚 Pz-1 型坦克的诸多缺点，1934 年提出了 Pz-2 型坦克的性能要求，克虏伯的设计中标，次年开始批量生产。Pz-2 型坦克的乘员增加到 3 人，重量增加到 9 吨，正面装甲厚度 15 毫米，后来增加到 35 毫米，武器是 1 门 20 毫米机关炮和 1 挺机枪，并排装在炮塔上。20 毫米机关炮射速每分钟 280 发，使用穿甲弹时 500 米的距离上能够击穿 10 毫米的装甲，勉强具备了攻击轻型坦克的能力。德军统帅部下令大批生产，到 1942 年停产时，共生产了 1,800 辆 Pz-2 型坦克。

Pz-2 型坦克

1937 年，西班牙内战爆发，纳粹德国派遣陆空军支援弗朗哥政权。空军便是著名的"秃鹰军团"，而陆军包括"第 88 坦克营"，总共有 200 辆 Pz-1 型和 Pz-2 型坦克，指挥官是冯托马（Wilhelm Ritter von Thoma）少校，此人后来成为隆美尔手下的一员悍将。88 坦克营的任务主要是训练弗朗哥军队，并没有参战的任务，但不甘寂寞的冯托马还是争取到不少实战机会。德国坦克部队在西班牙收获颇丰，发展出反坦克炮和坦克协同歼敌的"剑与盾战术"，并首次使用 88 毫米高射炮攻击坦克，效果惊人得理想。

西班牙内战中苏联支援了共和军数百辆坦克，苏德坦克首次同场竞技，而苏联 T-26 坦克让德国人大吃一惊。T-26 是和德国 Pz-2 型同一级别的轻型坦克，重9吨，正面装甲也是15毫米，但装备1门45毫米L/46（指炮管长度是口径的46倍）加农炮，500米距离上可以击穿38毫米装甲，这样猛烈的火力德国坦克直到1940年以后才赶超。事实上20世纪30年代末期，苏军已经装备了比T-26更先进的BT系列快速坦克和T-28中型坦克，著名的T-34和KV坦克原型正在测试，可以说苏联坦克的研发已经远远领先德国。西班牙共和军并不懂得怎样有效使用坦克，因此大批T-26坦克被弗朗哥的北非部队缴获，冯托马最后用苏联坦克组建了4个连。1939年，冯托马回国述职，在报告中称Pz-1、Pz-2型坦克为"沙丁鱼罐头"，认为它们根本不适合现代的坦克战。然而德军军械署置若罔闻，依然大量生产装备这两款轻型坦克。

1937年定型生产的Pz-3型坦克充当了德军装甲部队的突击箭头，因此必须具备较好的防护、反坦克火力和优异的机动性。德军军械署的性能要求是重量不超过24吨，最高时速达到35千米，结果奔驰公司的设计中标。Pz-3型坦克高2.5米，重量22吨，正面装甲先是15毫米，很快改为30毫米，西线战役爆发前再加厚到50毫米。Pz-3型使用扭杆悬挂系统，梅巴赫12缸汽油发动机，功率300马力，公路时速最高可达40千米。Pz-3型坦克直到苏德战争初期都是德军装甲部队的主力，1943年停产时共有6,100辆出厂。

古德里安的装甲战构想中，Pz-3型坦克将作为攻击箭头，一马当先击溃敌方的装甲部队，而它们身后的Pz-4型坦克则提供炮火支援，摧毁敌方的步兵工事。因此Pz-4型装备1门75毫米24倍口径的低初速火炮，主要以高爆、破片弹攻击软目标。该坦克重25吨，高2.7米，正面装甲到1940年已经加厚到50毫米，使用和Pz-3型坦克一样的悬挂系统和发动机，公路最高时速37千米，是"二战"中德国产量最高的坦克，共有9,000余辆出厂。对此，希特勒曾说："这正是我要的东西！"

四、"纵深攻击"需要突破坦克

苏联战前已经在坦克研发和装甲战理念方面领先于世界，时任苏军总参谋长的图哈切夫斯基元帅奉行"纵深攻击"理论，提倡以装甲集群为核心的混成大兵团高速切入敌军防线，截断敌人的后勤补给线，创造巨型包围圈歼灭敌军。他的思想比古德里安的装甲战理念还要超前，因而苏军装备了大量的坦克。

1919 年底，"红色索尔莫沃工厂"制造出了苏联第一辆坦克，被命名为"为自由而战斗的战士——列宁同志"。20 世纪 20 年代，苏联秘密购买英法坦克进行技术研究，并密切注视德国研究坦克的试验进程。1928 年，苏联以英国维克斯公司的 B 型坦克为基础，研制出了 T–26 型坦克。而后，又相继推出了 T–27、T–28 坦克等。

T–28 坦克是一款中型坦克，定型于 1931 年。T–28 的设计理念类似英国的步兵坦克，苏军称之为"突破坦克"，其作用主要是带领步兵冲锋，提供一线火力支援，因此具有装甲厚、行动缓慢、压制火力强的特点。T–28 除了主炮塔以外，在车前左右两边各有一个机枪炮塔，火力可谓强劲。T–28 最后的改进型战斗全重 28 吨，装甲厚度 40 ~ 80 毫米，装备 1 门 76.2 毫米 28 倍口径火炮，500 米距离上可以击穿 61 毫米钢甲。动力系统是 1 台 M–17L 汽油发动机，功率 500 马力，公路最高时速可达 40 千米，对于中型坦克来说相当不错了。

苏联的 T-28 中型坦克

BT–7 坦克 1935 年定型，战斗全重 14 吨，装甲厚度 6~13 毫米，这些指标跟德国 Pz–2 型坦克相仿。火力方面，该坦克装备 1 门 45 毫米 46 倍口径加农炮，500 米距离上可以击穿 38 毫米厚的装甲，威力可观。BT 系列坦克使用美国克里斯蒂底盘，独特之处是上公路时可以拆卸履带直接用负重轮行驶，加上 1 台 M−17T 汽油发动机提供 450 匹马力，公路最高时速可达 86 千米，机动性非常突出。到 1940 年为止，苏军一共装备有 BT−7 坦克 5,328 辆。

第二节
最佳桂冠：花落谁家

德军名将曼陶菲尔战后接受英国著名军事史学家里德尔·哈特的采访，阐述了他的坦克设计理念："火力、装甲防护、速度和越野能力至关重要，而最好的坦克最为完美地综合了这些互相冲突的特性。我认为德国豹式坦克是最令人满意的，如果外形再矮一点就太理想了。我身经百战总结出来的一条经验是，坦克在战场上的速度应该得到更多的重视，实战中是否能够迅速从一个射击地点移动到另一个地点，经常关系到一辆坦克的生死存亡。坦克的机动性和装甲、火力同等重要。"

曼陶菲尔阐述了坦克设计的"平衡"理念，正如他所言，德国豹式坦克达到了这样一种高度平衡。纵观整个"二战"，能够跟豹式坦克媲美的只有苏联的 T−34 坦克。

火力方面，豹式坦克的 75 毫米 70 倍口径主炮口径虽小，但威力惊人，1,000 米以外可以击穿 121 毫米厚的钢板，2,000 米以外可以击穿 88 毫米钢板；相比之下 T−34 坦克的 85 毫米主炮逊色一些，1,000 米以外可以击穿 102 毫米厚的钢板，2,000 米以外可以击穿 82 毫米钢板。远距离的准确性方面豹式主炮也明显优于 T−34，因此火力指标豹式坦克具有优势。

装甲防护方面，两者的炮塔正面装甲厚度相近，豹式坦克是 100 毫米，T−34 坦克是 90 毫米。车身正面装甲差距就大了，豹式坦克 35° 斜角的装甲厚 80 毫米，T−34 坦克 33° 斜角的装甲仅厚 45 毫米。侧面装甲豹式坦克的 50 毫米也强过 T−34 坦克的 45 毫米。装甲防护上豹式坦克又胜出一局。

机动性方面 T−34 坦克要强过豹式坦克，最高时速是 52 千米对 46 千米，最远行程是 500 千米对 180 千米，优势非常明显。

那么豹式坦克能否戴上"二战"最佳的桂冠呢？

再好的坦克都需要实战的检验，实战条件下豹式坦克的优势就没有那么明显了，主要有两方面原因：首先豹式坦克机械性能的可靠性远逊 T-34 坦克，故障频繁，需要精心维护，每 1,000 千米里程就得大修一次。豹式坦克机械性能的弱点，严重削弱了德军装甲部队的战斗力，纸面上德军一个装甲师有 200 多辆坦克，通常情况下只有半数可以立刻出动，持续战斗力不强；其次豹式坦克体现了德国人追求完美的精神，生产设计非常繁琐，并不适合大批量生产。豹式坦克的月产量最高才有 330 辆，而 T-34 坦克最高达到 1,500 辆。整个战争期间德国一共生产了将近 6,000 辆豹式坦克，T-34 系列坦克则达到 53,000 辆。

这样结论就很清楚了。豹式坦克的战术价值突出，T-34 坦克的战略价值突出。如果是想赢得一次坦克决斗，豹式坦克自然无以伦比；如果是想打赢一场战争，T-34 坦克则是最佳选择。

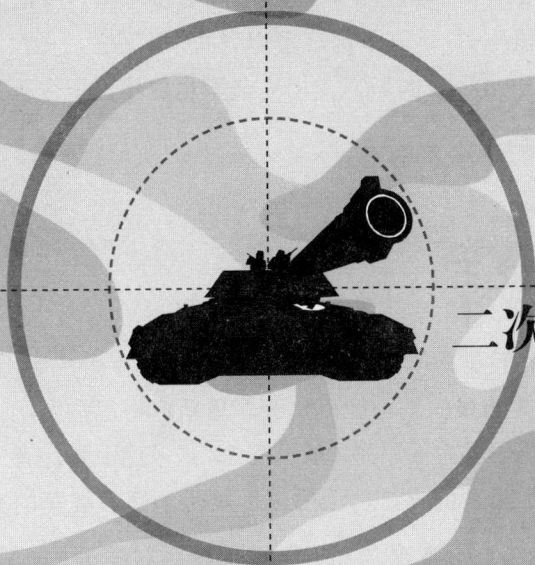

第三章

二次大战　称雄战场

第二次世界大战期间，以坦克为主要突击力量的机械化战争理论得到了广泛的应用与证明，坦克部队也发展成为了陆军的一个主要战斗兵种。坦克在战争中经受了各种复杂条件的考验，以至于在战后被称为陆战之王。第二次世界大战期间可谓是坦克发展的黄金时期，有了"一战"积累的经验，也亲临体验了"一战"中坦克的巨大作战能力，因此在"二战"中，交战各国除了把海面交给航母和飞机外，陆地基本都成了坦克的天下。与"一战"相比，"二战"期间涌现出了更多经典的坦克，坦克造型也更接近于今天的各种主战坦克。

第一节
名副其实的陆战之王

"二战"爆发后，英军对希特勒大吹大擂的"齐格菲防线"十分头疼，认为有必要研制一种能突破这类防线的重型坦克，英军重新启用包括温斯顿在内的老设计师设计此种坦克。基本要求是：能抵御 37 毫米穿甲弹，有 1 门能击毁 2.3 米厚钢筋混凝土工事的火炮，但后来因其不能适应战争的需要而被淘汰。

1940 年底英国推出了 A22 新车，定名为"步兵坦克Ⅳ A"型，即"丘吉尔"Ⅰ型。这种坦克重 38.5 吨，最大装甲厚度 102 毫米，装有 1 门 76 毫米榴弹炮、1 门 40 毫米坦克炮和 1 挺机枪，最大时速可达 22 千米，行程约 130 千米。经过一段时间的试用，形成了"丘吉尔"Ⅱ型。1941 年，76 毫米坦克炮问世后，设计师又重新设计了炮塔，将 40 毫米炮换成了 76 毫米炮，成为"丘吉尔"Ⅲ型。后来又把焊接式炮塔改为浇铸式，成为"丘吉尔"Ⅳ型。1942 年 8 月，英国首次在第厄浦袭击战中使用了"丘吉尔"式坦克，收到了良好的效果。1943 年春，这种坦克在突尼斯战役中再次经受住实战的考验，证明其特别适合在山区使用。此后，"丘吉尔"式坦克便成为英国步兵的主力坦克，并被改装为各种各样的特种坦克。整个"二战"期间，英国共生产了 5,640 辆"丘吉尔"式坦克，占英国坦克生产总量的 20%。 1942 年苏德前线战事紧张时，英国还曾把这种坦克送给苏联救急。

英国除了全力研制步兵坦克以外，还研制了一大批多种型号的巡洋坦克。其中以"十字军"系列最为著名。这种坦克最突出的特点是使用了"克里斯蒂悬挂系统"。1936年，英军韦维尔将军和马特尔将军应邀参观苏军的军事演习，对苏军坦克的敏捷性留下了深刻印象，遂决心弄到克里斯蒂坦克进行研究。回国后，韦维尔委托纳菲尔德公司以购买拖拉机的名义，用8,000英镑从克里斯蒂手里买下了一辆克里斯蒂坦克，后来又正式购买了其技术专利，于1937年9月制造出了编号为A13的巡洋舰坦克。英国"十字军"型巡洋舰坦克于"二战"爆发前夕制成了"IV"型，即"十字军"式坦克。这种坦克装甲厚40毫米，装有1门40毫米火炮，最大时速可达43千米，其战术技术性能在同类坦克中可谓首屈一指。1941年6月，它在北非沙漠中与隆美尔的"战斧"坦克激战时大显身手。由于故障较多，火力较弱，英军又对其进行了大幅度的改进。改进后的"十字军"式坦克，在阿拉曼战役之前一直是英国"沙漠之鼠"第六装甲师的主力标准坦克，它的高速机动性和强大的火力令轴心国军队羡慕不已，意大利曾多次试图仿制这种坦克。"二战"期间，英国共生产了5,300辆"十字军"坦克，约占英国坦克总产量的19.6%。

英国是第一辆坦克诞生的国家，出现了富勒、哈特这样的军事理论家。他们都提倡"机械化理论"。可惜英国的军事家们没有继承和发展这一新的作战理论。因而英国在第二次世界大战中，在坦克制造和使用方面是"有所作为又无所作为"。

一、快速战争让法国人惊呆了

法国坦克作战理论落后，坦克数量可观，但无力可使。法国在第一次世界大战后，片面的吸取了教训，认为在未来战争中，防御一方将占优势，于是便确定了以步兵为主力的防守战略，倾投巨资在法德边界修筑了坚固的马其诺防线。结果，法国陆军不仅只有很少的资金研制和装备坦克，而且还直接影响到了坦克的发展方向。"一战"后，法国在夏尔C1型重型坦克的基础上，研制并装备了C2型坦克。这是一个重70吨的"巨人"，乘员多达13人，时速仅有10千米。尽管法国军方对这种坦克大吹大擂，对其性能严格保密，由于经费限制，它仅仅生产了10辆便被迫停产。20

世纪30年代,法国又先后研制了夏尔B型步兵坦克、S-35中型坦克和H-39轻型坦克等一系列坦克。到1940年5月西线战事爆发时,法国拥有的坦克数量已相当可观。其中仅新式坦克就有3,500辆,并不比德国少。但仍沿用落后的战术,分散到前线各部队作支援步兵战斗用,没有形成快速机动的突击力量。当德军以大量坦克、机械化部队在航空兵和空降兵的配合下,绕过马其诺防线,穿越阿登山区,出其不意的突入法国向前推进时,法军统帅部被这种"快速战争"吓坏了。战后军事家评论:法国的失败,不在于部队的数量,也不在于素质,而在于"作战理论"的落后。

二、"闪击战"让德国坦克大放异彩

1938年,德国吞并捷克,捷克的军工企业闻名欧洲,设计生产的几款轻型坦克相当不错,其中就包括CKD38t型。38t型坦克全重10吨,高2.3米,装甲厚度25毫米,后来增加到50毫米,装备1门37毫米48倍口径加农炮,2挺机枪,6缸汽油发动机功率150马力,公路最高时速42千米。38t坦克是轻型坦克,战斗效能近似Pz-3型,但只有其一半重,因此机动性很好。这款坦克对德军来说无疑雪中送炭,令人难以置信的是,隆美尔著名的第7装甲师有一半的坦克是38t,隆美尔就是用这些早已过时的武器连续击败装备精良的英军。

1940年,德军装甲部队如同镰刀一样扫过西欧,击败法国重创英国,从此德军"闪电战"闻名世界。不妨比较一下交战双方坦克的数量和质量,德军在西线总共投入2,439辆坦克,其中包括Pz-1型坦克523辆,Pz-2型坦克955辆,Pz-3型坦克349辆,Pz-4型坦克278辆,捷克38t坦克334辆。也就是说3/4的德军坦克是过时的微型和轻型坦克,即使是Pz-3型和Pz-4型坦克,在战斗效能上也跟英、法装备的坦克差距明显。

德国新式重型坦克的研制,始于1941年5月26日。希特勒给的性能指标非常简单,这个坦克的正面装甲必须达到100毫米厚,装备的主炮必须能够在1,500米的距离上击穿100毫米装甲,重量可以超过45吨。

亨舍尔的设计方案最后中标,这就是"二战"的偶像派明星虎式坦克,德军正式编号是Pz-6型坦克。凭心而论,"虎"式坦克设计并不先进,整个车身和炮塔的线条直来直去,没有任何斜角。"虎"式坦克的正面装甲厚达 100 毫米，炮塔弹盾厚 110 毫米，就连侧面装甲也有 80 毫米，这意味着无论是 T-34 坦克还是 M4 谢尔曼坦克，都无法在 800 米以外击穿"虎"式坦克的正面装甲。主炮是著名的 88 毫米 KwK36 型 56 倍口径加农炮，可以在 1,000 米以外击穿 120 毫米装甲，2,000 米以外击穿 87 毫米装甲。"虎"式坦克战斗全重 56 吨，稳如泰山，是非常理想的射击平台，配备的火炮光学瞄准仪堪称世界一流。这些优点使"虎"式坦克具有惊人的准确性和远程杀伤力。

正在开赴战场的德国"虎"式坦克

"虎"式坦克被德军称为"突破坦克"，担当装甲集群的突击箭头，因此并没有大批装备部队，而是组成重型坦克营，每营有 45 辆"虎"式坦克，官兵都是各装甲师和坦克学校挑选出来的精英。重型坦克营通常是装甲军或集团军的直属部队，临时配属给担任突击箭头的装甲师。德军先后组建了 14 个重型坦克营，其中 11 个隶属国防军，3 个隶属党卫军。"虎"式坦克到 1944 年 8 月停产，一共生产了 1,355 辆。

面临东线战场苏联坦克的压倒优势，"虎"式坦克仓促定型投入生产。希特勒急不可耐要让他的秘密武器发挥作用，不听军方的劝阻，将"虎"式坦克仓促投入战场。1942 年 8 月，"虎"式坦克首次在列宁格勒附近参战，表现糟糕，其中一半因为机械故障退出战斗，还有几辆陷进沼泽地里。不过随着时间的推移，"虎"式坦克开始发威，为德军夺回东线战场发挥了重要作用。1943 年 2 月,曼施坦因指挥了哈尔科夫反击战,装备一个营 "虎"
式坦克的党卫军第二装甲军担当主力,这个营的 3 个坦克连分别配属给希
特勒卫队师、帝国师和骷髅师,几乎是独力全歼了波波夫机动军团。

一次战斗中,两辆 "虎" 式坦克向两千米以外的苏军一个坦克集群猛
烈开火,当场击毁 16 辆 T-34 坦克,追击过程中又击毁 18 辆苏军坦克。"虎"
式坦克的 88 毫米主炮威力如此巨大,有些中弹的 T-34 坦克整个炮塔都被
掀掉,落到十几米以外。"虎" 式坦克的防护能力也展露无疑,第 503 重
型坦克营的一个军官发回战报,在一次持续 6 个小时的坦克大战中,他的
坦克总共承受了 227 发反坦克步枪弹、14 发 45 毫米穿甲弹、11 发 76 毫
米穿甲弹的打击,履带、轮轴、悬挂系统严重受损,但乘员毫发无伤,战
斗结束以后又开了 60 千米回后方修理。

不过 "虎" 式坦克的威名却是在西线成就的。1944 年诺曼底登陆以
后,盟军惊骇地发现,自己装备的坦克没有一种是 "虎" 式坦克的对手。
M4 谢尔曼坦克面对 "虎" 式坦克,唯一的机会是运动到其背后近距离攻击。
战后统计显示,西线坦克战斗中盟军击毁一辆 "虎" 式坦克需要付出 5 辆
谢尔曼坦克的代价。

1944 年的希特勒已经充满狂想,期望一两件超级武器可以扭转乾坤,
反败为胜。如果说 "虎" 式坦克还只是个错误,那么这年 8 月开始生产的
"虎王" 坦克则完全是个华而不实的废物。纸面上的 "虎王" 设计理念先进,
性能堪称完美,绝对是一款终极坦克。正面 50° 斜角的装甲厚达 150 毫米,
侧面装甲厚也有 100 毫米,"二战" 中还没有 "虎王" 坦克被火炮击毁的
记录。装备的主炮是 88 毫米 71 倍口径加农炮,1,000 米的距离上可以击
穿 215 毫米的装甲,可谓所向无敌。

然而 "虎王" 坦克战斗全重高达 70 吨,动力系统却是跟 "虎豹" 一
样的 700 马力发动机,因此机动性非常可怜,公路最高时速只有 30 千米,
越野时速通常只有 15 千米。175 升容量的巨型油箱,只能支持 "虎王"
坦克跑 100 千米。引擎和传动无法承受 70 吨的重量,故障率高得出奇。
阿登战役中 "虎王" 坦克本来应该突前杀开一条血路,事实上德军装甲部
队突破以后,绝大多数 "虎王" 坦克跟不上行进速度落到后面,而且不断
地抛锚退出战斗,没有发挥任何作用。但德国依然将宝贵的资源投入到这

个黑洞里面，到战争结束一共生产了 489 辆"虎王"坦克。这些资源足够生产 1,000 辆"豹"式坦克，多装备 5 个装甲师，也许阿登战役的结果就会因此而改变。

三、"我们要用这种坦克来结束战争"

T-34 坦克被公认为是第二次世界大战中最优秀的坦克，也是苏军最引以为荣的一种坦克。T-34 坦克的炮塔正面装甲增加到了 90 毫米，接近德国"虎豹"的水平。重新设计的炮塔可容 3 人，车长不用再兼职炮手，加上无线电成为标准装备，战斗效能大增。T-34 的战斗全重 32 吨，装备的 85 毫米 52 倍口径主炮能够在 500 米距离上击穿 110 毫米钢板，1,000 米以外击穿 102 毫米钢板，基本具备了同德国"虎豹"抗衡的能力。从 1944 年 3 月初，苏军第 2、6、10、11 近卫坦克军最先接收了一批 T-34 坦克，到战争结束，一共生产了 23,214 辆。

苏联 T-34 坦克模型

苏联军工部门研制 T-34 的同时，还在设计一款新式重型坦克，用来替代过时的 KV-1，这就是著名的约瑟夫·斯大林 2 型坦克（简称 IS-2）。当时可供选择的有正在研制的 D-10T 型 100 毫米加农炮和 A-19 型 122 毫米加农炮。前者穿甲能力更强，但刚刚定型还不能马上装备部队；后者是苏军现役野战炮，无论配件还是弹药都储备丰富。苏联军工部门展现了其一贯的实用主义作风，选择了后者。当时苏军测试 122 毫米坦克炮，炮口制退器当场迸裂，几乎要了旁边视察的弗罗西洛夫元帅的性命。结果苏联军工部门不得不模仿德国"虎"式坦克重新设计了炮口制退器。

从外型上看，IS-2 坦克简直就是 T-34 的放大型，实际上二者的许多零件都可以互换，体现了苏联军工部门的精明。IS-2 坦克的正面装甲厚 120 毫米，侧面装甲厚 90 毫米，炮塔正面装甲厚达 160 毫米，防护能力非常突出。实战表明，德军的"豹"式坦克必须逼近到 300 米才有可能击穿 IS-2 的正面装甲，"虎王"坦克威力巨大的 88 毫米 71 倍口径主炮也得靠近到 1,000 米以内才有戏。IS-2 的 122 毫米 43 倍口径主炮，发射的穿甲弹能够在 1,000 米距离上击穿 160 毫米装甲。苏军的一次测试中，IS-2 坦克在 1,500 米以外发射的一枚炮弹击穿了"豹"式坦克的正面装甲，贯穿整个车身，从车尾飞出。不过 IS-2 的主炮有一个缺点就是口径过大，炮弹和弹药不得不分开装填，严重影响了火炮的射速。德国"虎"式坦克的射速可达每分钟 6 发，IS-2 只有 2~3 发。

机动性方面，IS-2 配备 1 台 V-2K 柴油发动机，功率 600 马力。最令人难以置信的是，IS-2 战斗全重只有 46 吨，和德国"豹"式坦克相仿，远轻于同级别的"虎"式和"虎王"坦克，这使 IS-2 坦克具有重型坦克罕见的机动能力，公路最高时速达 40 千米。

苏军将 IS-2 型坦克组成独立重型坦克团，直属集团军和方面军，战时配属给突击部队。1944 年 2 月，装备 65 辆 IS-2 坦克的第 71 近卫重型坦克团参加科尔松战役，20 天的战斗中击毁德军"虎"式坦克 41 辆，只损失了 9 辆 IS-2 型坦克。

战争后期，IS-2 和德国"虎王"坦克有几次较量，规模最大的一次是 1944 年 11 月在布达佩斯郊外，德军第 503 重型坦克营单挑苏军第 71 近卫重型坦克团，结果打成平手，双方都损失不少坦克。1945 年 4 月的柏林战役，一辆 IS-2 坦克率先冲进柏林市区，满足了斯大林的虚荣心。

苏联 IS-3 重型坦克模型

IS-3 重型坦克出现得太晚，没有赶上东线战事。1945 年 9 月的盟军柏林阅兵式，52 辆 IS-3 坦克组成的方阵第一次展现在世人眼前。毫不夸张地说，当时在场的盟军将领看到 IS-3 坦克，惊骇得目瞪口呆，因为他们看到的是一款绝对革命性的设计,比美军装备的任何坦克先进至少20年。IS-3 的外型极具视觉冲击力，车身正面的焊接装甲是被称为"鹰鼻"的楔型线条，33° 斜角的均质钢板厚 120 毫米，车身上面是一个扁蛋形状的铸造炮塔，装甲厚达 230 毫米。IS-3 装备 1 门 122 毫米主炮，半自动方式，射速比 IS-2 有所提升。阅兵式上美军参展的最重型坦克是 M26 "潘兴"，装备 90 毫米主炮和 100 毫米正面装甲，根本无法和 IS-3 坦克相比。

四、后来居上的美国 M 系列

1917年,美国军方以英国的马克Ⅴ型坦克和法国的"雷诺"坦克为蓝本，使用国产的发动机仿制出了第一批坦克。1918 年，霍尔特和通用电气公司开始进行批量生产。随后，福特公司也加入了生产商的行列。这几种车型的设计结构都没有更多的新意，其中霍尔特公司生产的一种很像"霍尔特"型装甲拖拉机，而福特公司的产品则保留了"雷诺"坦克的基本特征。由于战争很快结束，美国的坦克在技术上没有取得任何突破，也没参加第一次世界大战。

1918 年，著名的坦克设计师沃尔特·克里斯蒂研制出了"克里斯蒂悬挂系统"，使美国的坦克在制造技术上一跃而居于领先地位。然而，由于克里斯蒂与美国军方在合同问题上发生纠纷，双方不欢而散，这项技术未能在美国坦克的研制中发挥出应有的作用。美国的石岛公司趁机研制出了"立簧式"悬挂装置，并立即得到了美国军方的认可和支持，将其运用在刚刚起步研制的 M2A4 坦克上。M2A4 坦克采用气冷式发动机，最高时速 56 千米，装甲厚度 10 毫米，是一种轻型步兵坦克。欧洲战事爆发后，美国迅速将 M2A4 投入大批量生产，供陆军训练战备之用。1940 年 6 月，西欧各国在纳粹装甲部队的横扫下纷纷陷落，美国各界开始感受到了战争的强大压力。

当年 8 月，美国陆军在路易斯安纳州举行军事演习，应邀观看演习的美国参议员亨利·洛奇对陆军装备的坦克数量之少、质量之低深感忧虑和不满。他在国会发表演讲说："我在演习中看到了美国的全部坦克，总数大约只有 400 辆。而目前在欧洲战场，一天就要报销 400 辆。"在洛奇等人的奔走和推动下，美国国会于 1941 年 6 月通过了一项法案，要求军方在 18 个月内紧急生产出 1,741 辆坦克。然而，这时全美国只有石岛公司一家拥有坦克制造技术，而这家公司的主导产品是火炮，其他公司若要参与生产，则必须大规模引进技术和改进设备。正当军方一筹莫展之际，却意外的从克莱斯勒汽车公司传来了好消息，原来，这家颇有先见之明的公司早已投资 2,100 万美元在底特律建立一家坦克工厂，且形成了一定的生产能力。于是克莱斯勒公司很快就获得了订货合同，并且当月生产出 100 辆 M2A4 坦克。

除了 M2A4 之外，石岛公司还于 1938 年着手研制了一种同样使用"立簧式"悬挂装置的中型坦克，即 M2 型。后来，美国陆军部将 M2 上的 37 毫米炮改换成为 75 毫米榴弹炮，形成了 M3 型。它被英国大量购买，被称为"格兰特"式，成为英军的主力中型坦克之一。

不久，M4 型又在 M3 型的基础上脱颖而出，这种以威廉·谢尔曼将军命名的中型坦克，车体高大，装甲薄弱，一中弹就起火爆炸，被德军嘲笑为"火把"。然而，它却有着其他同级坦克所不具备的优点，即结构简单，性能可靠，故障率低，几乎不需要保养，即使履带磨烂了，机件也依然完好无损。更让人赞赏的是，M4型制造工艺极为简单，非常便于大批量生产。因此，美国陆军采取以数量换质量的办法，连续生产了4.8万辆M4型坦克，其总产量约为"豹"式坦克的10倍，还不包括用M4车体改造的大量其他武器，如自行火炮和装甲运兵车等。谢尔曼式坦克是"二战"期间除M26"潘兴"式坦克之外美国使用最多、威力最大的坦克，也是战后各国军队竞相仿制的一种坦克。它总共生产了49,230辆，在世界坦克史上名列前茅。由于M4高大的车体有一个意外的战术优势，即火炮俯射角低，可以更有效的利用起伏的地形，许多人将其视为优秀的战场杀手。它参加过自"二战"以来的多次战争，直到目前，仍在一些国家的军队中服役。

美军在研制轻型和中型坦克的同时，也积极研制自己的重型坦克，以图与德国的"虎"式、"豹"式一争高下。早在1940年，美军步兵总部就提出要研制一种80吨左右，装有75毫米以上口径火炮的重型坦克。按照这一要求，次年底研制出了M6重型坦克。它的性能比KB型坦克强，也超过了"虎"式和"豹"式坦克，美国舆论曾对其大肆宣传，美国军方也准备订购5,000辆，然而，它却生产了不足40辆即告停产，其原因并不是M6技术上有问题，而是它的体积太大，装不进美国根据M4型专门建造的坦克登陆舰，无法在登陆作战中使用。为此，美国很快放弃了重型坦克的生产，而是把注意力重新放在中型坦克上，1944年1月，美国研制成功了著名的M26型坦克。它以第一次世界大战时创立美国坦克部队的约翰·潘兴将军的名字命名，于1945年初装备美军。这种坦克的战斗能力很强，在与德军坦克的交战中，曾经创下过一辆M26击毁一辆"虎"式坦克和两辆Ⅳ型坦克的纪录。在1945年3月7日盟军夺占莱茵河雷马根大桥的战斗中，它也为美军的取胜立下了大功。

第二节
坦克在"二战"中的应用

第二次世界大战期间，苏联组建了24个坦克军和2个坦克师，德国组建了33个装甲师，美国组建了16个装甲师，英国组建了11个装甲师。

苏联在坦克军、坦克师的基础上组建了坦克集团军。德国在装甲师的基础上组建了装甲集群、装甲集团军。

大战初期，法西斯德国首先集中使用大量坦克，实施"闪击战"。大战中后期，苏德战场曾多次出现数千辆坦克参加的大会战。在北非战场、诺曼底登陆战役和苏日远东战役中，也有大量坦克参战。与坦克作战，已成为坦克的首要任务；坦克与坦克、坦克与反坦克武器的激烈对抗，促进了中、重型坦克技术的迅速发展；坦克结构形式趋于成熟，火力、机动、防护三大性能全面提高。

战争实践表明，坦克在进攻时，需要威力强大的火力，特别是反坦克火力保障其行动。一般野炮和反坦克炮因为机动力差，不能完成这个任务。因此，需要制造出一种机动性能与坦克相近、火力比坦克强的新的战斗车辆来保障坦克的行动。于是，自行火炮（有时称强击火炮）得到了发展。自行火炮实质上是没有旋转炮塔的坦克，大多是把火炮安装在坦克底盘上，用固定炮塔或无炮塔。与相同底盘的坦克比较，自行火炮的火炮口径和俯仰范围大，火炮威力大，外形低矮，结构简单，易于大量生产。但自行火炮方向射界很小，火力机动受限制，主要用于反坦克，伴随坦克，以火力支援坦克行动。

第二次世界大战中，坦克与飞机的立体协同，彻底改变了战争的形态。绝大多数西方国家和苏联都十分重视坦克的运用，坦克战的理论和实践都得到迅速发展。坦克战的一般原则和战法，已经基本形成，如：大量集中使用坦克是一个最重要的原则，是发挥坦克作战效能的最佳途径；坦克主要用于进攻，也可用于防御；在进攻战役中，应把坦克作为实施突破的主要力量；以坦克直接支援步兵作战也是一种重要的作战方法；坦克可以作为纵深作战的机动力量；坦克兵必须与其他军兵种、特别是航空兵密切协同，组织好各种战斗保障和后勤、技术保障；强调突然性，出敌不意，攻其不备。

德国和苏联是第二次世界大战时期拥有坦克数量最多的国家，坦克战经验最为丰富。"二战"中最大的一次坦克交战——库尔斯克会战中的坦克交战就是在德、苏两军间进行的。1943 年 7 月 12 日，在库尔斯克东南的普罗霍罗夫卡以西和以南地域，双方约 1,550 辆坦克和自行火炮展开了"二战"中规模最大的一次坦克遭遇战。同时，双方飞机也在空中展开激烈的交战。普罗霍罗夫卡坦克战以苏军的胜利告终，德军损失坦克近 400 辆。

德国是世界上最早建立装甲师的国家。1939 年 9 月 1 日，德国入侵波兰，第二次世界大战在欧洲爆发，当时德国除有将近 100 个步兵师外，还有 6 个装甲师和 4 个摩托化步兵师，组建了 4 个轻装师遂行传统的侦察和搜索警戒任务。轻装师编 2 个摩托化步兵团，每个团编 3 个营和 1 个坦克中队。此外，步兵军所属的坦克团有 10 个。在德波战争中，装甲师被用作突破的工具。从战役的性质来看，装甲部队扩张战果的潜力并未充分发挥。

德波战争时，德军入侵波兰的部队 88.6 万人，编为北方集团军群（总司令博克大将）、南方集团军群（总司令龙德施泰特大将）。在北方集团军群中，第 19 装甲军军长古德里安上将把 2 个装甲师和 2 个摩托化师集中起来使用，他认为如果装甲部队过分密切地与步兵集团军或步兵军纠缠在一起，它的主要优点——机动性，就不可能得到充分发挥。但古德里安的观点在南方集团军群（编有 4 个装甲师、4 个轻装师、2 个摩托化师）可吃不开，那里的装甲部队是被分割配属给各个步兵集团军和步兵军的。

1939 年德波战争之后，装甲师编制有了加强，增加了 1 个高炮营、1 个航空侦察中队、1 个供给营，原有工兵连扩编为工兵营。德波战争证明，轻装师战斗力不强，机动力不足，不宜继续存在，所以 3 个轻装师在波兰战役之后全部改编为装甲师。到 1940 德国入侵法国时已有 10 个装甲师，共装备坦克 2,574 辆。

德国关于装甲兵编制和战术的观念，关于积极大胆地使用装甲兵及其与支援飞机密切协同的观念，从 1939 年的闪击战就已看清楚了，同时也体现在 1940 年 5 月欧洲西部的战役，这是战争史上一次势如破竹的胜利。

第二次世界大战期间的坦克大会战

　　在策划入侵西欧时，1939 年秋冬之际，当时指挥第 19 装甲军的古德里安将军强烈要求使用装甲部队开辟突破口并扩张战果。他的意见与西线 A 集团军群参谋长埃里希·冯·曼斯泰因完全相同，但陆军总司令部对他们的建议感到怀疑。在 1940 年 2 月 7 日、14 日的两次重要的图上演习中，古德里安和曼斯泰因应用部队扩大战果，获得明显效果，战胜了昔日的怀疑论者陆军总参谋长弗兰茨·哈尔德上将。

　　德军将大量坦克集中使用于地形最复杂、难以通行的阿登山区，主攻方向选在阿登山区的那慕尔和色当之间，大大出乎法军意料之外。法军认为阿登山区是坦克不可逾越的障碍，根本不相信大量坦克能从这里通过，因而这里的防线最薄弱。英法联军将精锐部队部署在比利时的迪尔一线，准备在那里迎击德军的进攻。当德军从阿登山区涌入时，法军来不及组织反击。英法联军总司令甘末林说："这真是一个奇招，成为了决定战争胜负的关键。"

　　法国大部分坦克编为独立坦克营，分散配置在绵长的国境线上，用于支援步兵。1940 年 5 月，在德国闪击西欧时，法军拥有坦克 3,500 辆，在数量和质量上都占优势，但由于分散配置，未能集中起来与德国坦克抗衡，没有发挥应有的作用。1940 年 5 月 10 日，德军发起攻击，11 日傍晚，A 集团军群的装甲部队已全线突破了英、法、比军队的防线。5 月 12 日下午，德军轻取色当，德国装甲部队 3 天之内推进约 300 千米。14 日，

A 集团军群的 7 个装甲师共 1,800 辆坦克全部渡过马斯河。5 月 15 日，古德里安挥师西进，以每昼夜 20 ~ 40 千米的速度，日夜兼程，向英吉利海峡挺进，15 天内，与赖因哈特指挥的第 41 装甲军和冯·博克的 8 集团军群会师，把盟国部队困在两个集团军群和海峡之间。

第二次世界大战期间的坦克大会战

1941 年 6 月 22 日拂晓，德军突然进攻苏联。德国进攻苏联前，拥有 21 个坦克师、14 个摩托化步兵师，其中 19 个坦克师和全部摩托化步兵师均用来对苏作战。在与苏联交界的边境上集结了大约 4,300 辆坦克（主要是 Pzkw-Ⅲ、Pzkw-Ⅳ 中型坦克）和自行火炮。Pzkw-Ⅲ 坦克是苏德战争初期德国装甲师的主要装备，到 1941 年约有 1,500 辆 Pzkw-Ⅲ 坦克装备部队。但 Pzkw-Ⅲ 坦克难以击穿苏联的 T-34 中型坦克、KB 重型坦克。苏德战争初期，德军对付苏联的 T-34 中型坦克、KB 重型坦克的装备是 Pzkw-Ⅳ 中型坦克。

苏德战争爆发后，德军凭借突然袭击、武器装备占有优势、军队预先集结并具有丰富的作战经验的因素，利用苏联判断失误、对战争特点认识不足等弱点，一举突破苏军防御，在 3 个星期内，德军深入苏联腹地，在西北方向上达 450 ~ 500 千米，在西方方向上达 450 ~ 600 千米，在西南方向上达 300 ~ 350 千米，使苏联在战争初期蒙受了巨大的损失。到 11 月，苏军损失官兵 330 余万人和大量武器装备，后退 850 ~ 1,250 千米。

苏德战争爆发时，在西部边境苏军只有 1,475 辆新型坦克，其余均是旧式坦克。此时，苏军汽车装甲坦克兵正处于改组和换装阶段。战争开始不久，机械化军及其编成内的坦克师就解散了，独立坦克旅、独立坦克营成为汽车装甲坦克兵的主要组织形式。到 1941 年 12 月 1 日，苏军拥有68 个独立坦克旅、37 个独立坦克营。

1942 年，苏联各型坦克的生产大大增加，开始装备自行火炮，火炮的数量亦有明显增加。自行火炮有很好的机动性能，是对坦克、机械化部队进行火力支援的强有力的工具，特别是在战役纵深内作战时更是如此。1942 年春季再次开始建立坦克军，并在 5—6 月建立了第一批坦克集团军。到年底，苏军拥有 2 个坦克集团军、20 个坦克军、8 个机械化军。1942年 12 月，汽车装甲坦克兵改称为装甲坦克和机械化兵。

到 1945 年初，在苏德战场上，苏军装甲坦克和机械化兵编成内有 6个坦克集团军、14 个独立坦克军、7 个机械化军、27 个独立坦克旅、7 个自行火炮旅，以及大量独立坦克团、独立自行火炮团。与 1941 年 12 月相比，坦克和自行火炮的数量，到 1945 年 1 月，增加了 5 倍。

在苏德战争中，苏军坦克兵增长很快，迅速发展成为陆军的主要突击力量。苏军实施的所有战役都有坦克兵参加，使用的坦克一次比一次多。1941 年底在莫斯科会战只有 990 辆坦克参战，1944 年秋白俄罗斯战役中投入坦克和自行火炮 5,200 辆，1945 年初的维斯瓦河—奥得河战役投入坦克和自行火炮 7,000 辆。

第二次世界大战是人类历史上规模最大、战场范围最广的一次全球性战争，也是坦克称雄于战场、坦克部队走向辉煌的重要时期。坦克部队广泛参与了闪击战、大纵深作战、登陆和反登陆作战，成为了影响战争胜利的决定性因素之一。

第三节
机械化战争理论先驱——富勒

富勒 (John Frederick Charles Fuller) （1878—1966）是英国著名的军事理论家和军事史学家，以其 30 余种军事著作闻名于世。作为坦克战理论的创始人之一，他曾对 20 世纪 30 年代陆战理论的创新产生相当大的影响。富勒不是不切实际地空谈坦克，而是身体力行，亲自操刀、亲自组建。他是世界上最早一支坦克部队的创建人之一，参与了坦克的训练、作战计划和条令的草拟。在那个初创时期，他所从事的具体组织工作和理论研究，都具有开创性。他的观点和论述，使有识之士对坦克与坦克战的发展趋势的认识更深，影响了同时代相当一批欧美陆军的中坚骨干，古德里安、巴顿、戴高乐、艾森豪威尔、隆美尔、朱可夫……也正是在这个领域汲取营养，得出了坦克机械

英国人 J·F·C·富勒

化兵团的机动作战必将成为未来战争发展趋势的结论。

富勒出生在英国奇切斯特城，父亲是英国教会的教师，家族不属豪贵，不过收入也算较为丰厚。1897 富勒通过桑赫斯特皇家军事学院的考试，一年后取得了后备军官的学生资格。1898 年 9 月，富勒到牛津州 43 军的步兵营任见习军官。1900 年，富勒的部队参加了布尔战争。在战争中，富勒很快展露出他的天赋，他在后勤保障和情报侦察等方面有着不俗的表现，获得上级的通电表彰并晋升为中尉。1913 年，富勒成功的进入了英国陆军最高学府坎伯利参谋学院，并赢得了"反传统战士"的称号。第一次世界大战爆发后，在富勒的强烈要求下，他离开了负责的后勤运输岗位投身前线。第二年 2 月，他发表了《从 1914—1915 的战役看作战原则》，对《野战条令》进行猛烈抨击，并提出了自己的纵深突破理论以及 8 条作战原则。1916 年 7 月，他被任命为第 3 集团军副参谋长。8 月 20 日，富勒看到了英军的威力巨大的新式武器——坦克，他兴奋的叫喊起来："坦克——就是它"。从此，他和这个铁皮怪物结下了不解之缘。

索姆河战役开始后，他在集团军司令部全面分析坦克在战争中使用的利弊，研究坦克运用的方法。他一再在文章中指出，坦克的使用必须贯彻集中的原则，大量地集中使用在重要地区和主要方向上。他认为，如果能

大量集中的使用坦克，英军完全能在 2 ~ 3 年内击败德国。随后英军组建坦克部队，富勒担任副参谋长。1917 年 2 月，他撰写和颁布了《第 16 号训练要则》，形成了比较系统完整的坦克作战理论体系。英军在分散使用坦克屡战屡败之后，富勒的理论得到了尝试，富勒也因此迎来了他军旅生涯的最高点。

在 1917 年著名的康布雷战役中，富勒成功地进行了坦克战，当时英军出动了 378 辆坦克，对绵延 9.6 千米的德军防线发动了大规模突击，连续突破四层堑壕障碍，纵深 6.5 千米，缴获 100 门火炮，俘虏 4,000 名德军。英军只损失了 1,500 人。按照当时战场的态势，如果不用坦克而用传统的步兵进攻，最起码得死伤 40 万。

IV型"雄性"坦克　　　　用于补给或携载备用火炮的坦克

IV型"雌性"坦克　　　　携载骑兵用的架桥器材的坦克

装有收发报机的通信坦克　　　用于清除铁丝网的坦克

康布雷战役中使用的各类坦克

这次战役标志着装甲坦克战争时代的到来。战役结束后，英国伦敦所有教堂钟声齐鸣以庆祝这场重大胜利，这是"一战"中唯一的一次。德国陆军司令兴登堡在总结中写道："英国在康布雷战役的进攻第一次揭示了用坦克进行大规模奇袭的可能"。而富勒也由于此战奠定了坦克作战权威的地位。

1918 年，富勒的机械化战争思想已基本确立，并于 8 月完成了《1919计划》。这一计划准确地预见了未来战争的特点，系统的描述了新的作战形式，它标志着富勒军事思想的形成和机械化战争理论的基本成熟。同时富勒还首次描述了坦克和飞机协同作战的构想，提议用 4,000 辆坦克突破敌军防线，直逼德国本土，空中则用飞机来轰炸配合地面部队作战，强调飞机在保持制空权的同时协同打击地面目标，还具体勾画了联军的作战方案。"二战"后西方军事家一致认定《1919 计划》是"一份战争史上的经典文件"。遗憾的是，这一计划还没有实施，第一次世界大战就结束了，富勒很郁闷，他的伟大计划成了永远的遗憾。但这个计划却被其他国家使用了，坦克冲锋，飞机轰炸配合，"二战"中很多国家都是这种打法，尤其是纳粹德国，将其发挥到了极致。

富勒继续搞他的坦克战，但战争结束了，没有人相信坦克会成为陆战的主角。英军司令黑格元帅说，坦克仅仅是人和马匹的辅助工具而已。富勒很气愤，他开始写书撰文使劲宣传：坦克将成为陆战主角，能赢得大的战争，像法国的马奇诺防线貌似很强大，但早晚有一天会成为法国军队的坟墓（这一天才预见后来果然被言中了）……领导们实在无法忍受这个猖狂的家伙，富勒在陆军中也混不下去了，最终于 1933 年以少将军衔退役。

退役后的富勒依然执着，继续大力宣传装甲战理论，在文章里做着装甲战之梦。他一生著作甚多，涉及军事科学、战争理论、战略战术、战史战例、国防建设、军队建设等。已出版的专著 40 多部，论文百余篇，主要有：《大战中的坦克》《战争的改革》《论未来战争》《装甲战》《一位不平凡军人的回忆录》《机械战》《第二次世界大战，1939—1945》《西洋世界军事史》《战争指导》。其中《大战中的坦克》是他的代表作，有多种文字译本。在书中，富勒总结了第一次世界大战的经验，提出并论证了主张坦克制胜的理论。富勒的军事思想主要包括：

关于军事科学。富勒认为它是 1 门综合性科学，是社会科学的一个分支。军事科学的发展有其复杂的历史因素与社会因素，工业革命对军事科学的发展具有深远影响。研究军事理论应采取科学态度，善于运用科学的思维进行分析。历史研究是先进军事理论的基础，但指导战争不能沿袭以往的战争经验，必须了解过去、现在并预见未来。未来战争与以往任何一次战争都不可能相同。

关于战争。富勒认为它是人类社会的重要活动，是有组织社会的产物，只要国家存在，战争就存在。战争不单是军事问题，与政治、经济、社会、科技、文化、宗教等均有紧密联系。经济因素是战争根源之一，因而战争是经济政策另一种形式的继续。科学技术是战争的基础，它促进了武器装备的发展，改变了战争的性质。随着科学技术的发展，武器装备的机械化程度不断提高，战争的技术性质日益明显。

关于机械化战争。富勒认为战争自古就是武器的较量，新出现的坦克是一个活动要塞，既有阵地防御所需要的防护力，又有阵地进攻所需要的突击力和机动力，因而在未来战争中将成为主要兵器。据此，富勒指出未来战争主要是机械化战争，是陆海空战场一体化和三军联合作战的战争。其中，地面机械化与空中机械化之间的关系日益密切，陆战和海战也有着广泛的联系；武器装备的机动力得到充分发挥，战争进程进一步加快，持续时间大为缩短；进攻比防御拥有更大优势。未来战争可能会不宣而战，不会出现第一次世界大战那样的消耗战和堑壕战，补给线也不像过去那样长，打击的主要目标是敌人的首脑机关、重兵集团、通信和后方补给基地。

关于战争指导。富勒认为进行未来战争必须指导思想明确和分析问题不带偏见。战略上必须体现国家意志，运用包括精神、人体和物资在内的各种资源，以保证战争的胜利，实现战争的政治目的。作战上必须体现战地指挥官的意志，运用各种作战手段实现其作战决心，达成作战行动的军事目的。在机械化战争中，胜利属于技术装备占优势的一方，其方式是在选定的方向上进行决定性战斗。进攻是机械化战争的主要样式，大量使用坦克实施突破、包围和追击，直捣敌集团军和军、师司令部等指挥机关，将对敌造成巨大的精神震撼。

关于作战指导思想。一是重视火力、强调协同。提出所有的训练计划都应力求使战术行动与火力效果相结合，传统的近距离厮杀格斗的作用在未来战争中将大为降低，威力更大、更先进的攻防结合的武器将取代现有的步兵武器而被广泛使用。他强调的协同，不再是坦克和步兵的协同配合（二者机动速度相差太大），而是注重坦克和飞机的协同。他说：坦克和飞机是互为补充的，从长远看，只有其一、而无其二，则不可能安全地进行作战……在未来战争中，坦克和飞机的协同将远比坦克和步兵的协同重要。在坦克和飞机还都处于早期发展阶段的这个时期，富勒就能为人先地提出"空地一体"作战的思想，不能不说具战略头脑、战略眼光。日后，纳粹德军以俯冲轰炸机和坦克双箭齐发闪击波兰、欧洲、苏联，就是传承富勒思想、对富勒空地协同观点的演绎与运用。二是崇尚进攻，主张意志坚决的持续性的纵深进攻。战争就是进攻，如果可能的话，应该力求完全主动、积极进攻。他把进攻分为4个阶段：接敌、远距离打击（造成敌人的混乱）、决定性攻击（近距离内作战）、击溃与歼灭。三是速度和士气是决定胜负的关键。在进攻中，速度和士气是两把利剑。担当突破任务的坦克集群在战争发起后，迅速向敌人纵深攻击，以强有力的打击瓦解敌军斗志，使其精神崩溃。富勒深信，瘫痪敌军斗志比消灭敌军肉体更重要。"二战"中，安装了叫啸装置的德军俯冲轰炸机，就是发挥了富勒的观点，意图瓦解敌方斗志、崩溃敌军精神的一种做法。四是集中地、突然地使用兵力兵器，特别是坦克。他认为把坦克部队配属给步兵（即"随伴"），无异于是把拖拉机与马连在一起，会严重束缚坦克部队的机动性、突击性。他提出要将兵力兵器、特别是坦克火炮运用于主要地区的主要方向，集中速射武器实施火力攻击，形成一个立体的、高速运动的连续突击。

关于军队建设，富勒强调英国为了保持帝国的地位，应加强防务、改组国防机构、建立国防部和联合作战机构，以实施统一领导、消除三军分立现象。武装力量建设的重点是依靠科学技术提高军队的机械化程度，军队编组要适应机械化作战的要求。由于军队小型化和高度机械化，更要加强对战争全过程，特别是战争初期军队行动的指导，要对官兵进行更加严格的军事训练与纪律教育，使之在战场上能够自我约束。

富勒的装甲战思想在当时的英国不受重视，但其他国家一些有远见的军官还是窥见了坦克的巨大威力，诸如法国的戴高乐、美国的巴顿、苏联的朱可夫等。尤其是德国的古德里安，后来在希特勒的支持下，一手打造了威震世界的德国装甲部队。"二战"期间，富勒的思想被古德里安实现，德国坦克横扫欧洲，碾碎了英法的帝国旧梦。

坦克成就了一代战将。坦克之所以能够在第二次世界大战乃至其后

20 世纪后半叶的战争舞台上大放异彩、气贯长虹、势不可挡，并成为战争的主角之一、陆军主战装备之一，富勒的奠基作用居功至伟。

第四节
闪击战鼻祖——古德里安

　　被誉为"闪击英雄"的古德里安（1888—1954），德国装甲兵和"闪击战"理论的创建人。"二战"中曾任装甲师师长、军长、集团军司令员、陆军总参谋长。他大胆吸收"坦克制胜论"和"空军制胜论"，提出以坦克装甲车部队在空军协同下远程奔袭，实施高速进攻的新的作战观念。古德里安研究坦克作战理论，认为坦克是在战略上具有决定作用的武器，提出了集中使用坦克作战的思想。他奠定了德国坦克以及坦克兵在"二战"中的重要地位。古德里安的另一成就是闪击战术

古德里安

思想的确立和运用。1939 年 9 月，他同时借鉴 J·F·C·富勒和法国 C·戴高乐倡导的机械化战争论，组建独立的装甲兵团，在航空兵和摩托化步兵的支援下快速突破对方的防线。

　　古德里安生于维斯瓦河畔的海乌姆诺的一个军官家庭，1907 年毕业于柏林军官学校，授准尉军衔，先后在骑兵、通信兵部队服现役。1913—1914 年入柏林军事学院进修。第一次世界大战期间，古德里安参与凡尔登战役和索姆河战役。战后初期，他先后在德国东部边防总局、南部及北部边防司令部及其所属部队任职。1922 年调任德军汽车兵监察司参谋，从 1931 年起历任国防部汽车兵监察司、机动战斗部队及装甲兵参谋长，并领导组建装甲兵部队。

　　希特勒早在上台之前就提出了闪击战理论，而古德里安则为这一战争理论提供了坚实的装甲理论基础，他一手创建和训练的装甲部队更成了希特勒实现闪电战理论的物资基础。1933 年，希特勒出任德国总理，开始扩军备战。在一次现代兵器发展表演会上，当古德里安精心安排的小型装

甲部队迅速通过主席台时，希特勒情不自禁地高呼："这就是我需要的东西，这就是我想要的东西！"

在希特勒的支持下，1935年10月，古德里安出任第2装甲师首任师长。德国装甲兵得到了迅猛发展，古德里安也连获升迁。1938年10月，古德里安获晋陆军二级上将军衔。1938年2月任第16军军长，奉命率部侵占奥地利和苏台德区。是年11月出任德国陆军快速部队司令。1939年8月，调任第19军军长，9月率部参加突然袭击波兰的战争，首次在战争中实践其创建的闪击战理论。他率领的第19装甲军作为德北方集团军群的开路先锋，在空军配合下实施高速度大纵深的推进，仅用35天便置波兰于死地。这是德军装甲部队与空军联合作战的理论第一次用于战争实践中，这种战略战术使西方目瞪口呆，不久在英美报刊上就出现了一个新名词——"闪击战"，让人谈虎色变。

1940年5月10日，法国战役打响，古德里安率部继续参与德国入侵西欧的战争行动。古德里安的第19装甲军再次作为攻击前锋，只用两天时间就穿越阿登山脉100多千米长的峡谷，攻占了色当。5月14日，古德里安的3个装甲师强渡马斯河，之后又以每昼夜30～40千米的速度向西推进。他所率装甲军的推进速度令联军措手不及，5月20日，古德里安率部扫过亚眠，在阿贝维尔附近抵达英吉利海峡，完成了一个举世震惊的大包围圈，把北部法兰西和比利时的所有盟军都装进了口袋。5月24日，古德里安的第19装甲军已到达格拉夫林，离敦克尔克只有10英里了，而在其右翼的莱因哈特的第41装甲军，也已到达艾尔—圣奥梅尔—格拉夫林运河一线。两支装甲劲旅本可将联军主力彻底消灭在滨海地区，然而就在这时，他们却接到了元首亲自下达的停止前进命令。于是，古德里安和莱因哈特只得遵命停在运河一线按兵不动，眼睁睁地看着联军从敦刻尔克上船逃走。战后，身在战俘营的古德里安仍对希特勒的那个命令耿耿于怀："俘获（英国远征军）大好机会却给希特勒的神经质弄糟了。"1940年7月，古德里安因为在法国战役中的杰出表现，被希特勒晋升为一级陆军上将。

1941年5月，古德里安任第2装甲兵团司令。6月22日，苏德战争爆发，他的第2装甲兵团与霍特的第3装甲兵团作为中路德军的两支铁拳，先后对明斯克、斯摩棱斯克成功地实施了钳形包围，歼灭了苏军大量的有生力量。他与克莱斯特的第 1 装甲兵团对基辅的合围，更是现代战争史上装甲部队成功突击的典范战例。在苏德战争初期，他指挥的坦克部队再次充分显示出坦克集群作为地面快速突击力量的作战威力。1941 年 9 月 30 日，古德里安的第 2 装甲兵团首先拉开了"台风"行动的序幕，在布良斯克围歼了苏布良斯克方面军，直抵莫斯科城下，但苏联严寒的冬天使他的攻势锐减。12 月 4 日，当气温降至零下 52 摄氏度时，德军再也不能作战了。古德里安怀着一颗沉重的心决定先撤退，这是他那支所向无敌的装甲兵团自从踏平波兰以来的第一次撤退。古德里安也因这次擅自撤退而被希特勒免职。其后，随着德军在苏德战场上的节节失利，希特勒又起用他担任装甲兵总监和陆军总参谋长。

1954 年 5 月 14 日，古德里安因病而逝。尽管早在 1916 年坦克就已被投入战场，但是直到德国组建了装甲师并以全新的战术投入实战，从而引起战争的重大变革时，人们才得以充分认识坦克的真正影响和意义。对此，美国军事史学家 T·N·杜普伊评论说："德国在准备坦克战中，将物质因素和原则理论和谐地结合在一起，自拿破仑时代以来，还未见到这样完美的结合。"古德里安在这一结合中起到了关键的主导作用。古德里安的军事思想主要包括以下方面。

一是提出装甲集群突击理论。坦克出现后，西方其他国家仅仅把坦克看作是步兵的一种支援武器，把装甲兵的发展局限于与步兵同步，并接受了步兵的战术思想。古德里安认为，坦克应该成为地面作战的主要突击力量，而不是步兵的辅助性进攻力量。他以 1918 年鲁登道夫战术改革的成果为基础，把富勒等人关于坦克战术的一些理论设想发展成为具体实用的战术公式，进而提出了装甲集群突击理论。古德里安因而被誉为"现代坦克战之父"。其理论的主要内容有：首先应集中大批坦克对敌防线的薄弱环节即主要作战方向，进行快速的进攻作战，使其炮兵不能发挥任何作用；如敌人出动坦克，应使用在数量上占有压倒优势的坦克或出动飞机进行火力支援，立即将其逐离战场；突破成功后，坦克应与步兵协同作战，扫荡敌炮兵阵地和固定据点，以扩大战果。总之，整个战术的要诀在于从敌人的薄弱处向其纵深渗透，进而扰乱并摧毁其整个防御地区。古德里安认为，适当的地形，奇袭的开战方式以及集中的兵力部署，是实施坦克攻击的必要条件。由于当时德军缺乏成建制的自行火炮部队，需要由飞机为坦克提供快速机动的火力支援，因此，古德里安特别强调在装甲部队整个作战过程中，坦克和支援飞机都应密切协同。尽管"坦克—飞机"协同的设想最初是由富勒提出的，但真正提出"坦克—飞机"协同作战具体模式的则是以古德里安为代表的德国人。自美国内战以来，膛线枪等新式武器的广泛使用逐渐使阵地防御成为明智的陆军常规战术，而装甲集群突击理论的提出则把坦克和战斗轰炸机完全融入了陆地战争，从而彻底革新了陆军的这一作战思想，并最终使战争摆脱了自上个世纪延续下来的"静止"状态，重新恢复了"运动"的形式。

二是提出改革陆军体制编制。武器装备的发展、作战方法的变化必然引起军队组织体制和编制的变革。关于装甲兵的地位，古德里安认为，装甲兵的未来发展，其指向必须是使它们变成一种在战略上具有决定性的武器。因此，装甲兵应该成为陆军的一个主要战斗兵种，而不是步兵、骑兵等传统兵种的附庸。他指出，为最大限度地发挥坦克的特长和潜在效能，必须大量地集中使用装甲兵。因此，装甲部队的建制应以师为基本战术单位，再进而组建装甲军，甚至装甲集团军（集群）。至于装甲师的编组和装备，古德里安以 1918 年鲁登道夫关于火力队与实施机动的突击群相结合的现代编制思想为原则，提出了全兵种合成装甲兵团的具体构想。他认为，在装甲兵团内，坦克应居主导地位，并包括装甲化或摩托化的步兵、炮兵、反坦克兵等战斗支援部队，侦察、通信、工程、供给等技术和后勤保障部队。至于战时编制，他认为可根据作战需要，如提高突击力、机动性和独立作战能力等，随时予以调整。此外，在古德里安的全兵种合成装甲兵团的思想中，战斗轰炸机也是基本要素之一。他主张给装甲部队编配空军的作战、侦察和防空部队。如此，装甲部队就可以不依赖支援进行独立的机动作战了。

三是提出闪击战理论。古德里安以其关于装甲兵战术和编制的思想，最终解决了坦克制胜论的操作运用问题，从而也使他和富勒等人一道，成为机械化战争论的先驱。更为重要的是，古德里安是奇袭、快速、集中的闪击战思想的极力倡导者。尽管闪击战的基本思想和原理早在"一战"期间就曾以"施利芬计划"的形式运用于战场，但由于当时的德国还完全不具备在战争中进行闪击的必要技术装备，从而使预想的闪击式的机动战不可避免地被僵持的阵地战所代替，并最终由于国力不继导致战败。战后，虽然鲁登道夫的总体战理论中进一步发展了闪击战思想，但这一思想还是因为缺乏许多必要的环节，仍处于理论探讨阶段。有鉴于一战的教训，古德里安重新估价了"一战"中出现的坦克、飞机等最新作战手段的作用，进而指出，在空军的支援下积极大胆地使用装甲兵，是闪击战的物质基础，无此便谈不上高速度、大纵深的进攻。以此为基础，以古德里安为主要代表的德军将帅吸收了"坦克制胜论""空军制胜论"的合理内容，形成了在航空兵和空降兵的协同下以装甲部队远程奔袭敌后、实施高速进攻的具体战役—战术思想，进而催生了闪击战的一个基本要素——力量基础，即强大的空军和以坦克为主的装甲部队。由此，古德里安弥补了闪击战思想的原有缺陷，从而使闪击战理论最终得以定型并可以实际运用。此后，经过以古德里安为代表的闪击战派的反复探讨和长期演练，闪击战理论从学术到实践均日臻完善，他也因此被视为闪击战理论的主要催生者和集大成者。而闪击战理论也终于获得了纳粹德国的完全承认，并作为其军事理论的主导战略思想和主要战略手段，成为其以后的一系列侵略战争计划的基础，从而也决定了德国国防军建设的基本方向。

四是主张改进武器装备。古德里安认为，德国陆军建设的重要任务是实现装甲化和摩托化改造。因而，他非常重视新型坦克装甲车辆的研制和改进。他强调，坦克的设计要符合新战术的要求。每当试验新型坦克时，他都要亲临现场，研究其战术、技术性能，以指导其改进。20世纪30年代早期，德国研制生产的马克Ⅰ、Ⅱ型坦克片面强调机动性能，具有装甲薄、武器差的弱点，在西班牙内战中很容易就被反坦克炮击毁了。因此，古德里安上任之后，就开始把新式的Ⅲ、Ⅳ型中型坦克投入大量生产。这类坦克把高速性能同装甲和武器的强大威力结合起来，在苏联T-34坦克出现之前，一直是世界上最先进的坦克。它的电台和光学仪器的性能则在整个大战中始终稳居首位。此外，古德里安认为，要充分发挥坦克的威力，必须使支援坦克的其他兵种具有与坦克相同的行驶速度和越野能力，即摩托化，为此要组建专门的摩托化步兵师，并尽可能给一般步兵师中除步兵外的其他兵种装备摩托化车辆，以及时扩大装甲师的战果，保持其进攻势头。在古德里安等人的极力推动下，大战爆发前，德国共组建了 6 个装甲师、4 个摩步师和 3 个遂行侦察、搜索、警戒任务的轻型机械化师，占有陆军中常备师总数的 26%，且基本完成了改装计划。从总体上说，陆军已有 40% 实现了摩托化。在当时，德国陆军的机械化程度是世界上最高的。

五是从实战出发加强训练。古德里安认为，严格的训练，是实现"装甲革命"、完成战争准备的关键一环。他主张，装甲部队的训练要从实战需要出发。在组织进行熟练使用武器装备的技术训练的基础上，他尤其注重提高部队的战斗训练水平。在组训过程中，为充分利用全兵种装甲部队多种战术协同的优越性，他尤为重视各军兵种、各友邻部队之间，特别是坦克与飞机之间的协同动作训练。他认为，在未来的战争中，坦克与支援飞机的密切协同将远比坦克和步兵的协同重要得多。他还十分注意从西班牙、奥地利和捷克斯洛伐克的战场试验中吸取经验教训，进而调整训练重点，改进训练方法。在古德里安的有效组织下，德军成功地解决了有关装甲部队使用中的一系列最为棘手的问题，如：数量庞大的机械化装甲车辆的连绵排列和高速推进的困难问题，全面指挥和各组成部分独立作战相结合的问题等。高水平的战斗训练所产生的"磨合"作用，已经把具有高度专业素质的军人与精良的武器装备、合理的体制编制以及先进的战略战术有机地结合起来，变成了一台高速转动的战争机器。

古德里安之所以能在军事改革和战争实践两方面都取得巨大的成功，这与他的个人素质有着很大的关系。诚如利德尔·哈特所言，他具有历史上一切名将所共有的气质：慧眼，一种敏锐观察力与迅速准确的直觉的结合；创造奇袭并使对方丧失平衡的能力；思想和行动的敏捷使对方措手不及；战略意识与战术意识的结合；能够赢得部队效忠竭力的本领。另一方面，如果没有希特勒的一力保护和支持，古德里安能否取得如此成就，可能也会大有疑问。但恰恰也正是他与希特勒和法西斯主义的结合，注定了他最终无法逃脱"成也斯人、败也斯人"的悲剧性结局。这是古德里安个人的悲哀，但又何尝不是历史上一切没能把战争和道义结合起来的军事人物的悲哀呢？

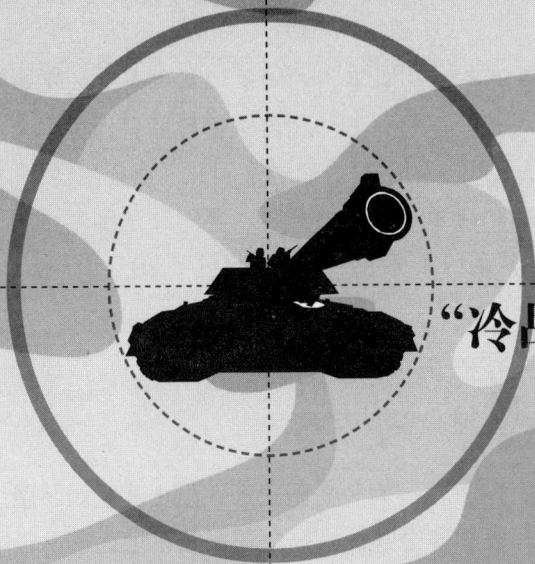

第四章

"冷战" 不冷　针锋相对

第二次世界大战结束后，直到 20 世纪 90 年代初东欧巨变、苏联解体，世界时刻都处在"冷战"状态。以美国为首的北约和以苏联为老大的华约，明争暗斗，梦想着重新分配世界格局，争夺世界霸权。

这一时期，两大阵营为了准备随时可能爆发的第三次世界大战，再加上战后科学技术的突飞猛进，坦克的发展也步入了重要阶段，出现了第一、第二代主战坦克。

1949 年 8 月，苏联试爆了原子弹，使得北约和华约两大对立的军事集团在最尖端的武器上取得了均势。于是，双方将寻求霸权的努力方向又放在了常规武器装备的较量上，在坦克的研制方面更是展开了疯狂的竞争。

在 1945—1960 年间，德国和日本没有生产坦克，英国和法国生产的各型坦克都不到 10,000 辆，而苏联和美国生产的坦克超过了 20,000 辆。

第一节
美国铁甲红极一时

针对苏联在数量上的优势，同时也是为了协防欧洲、阻止苏联的装甲部队有朝一日从东边冲击过来，横扫整个欧洲大陆。美国陆军地面部队设备评估委员会主席史迪威将军强调，美军坦克应特别注意 4 个方面：火力更强的新型火炮和弹药；新型装甲和应用装甲的新方式；设计专用发动机，包括多种燃料发动机和燃气轮机；改进型传动装置和悬挂装置。在这一指导思想下，美国先后推出了多种新型坦克。

正在进行爬坡实验的 M103 重型坦克

M103 重型坦克的战斗全重为 57 吨，乘员 5 人（车长、炮长、驾驶员和 2 名装填手）。车长（炮向前）为 11.392 米，车体长 6.980 米，车宽 3.760 米，车高（至炮塔顶）为 2.880 米，给人以"人高马大"的感觉。

美国军方在 M103 重型坦克设计之初，就把火力性能放到首位，其次是装甲防护，再次是机动性。M103 的主要武器是 1 门 M58 型 120 毫米线膛炮，身管长为 60 倍口径。

退役后参加展出的美国 M47 中型坦克

M103 坦克从 1957 年起装备美国陆军部队，但当 1960 年 M60 主战坦克服役后，很快就将它淘汰了。"人过留名，雁过留声。"退役下来的 M103 重型坦克除了在阿伯丁试验场展示外，还专门在美国的一个城市的花园里展出，它那"巨无霸"级的身姿，每每令参观者驻足。

M47 中型坦克以美国陆军上将巴顿的名字命名，又称"巴顿"坦克，于 1952 年装备美军，总生产量为 9,100 辆，其中约有 8,500 辆出口。该坦克战斗全重 46 吨，乘员 5 人，主要武器为 1 门 90 毫米线膛炮，发动机功率 604 千瓦，最大速度 48 千米／小时，最大行程 130 千米。M47 中型坦克只在其他国家军队的作战中使用过，如 1956 年法军在埃及塞得港的登陆作战、1965 年的印巴冲突、1967 年的阿以战争、1974 年的塞浦路斯冲突和 1977 年的欧加登战争等。

M48 中型坦克 1953 年列入美军装备，总生产量为 11,730 辆，参加过朝鲜战争、越南战争和中东战争。该坦克战斗全重 45 吨，乘员 4 人，主要武器为 1 门 105 毫米线膛炮，弹药基数 60 发，发动机功率 606 千瓦，最大行程 130 千米。

它有 5 种改进型：M48A1（增加履带张紧轮，加大驾驶舱等）、M48A2（改用燃料喷射式汽油机，增高发动机室顶甲板，加大油箱等）、M48A2C（采用合像式光学测跑仪等）、M48A3（采用

退役后参加展出的美国 M48 中型坦克

M60 主战坦克的柴油机等）、M48A4（改用 M60 的炮塔和火炮，仅有样车）、M48A5（采用 M60 的火炮和柴油机，性能达到了 M60 的水平，克服了以前火力不足、汽油机容易着火等缺点）。

  M60 坦克是在 M48A2 坦克的基础上研制而成的，是世界上最早装备部队的主战坦克。该坦克于 1960 年列入美军装备，与 M48A2 坦克相比，主要是采用了新的 105 毫米火炮、改进型火控系统和柴油机等，火力加强，最大行程大为提高。它包括 M60、M60A1、M60A2 和 M60A3 四种车型，1997 年底从美军中退役，但在其他国家目前仍有服役。M60 系列坦克性能数据如表 4-1 所列。

表 4-1 美军 M60 系列主战坦克性能数据表

型号	M60	M60A1	M60A2	M60A3
战斗全重 / 吨	49.7	52.6	52.6	52.6
乘员 / 人	4	4	4	4
车长 / 米	6.946	6.946	6.946	6.946
车宽 / 米	3.631	3.631	3.631	3.631
车高 / 米	3.213	3.270	3.310	3.270
最大速度 / 千米 / 小时	48	48	48	48
公路最大行程 / 千米	500	500	500	480
有准备涉水深 / 米	2.438	2.438	2.438	2.400
爬坡度 /（ % ）	60	60	60	60
攀垂直墙高 / 米	0.914	0.914	0.914	0.914
越壕宽 / 米	2.59	2.59	2.59	2.59
发动机型号	AVDS-1790-2 12 缸风冷柴油机	AVDS-1790-2A 12 缸风冷柴油机	AVDS-1790-2A 12 缸风冷柴油机	AVDS-1790-2C 12 缸风冷柴油机
主要武器	105 毫米 68 倍口径线膛炮	105 毫米 68 倍口径线膛炮	152 毫米 162 倍口径两用炮	105 毫米 68 倍口径线膛炮
并列武器	7.62 毫米机枪 1 挺	7.62 毫米机枪 1 挺	7.62 毫米机枪 1 挺	7.62 毫米机枪 1 挺
防空武器	12.7 毫米机枪 1 挺	12.7 毫米机枪 1 挺	12.7 毫米机枪 1 挺	12.7 毫米机枪 1 挺
弹药基数（主炮）	60 发	63 发	炮弹 33 发，导弹 13 枚	63 发

第二节
苏式坦克遍布全球

冷战时期，苏联凭借世界第一的研制、生产能力，装备了数量众多的坦克。质量也处于世界领先水平，加上 T 系列坦克战斗全重较轻，采购价格相对便宜，因此广受其他国家的欢迎。

需要说明的是，苏联研制的坦克多以"T"打头，因为"T"是俄文"坦克"一词的第一个字母。从 T-62 开始，"T-"后面紧跟的数字则与其定型生产的年份一致。

重型坦克时代的恐龙——T-10 坦克：主要装备了苏军的重型坦克师、坦克师的重型坦克团和独立重型坦克团，作用是为 T-54／55 坦克提供远距火力支援和充当阵地突破战车。

T-10 重型坦克的战斗全重为 52 吨，乘员有车长、炮长、装填手和驾驶员4 人，总体布局为传统式，从前到后依次为驾驶室、战斗室和动力室。车体侧面布置有工具箱和乘员物品箱，带有 2 条钢缆绳，没有侧裙板。T-10 的车尾上装甲板用铰链连结在下装甲板上，

退役后参加展出的 T-10 重型坦克

检修更换传动系统时可将其放下。炮塔为龟壳式，顶部装有抽气风扇，周围焊有方便乘员上下车和供搭载步兵攀扶用的扶手。车长和炮长在炮塔的左侧，装填手在右侧。主要武器为 1 门 47 倍口径的 122 毫米 D-25TA 坦克炮，火炮有一个双气室冲击式炮口制退器，没有稳定器。原华约各国以及越南、叙利亚等国也装备了该坦克，参加过越南战争和中东战争。T-10M 和法、美、英军几种坦克的比较，如表 4-2 所列。

表 4-2　T-10M 和西方几种重型坦克的比较

	法国 AMX-50	美国 M103	英国 FV214	苏联 T-10
装备年份	1951	1953	1956	1957
乘 员 / 人	4	5	4	4
战斗全重 / 吨	50	57	66	52
车长 / 米	7.400	6.980	7.720	7.250
车宽 / 米	3.400	3.760	3.990	3.566
车高 / 米	2.900	2.880	3.350	2.580
最大公路速度 /（千米 / 小时）	50	37	34	50
最大行程 / 千米		129	153	350
发动机功率 / 马力	850	810	810	750
主武器	100 毫米炮	120 毫米炮	120 毫米炮	122 毫米炮
装填方式	自动	人工	人工	半自动
最大装甲厚度 / 毫米	120	178	200	250

T-54 / 55 中型坦克：T-54 是世界上装备数量最多的坦克。其战斗全重 36.5 吨，乘员 4 人，最大速度 48 千米 / 小时，最大行驶距离 400 千米。主要武器有 1 门 100 毫米线膛炮，弹药 34 发，配有榴弹、穿甲弹和破甲弹，穿甲弹初速 895 米 / 秒。辅助武器有 7.62 毫米并列机

苏联装备的 T-55 中型坦克

枪、12.7 毫米高射机枪和 7.62 毫米航向机枪各 1 挺。它的优点是结构简单，机动性好，最大行程较长。缺点是火力不够强，火控系统简单，车体装甲较薄。它有 T-54A、T-54B、T-54AM 和 T-54M 四种改进型。

T-55 是在 T-54B 的基础上研制而成，它与后者的区别是：火炮弹药基数增加为 43 发，提高了发动机功率，增加了机油容量，安装了防原子

装置，改进了夜视设备，使用了热烟幕施放装置等。它有 T-55A、T-55M、T-55AM、T-54AD、T-55AMV 和 T-55MV 等多种改进型。

　　T-54／55坦克是世界上生产量最多的坦克，共计七万多辆，参加过越南战争、中东战争和后来的海湾战争。

　　T-62主战坦克：1962年定型，1964年成批生产并装备部队，1965年5月首次出现在红场阅兵行列中。它的战斗全重37吨，乘员4人。该坦克的主要武器是1门2A20式115毫米滑膛坦克炮，弹药基数为40发，正常配比为榴弹17发、脱壳穿甲弹13发、破甲弹10发。该炮配有自动抛壳机，由上架、下架和抛壳窗3部分组成，位于防危板活动部

苏联装备的 T-62 主战坦克

分上方，利用火炮后坐时储存的能量将射击后剩下的空弹壳抛出车外。辅助武器装有1挺TM-485式7.62毫米并列机枪，由250发弹的弹箱供弹，射速为200～250发／分。

　　T-62坦克的改进型有T-62A、T-62D、T-62M和T-62MV四种型号。该坦克大量用于1973年中东战争，从实战中暴露出射击速度慢、火炮俯角小、115毫米滑膛炮及其火控系统不如以色列105毫米线膛炮等缺点和问题，有待改进和发展。

　　T-64主战坦克：战斗全重38.5吨，功率为515千瓦，最大公路速度为65千米／小时，最大行程450千米。它有T-64A、T-64B两种型号，T-64A型坦克装有1门2A26式125毫米滑膛坦克炮，炮管比较长；改进后的T-64B型

苏联的红色铁骑 T-64 主战坦克

坦克的 125 毫米火炮除发射普通炮弹外，还可以发射 AT-8 鸣禽反坦克导弹，有效射程为 3,000 ~ 4,000 米，破甲厚度为 600 ~ 650 毫米。

该坦克的辅助武器包括 1 挺安装在火炮右侧的 ⅡKT 式 7.62 毫米并列机枪和 1 挺装在车长指挥塔外的新型 HCBT 式 12.7 毫米高射机枪，炮塔左边还装有 2 个或 3 个 12.7 毫米高射机枪弹匣。它的自动装弹机与后来的 T-72 坦克的自动装弹机结构不同，弹丸和药筒一起放在培训弹槽中，再一起装进炮膛。射速为 6 ~ 8 发 / 分。后来改为分装式弹药，弹丸与装药分别放在上下两层圆盘上，但弹丸仍垂直放置。

1979 年 12 月，苏军集中 7 个摩托化步兵师、1 个坦克师，以 200 多辆 T-64 坦克为主，在约 1,000 辆步兵战车和 3,000 余辆装甲运输车的协同下，分成东、西两个突击集团，在空降兵、炮兵、航空兵的配合下，仅用 7 天时间，以伤亡 200 人的微小代价闪电入侵了阿富汗。

T-72 主战坦克：1972 年定型并开始装备苏军，战斗全重 41 吨，乘员 3 人，最大时速 60 千米 / 小时，最大行程 650 千米。该坦克装有 1 门 125 毫米滑膛炮，弹药基数 40 发，采用了自动装填机构（射速 8 发 / 分，行进中对运动目标的首发命中率达 75%）、复合装甲、防辐射衬层、车体侧屏蔽等。

T-72 坦克的主要改进型有 T-72A、T-72B、T-72S、T-72M1 等型号。T-72 坦克参加了以色列入侵黎巴嫩的战争、阿富汗战争、海湾战争以及前南内战等，但由于多种原因，表现不是很好。

在进行野外训练的苏联 T-72 主战坦克

第三节
其他国家不甘人后

冷战时期，除了美、苏两强展开疯狂的军备竞赛外，其他国家也推出了多种新式坦克。到 20 世纪 60 年代以后，便出现了群雄并起、争奇斗艳的局面。各军事强国都独立研制出本国的主战坦克，如德国的豹Ⅰ、豹Ⅱ主战坦克，有豹ⅠA1～A5、豹ⅡA1～A4 等多种型号，日本的 74 式坦克，英国的征服者重型坦克、百人队长中型坦克、酋长主战坦克和挑战者主战坦克等，法国的 AMK-30、AMX-13 轻型坦克、AMX-50 重型坦克和 AMX-30 主战坦克等。

　　以色列的梅卡瓦 1 于 1979 年装备以军，梅卡瓦 2 于 1983 年装备以军。1982 年 6 月，以色列首次将梅卡瓦坦克用于入侵黎巴嫩的战斗中，约 300 辆梅卡瓦加入了由 1,500 辆坦克组成的突击集团，同阿拉伯联军的 1,300 余辆坦克展开激战。最终，以军坦克以 1∶4 的损失比例获胜，并占领了黎巴嫩 3,000 平方千米的土地。

参加入侵黎巴嫩战争的以色列梅卡瓦 1 主战坦克

　　1973 年 10 月 24 日，交战各方均表示接受停火，第四次中东战争结束。

　　在这场战争中，阿拉伯联军损失 8,500 人，损失坦克 2,200 辆、飞机 450 架、战舰 10 艘；以色列军损失 2,800 人，损失坦克 850 辆、飞机 110 架、战舰 1 艘。埃及通过战争收复了苏伊士运河以东西奈半岛上东西宽 10～15 千米，南北长 192 千米的土地，总面积约 3,000 平方千米；以色列军则新夺占了苏伊士运河以西的 1,900 平方千米埃及土地及戈兰高地以东约 440 平方千米的叙利亚领土。

1982 年 6 月 4 日，以色列借口以驻英国大使遇刺，对巴解在黎南部的 40 个军事设施进行轰炸和炮击。6 月 6 日，以色列出动 11 个旅（约 10 万人）、1,300 辆装甲车，在 300 余架战斗机、轰炸机和 70 艘舰艇支援下，对黎巴嫩发动大规模侵略战争。

以军以西路为主攻方向，投入 7 个旅，分 3 个梯队，在海、空火力支援下，沿海岸公路经蒂尔、西顿，向黎首都贝鲁特进攻。中路为助攻方向，东路为牵制。

6 日 11 时，西路以军第一梯队两个装甲旅（坦克约 200 辆），冲过联合国维持和平部队防线，进入黎巴嫩境内。该部在空降兵支援下，猛攻巴解重要据点蒂尔，遭巴解武装顽强抵抗。以军遂将第二梯队 2 个装甲旅调上，奔袭夺取了利塔尼河上具有重要战略意义的卡西米利大桥。7 日，以军以部分兵力肃清巴解残余武装，主力向北发展进攻。在登陆兵（约 1,500 人在阿瓦利河口登陆）、空降兵配合下强攻西顿巴解据点。8 日，以军第三梯队 3 个装甲旅投入战斗，粉碎巴解最后抵抗，占领西顿，沿途击溃巴解和叙军阻拦迅速北进。至 11 日，以军主力已进至黎首都贝鲁特国际机场附近。13 日，以军在黎长枪党武装的配合下，攻占了黎总统府。

东路以军 8 日迂回攻击驻黎叙军侧翼，歼灭叙军 1 个装甲旅，以军损失 1 个装甲营。10 日，以军在卡鲁恩湖以北与叙军 91 装甲旅交战，双方互有损失。中路以军切断贝鲁特到大马士革的国际公路。为夺取制空权，消灭对以航空兵威胁最大的叙军防空导弹，以空军 9 日 14 时出动大批战斗机、轰炸机，在美制电子预警机引导下，用精确制导武器、集束炸弹攻击叙部署在贝卡谷地的苏制萨姆导弹基地。叙军多次起飞飞机迎战，但在以军强大电子干扰下，叙军飞机起飞后即与地面失去联络，近百架苏式米格战斗机悉数被击落，防空导弹因受干扰失控，无一击中以机，致使苏、叙经营十余年，耗资约 20 亿美元，由 50 余个导弹连构成的防空体系全部被以空军摧毁。

以军仅用 8 天时间，在黎境推进 90 千米，侵占黎巴嫩约 3,000 平方千米领土，摧毁了巴解在黎南部的全部基地，消灭巴解大量有生力量，缴获巴解在黎南部400余座军火仓库，给予驻黎叙军沉重打击。从6月26日起，以军以7个旅3.6万人、700辆坦克，连续轰炸、炮击处在包围中的巴解防御阵地。巴解武装在力量对比极其悬殊情况下，逐屋血战，顽强抵抗，给以军巨大杀伤。8月5日，以军包围巴解总部大楼，

入侵黎巴嫩城镇的以色列坦克

切断水、电、食品供应。8月12日，巴解宣布：愿意接受联合国调解并退出贝鲁特西区。8月21日，联合国部队进入贝鲁特西区。9月1日，巴解总部撤往突尼斯（其部队分别撤往8个阿拉伯国家）。9月15日，以军进入贝鲁特西区。

在历时3个月零9天的侵黎战争中，以军打死、打伤巴解3,000余人，俘虏7,000余人，击毁巴解坦克100余辆，火炮500余门，缴获大量军用物资。共计有：枪支30,000件、火箭筒1,400具、弹药4,600吨、军用车辆1,000辆及一批苏制防空导弹和配套新型雷达。以军亡700人，伤4,000余人，损失坦克、装甲车230辆，飞机10余架。叙军伤亡1,000余人、被俘300人、损失坦克400辆，飞机90架，42个防空导弹基地被摧毁。

第五章

信息占先　弄潮时代

时间驶入 20 世纪 90 年代，随着冷战的结束，世界不再是两极争霸，而是呈现出了多极化的发展格局。世界大战短时间内打不起来，使得各国转变了坦克装甲车辆的研制生产思路：目前世界各国现役的主战坦克，基本上都是第二次世界大战后的第三代或三代半型号，生产和装备的数量较冷战时期对比十分有限。这种现象说明，在相对和平的时期，各国军方对主战坦克的军事需求并不旺盛，这也是坦克价格居高不下的重要原因。

后面的章节，将就本书的主要研讨对象——20 世纪 90 年代以来，世界各主要国家现役的、有影响力的主战坦克和步兵战车展开。令广大军事爱好者遗憾和失望的是，英国《星期日邮报》在 2009 年 5 月 3 日以一种略带伤感的语气宣布："坦克将成为过去的记忆，英国在 94 年后停止生产坦克。"这标志着曾研制出世界上第一辆坦克的国家——英国，结束了主战坦克的生产。鉴于这个原因，本章对目前在世界现役主战坦克中仍占据着相当地位的英国挑战者 II 主战坦克，将不进行专门的分析和探讨。

第一节
扬名海湾的 M1A1

美国陆军于 1979 年推出了 M1 系列主战坦克。当时，这种新型坦克集高速、敏捷、火力和先进装甲于一体，盛极一时。该坦克的优良性能在伊拉克战争中给世人留下了深刻的印象，极大地提高了美军装甲兵的战斗力。

不小心直接开入水塘的 M1 坦克

　　M1 主战坦克以克伦顿·艾布拉姆斯（Abrams）将军的名字命名。他于 1936 年毕业于西点军校，第二次世界大战期间任美军第 4 坦克师第 37 坦克营营长，战功卓著。战后，他先后参加过朝鲜战争和越南战争，并受命参与解决柏林危机等重大军事和政治斗争，表现出了卓越的军事领导才能。他仕途上也"官运亨通"，从校级军官一直升到上将，并在 1972—1974 年间出任美国陆军参谋长。由于他对美军装甲兵的发展给予了极大的关注，以他的名字来命名 M1 坦克，似乎是顺理成章的事。不过这里面还有一个小插曲，当时美国军方本来想将 M1 坦克命名为"马歇尔"主战坦克，以纪念这位"二战"中声名显赫的五星上将。论名气，他们两人在"二战"中一个是上将，一个才是营长，不是一个级别的。再说 1980 年马歇尔刚刚病故，正赶上了 M1 坦克命名，于情于理，纪念的意义都是非常重大的。然而，当时的美国陆军装甲兵部鼎力推举艾布拉姆斯，美军参谋长联席会议便来了个顺水推舟。结果是艾布拉姆斯最终胜出。

　　M1 系列坦克的发动机使用的是燃气轮机而不用柴油机，主要是因为美国的柴油机技术没有德国强，而且大功率的燃气轮机技术美国则相对比较成熟，能提供比柴油机更大的功率。

M1 坦克的炮管裂开了

　　虽然大功率燃气轮机的重量比相等功率的涡轮增压柴油机轻，体积也小，便于在坦克上布置以及提高坦克的战术机动性，同时燃气轮机还可

以使用劣质的燃料，便于战场后勤供应，但是燃气轮机的技术复杂，价格昂贵，加上燃料消耗率高，从而需要携带大量燃油，同时它还需要更大的启动设备，这样几乎就抵消了燃气轮机的优点。所以，除了美国的 M1 系列、俄罗斯的 T−80U 以外，几乎没有国家在其主战坦克上使用燃气轮机。

因倒车失误发生碰撞的两辆 M1 坦克

1984 年，M1A1 坦克定型，1985 年开始生产，1986 年正式装备服役。M1A1 在海湾战争的地面战斗中扮演主角，为美军的胜利立下赫赫战功。

M1A1 坦克采用的是指挥仪式火控系统，最大夜视距离达到 2,000 米，即使在能见度不好的情况下，也能达到 1,200 米，对人员的最大发现距离为 3,000 米。它具备行进间对活动目标的打击能力，在行进中射击 2,000 ~ 3,650 米之间的运动目标的首发命中率为 90%，从发现、跟踪、瞄准到射击的反应时间为 6.2 秒。但 M1A1 没有配备车长瞄准镜和自动装弹机。

M1A1 坦克在 1991 年的海湾战争中表现得异常突出，曾以一枚穿甲弹连穿伊拉克的两辆坦克并将其击毁。

1991 年 1 月 26 日伊拉克巴士拉附近，美军两个装甲师和一个骑兵师同伊军共和国卫队麦地那装甲师、汉谟拉比师以及光辉装甲师进行了一场激战。美军 3 个师共装备了 M1A1 坦克 470 辆、M2 步兵战车 330 辆，而伊军共和国卫队 3 个师则装备了 300 辆先进的 T−72 坦克和大量老式苏制坦克。

　　伊军由于没有有效的夜视仪器，夜战中只能发现 800 米内的目标，且无法准确瞄准射击。而美军的 M1A1 主战坦克使用高效的夜视装备，可以在 2,000~2,500 米距离上准确地射中伊军坦克。伊军在战斗中没有办法有效发现美军坦克，完全成了瞎子，几乎没有还手之力。根据《美国坦克战》战报公布，M1A1 坦克击毁伊拉克 T–72 坦克的主要原因，首先是热成像观瞄系统性能优良。

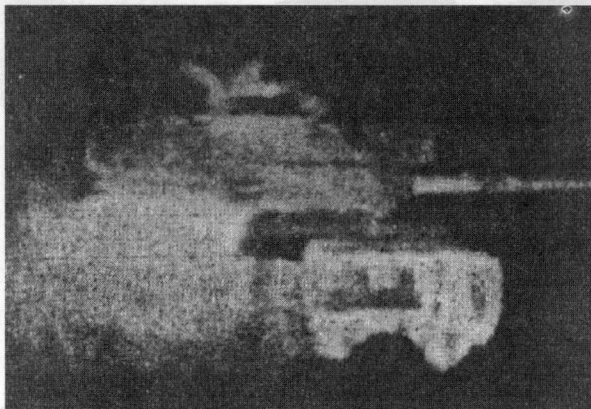

利用热成像技术在夜间拍摄的坦克照片

　　M1A1 坦克是在目视根本看不见的恶劣条件下，首先使用热像仪捕捉到伊军的坦克目标，然后再将其击毁。而由于战地油井起火，到处黑烟弥漫，伊军 T–72 坦克乘员根本无法看到 M1A1 坦克，而 M1A1 坦克却能捕捉到 T–72 坦克。实战证明，装有热成像瞄准镜的 M1A1 坦克能透过夜幕、雨、沙暴、烟雾，几乎没有什么东西能妨碍乘员观察伊军目标。但是，M1Al 坦克的热像仪也发生过故障，主要是使用时间过长所致。按设计规定，其每天工作时间不得超过 8 小时。在地面战斗中，M1A1 坦克的使用时间都远远超过了设计标准。有时使用时间达到了全天连轴转，导致仪器过热而使目标图像变暗。因此，在战场上只能采取临时关闭的解决办法。此外，M1A1 在海湾战争中还出现过误射的事故，如在一次使用远距离热成像瞄准镜实施射击时，英军两辆"蝎"式侦察车遭到误击，致使两名英军士兵负伤。另外，M1A1 坦克识别远距离目标的能力低于与之配套使用的 M2/

M3 "布雷德利" 步兵战车。M2/M3 因装有 "陶" 式反坦克导弹，所以车上安装的是综合型瞄准装置，精度更高，能识别距离更远的目标。综合型瞄准装置的被动式夜视仪采用图像清晰的双目镜式。为完成对 "陶" 式导弹的制导，将远距离放大倍率提高到 12 倍。M1A1 坦克的热成像瞄准镜为单目镜式，远距离放大倍率仅为 10 倍。有报告说，当 M1A1 坦克的热成像瞄准镜无法识别远距离目标时，可由 M2 步兵战车担任识别，然后将情报传递给 M1A1 坦克。

另外，伊军 T-72 坦克的 125 毫米主炮根本无法击穿美军 M1A1 主战坦克的前部装甲。M1A1 坦克在这场海湾地面战中参战的总数达 1956 辆，其中仅有 14 辆遭到损伤，2 辆不能修复，乘员无一伤亡。至少有 7 辆 M1A1 坦克乘员报告说曾被伊军 T-72 坦克 125 毫米主炮直接命中，但没有受到严重损伤，说明 T-72 坦克炮弹尚不能击穿 M1A1 坦克。

曾经有一辆 M1A1 坦克因为机械故障无法动弹后掉队，后又遭遇到伊军 3 辆 T-72 坦克的偷袭。伊军坦克首先在 1,000 米的距离内连续射中美军坦克数炮，都无法击穿其正面装甲，只打出了几个小坑。M1A1 随即还击，2 炮就击毁了 2 辆 T-72，剩下的 1 辆赶快逃走隐蔽，最后也在 2,500 米距离上被一炮击毁。

实战中，伊军坦克在作战中仅仅造成 4 辆 M1A1 坦克被击中并完全摧毁。但这 4 辆被击毁的坦克都有一个共同的特点，就是自身火控系统出现了故障，无法再探测到伊军坦克（由于伊拉克沙漠温度过高，很容易造成 M1A1 精密的火控系统过热而自动关机），结果被躲藏在沙丘或者工事后面的 T-72 坦克在很近的距离伏击。可以说，只要美军不发生战术错误，伊军的 T-72 几乎没有获胜的可能。

同时，伊军坦克根本无力防御美军坦克贫铀穿甲弹和高效火控系统的打击。实战中，美军坦克的火控系统具有极为惊人的准确度，在运动中射击低速敌军装甲目标的首发命中率高达 90%。如美海军陆战 2 师 4 营 B 连的 12 辆 M1A1 坦克遭遇了伊军共和国卫队塔瓦卡第三机械化师的 35 辆坦克（其中有 30 辆 T-72），美军 12 辆坦克第一次齐射就全部命中目标，摧毁了 1,500 米外伊军的 12 辆坦克。伊军由于夜视仪器差，还没有发现美军坦克的位置，就被打得措手不及。

但伊拉克共和国卫队毕竟是精锐部队,他们随即根据炮声的方向冲锋上去。双方发生激战,美军凭借高效的火控设备在伊军射程之外攻击,10分钟内就击毁了伊军的大部分坦克。伊军残余装甲见势不好想逃走,美军随后追击,30分钟内就将35辆坦克全部击毁,同时还击毁了7辆装甲车。而美军只有1辆M1A1在混战中被伊军在摸进到1,000米内击中,受了轻伤。

在伊拉克执行巡逻任务的美军 M1A1 坦克辗毁了一辆小汽车

伊军 T-72 坦克的火控系统比 M1A1 差了一个时代,只有简单的光学测距仪和落后的早期弹道计算机,只能在静止不动的情况下射击静止或者低速运动的目标。而美军坦克则可以在运动中击中对手,要知道,打运动目标比打击静止目标可是难十倍的。

除了火控系统以外,由于贫铀穿甲弹的威力十分惊人,伊军的很多坦克只能藏身在所谓萨达姆防线的沙丘和水泥工事后面伏击美军,但美军往往在 2,000 米外一炮击穿 1.5 米厚的沙丘和牢固的钢筋水泥工事。战后分析战果,发现很多贫铀弹从 T-72 的车头射进从车尾射出,穿过了整个车身,让人甚为惊奇。

由于打击能力的巨大差距,1991 年 1 月 26 日一夜的战斗中,共和国卫队的光辉师很快被全歼,麦地那装甲师和汉谟拉比师被美军包围重创,装甲车几乎全被击毁,仅有少量步兵和卡车逃走,完全失去了战斗能力。

实战中,美军第二骑兵团 E 连十几辆坦克,23 分钟内就摧毁了伊军

T–72 坦克 28 辆和 55 辆其他坦克装甲车。而美军第一装甲师第二装甲旅 45 分钟内全歼麦地那师 1 个装甲旅，摧毁 55 辆 T–72 和近百辆其他坦克装甲车，混战中美军自己只损失了 3 辆 M1A1 坦克（基本都是轻伤），这种打击效率实在让人惊叹。

残余的另外两个伊军共和国卫队师——塔瓦卡尔那机械化师和阿德南摩托化师赶忙向后撤退，但是又被美军攻击机和直升机及地面部队追上一顿痛打，击毁了他们大部分的坦克装甲车辆。

伊军共和国卫队的 5 个装甲机械化师很快就全军覆没，伊拉克用来抵御盟军的 41 个师中，有 38 个师丧失了战斗力，伤亡 10 万人，被俘 8.6 万人，损失坦克 3,874 辆，装甲车 1,450 辆，火炮 2,917 门，飞机 324 架，海军作战舰艇被全歼。萨达姆很快决定承认失败的现实，同盟国签订了停战协定，历时 42 天的海湾战争宣告结束。

第二节
M1A2 在伊拉克耍尽威风

M1A2 坦克是 M1A1 的第二阶段改进产品，首辆于 1992 年出厂，1993 年开始装备部队。经过反复实弹射击试验证明，M1A2 的装甲防护能力尤为突出。这种装甲防护与惊人的快速性和机动性、核生化防护、自动灭火以及弹药舱相结合，能够保证乘员的绝对安全。它的支援能力、杀伤力和作战性能，堪称是空前绝后的地面作战单元。

相比 M1A1，M1A2 坦克在技术方面有了质的变化。美国陆军在它的车载电子系统的数字化方面投入了大量的资金，以提高坦克的可靠性、战斗力和操作性能，目的是使美国陆军改进战术原则，并且使其主战坦克更加现代化，以迎接将要面临的数字化战场。这些数字化改造包括：通过采用集成电路提高可靠性；通过采用先进的作战管理系统和火控系统增强可生存性、可维护性和可支援性来提高其操作性和战斗力。

M1A2 坦克是典型的炮塔型坦克，有 4 名乘员。车体前部是驾驶舱，中部是战斗舱，后部是动力舱。驾驶员位于车体前部中间，配有 3 具整体式潜望镜。关窗驾驶时，驾驶员半仰卧操纵坦克，夜间驾驶时可把中间的潜望镜换成 AN／VVS-2 微光夜间驾驶仪。驾驶员两侧是用装甲板隔离的燃料箱和弹药。旋转炮塔位于车体中央，其外形特点是低矮而庞大，几乎与车体一样宽。该扁平型炮塔和车体大都采用焊接件，这主要是接受了第四次中东战争时以色列的教训以及铸造件生产效率低的原因。

M1A2 坦克的炮塔和车体各部分的装甲厚度不等，最厚达 125 毫米，最薄为 12.5 毫米，相差 10 倍。装甲钢板的厚度自下而上逐渐增厚，为 50 ~ 125 毫米。

炮塔内有 3 名乘员，装填手位于火炮左侧，车长位于右侧，炮长在车长前下方。装填手舱门上安装有 1 具可旋转的潜望镜，舱口有一环形机枪架。车内电台安装在炮塔壁左侧，便于装填手操作。炮塔内弹药大都放在炮塔尾舱内，装填手用膝盖控制一个杠杆就能打开尾舱装甲隔门，收回膝盖时门会自动关闭，并备有应急机械闭锁装置。

炮塔上的车长指挥塔外形低矮，可 360° 旋转，四周有 6 个观察镜，指挥塔外部有 1 挺高射机枪。炮塔后部装有 2 根电台天线和 1 个横风传感器。

车内油冷式发电机由传动装置驱动，最大电流是 650 安；6 个 12 伏的蓄电池串并联连接，供电电压为 24 伏。

M1A2 的主要装备与性能：

（1）车长独立热像仪（CITV）：这是 M1A2 坦克的主要特征之一，由得克萨斯仪器公司（Texas Instruments）光电分公司研制。该独立稳定式热像仪具有"猎—歼"（hunter-killer）式瞄准镜的目标捕捉能力，大大提高了坦克在能见度很低（黑夜和烟幕）的情况下与敌交战的能力。

（2）车长指挥塔（CWS）：M1A2 坦克还改进了车长和炮长的显控装置，在重新设计的指挥塔上安装有改进型的周视潜望镜、较大的舱口和机枪座圈等，提升了资料处理的速度及应战效率。此外，主炮和车长与炮长的瞄准仪上均安装了稳定器，取消了高射机枪的电动和手动操纵机构，进一步提高了行进间的射击性能。

（3）CO2 激光测距仪：M1A2 坦克还采用了 CO2 激光测距仪，它的工作波长与热像仪相同，测距范围加大，穿透烟幕和尘烟能力更强，对人眼也比较安全。

（4）驾驶员热观测仪（DTV）：用于取代以前装备的 AN／VVS-2 驾驶员微光驾驶仪，可昼夜使用并扩大了驾驶员的视野。

（5）战场管理系统（BMS）：M1A2 坦克配备了先进的战场管理系统，亦称车内通信设备（IVIS）。它是一种网络数据和信息系统，能自动地提供双方部队位置、后勤信息、目标数据和命令等。该设备装在车长热像仪显示装置旁边，位于车长位置右边的炮塔内壁上。M1A2 还配备了自主导航系统，通过 GPS 卫星定位系统能快速准确标定自身所在方位。

M1A2 主战坦克的生存能力很强，炮塔周围装有防弹能力极强的贫铀装甲（当然，M1A2 也有命门，它的顶、侧、后、底四面以及炮塔与车身的连接处，都是对方火炮打击的主要部位）；弹药存放在有防爆门的隔舱内，一旦舱内弹药被引爆，防爆门便会自动打开，把爆炸气浪排出车外；车内还装有高效、快速的自动灭火系统，一旦发生爆炸，可在 0.02 秒内发现火情，0.06 秒内将火熄灭。另外，M1A2 坦克还采用了大量的电子设备，能自动检测故障情况；电子传感系统提高了目标识别能力及与友邻坦克的信息传递能力；有全新的指挥、控制、通信系统，提高了坦克的作战效能；有先进的火控系统和防原子、防化学、防生物武器装置。

M1A2 坦克的机动性好，可靠性高，一般能行驶 6,400 千米才送到基地修理，行驶 3,400 千米才更换履带；原发射 500 发炮弹后就需要更换炮管，现在可发射 1,000 发炮弹后才更换。该坦克装有 120 毫米滑膛炮，发射尾翼稳定贫铀合金脱壳穿甲弹，命中率高，威力大。M1A2 上还装有自主式地面导航系统，可在极端恶劣的环境和自然条件下快速、准确地确定坦克所在位置，不会在大沙漠里和错综复杂的地域环境迷失方向。

M1A2 同时增加了辅助动力装置。当主发动机熄火时，由辅助动力装置为车内数字化电子系统提供电能，以弥补车内电瓶电能的不足。该装置还可为静默观察提供电能，并且为电瓶充电。另外，它还为车内空调装置提供电能，以提高车内乘员的舒适性和电子元件的可靠性。M1A2 的底盘也进行了若干改进，发动机加装了数字电子控制装置，提高了省油性和可靠性。目前，美国"雷神"公司正在为 M1A2 主战坦克研制新型的制导弹药。该公司在半主动激光导引头的中程弹药——破甲弹计划（MRM-CE）框架下，研制的新型弹药在美国亚利桑那州的尤玛靶场进行了试验，这种通过激光射束引导的高效聚能穿甲弹，可以击中 8.7 千米内的移动坦克目标。中程弹药——破甲弹计划的负责人之一利克·维尔亚斯透露说，在试验中，新型弹药击中了在瞄准点观察到的几英寸的靶标，展示了该型弹药 100% 的精确打击能力。

目前，用于坦克的制导弹药只是在俄罗斯军队中广泛使用。俄陆军 T-64 和 T-72 坦克从 20 世纪 80 年代起，就开始大量使用制导弹药。与此同时，俄军正在改进老式的 T-55 和 T-62 中型坦克，为其安装制导武器系统，而俄现役的 T-90 主战坦克也装备了制导弹药。

2003 年的伊拉克战争打响后，美国陆军装备的 M1A1 和 M1A2 主战坦克大显身手，它们与 M2 步兵战车、M113 装甲运输车以及 AH-64D 直升机等现代化武器装备一道向巴格达推进，为合围巴格达立下了汗马功劳。从 3 月 21 日美军第 3 机步师对伊拉克发起地面攻击，到 4 月 14 日美军第 4 机步师攻占提克里特，整整用了 25 天，约 600 小时。

在伊拉克执行战斗任务的美军 M1A2 主战坦克

伊拉克战争中，虽然最耀眼的明星兵器是精确制导炸弹，但上千辆主战坦克和步兵战车也起到了不可代替的作用。在首都巴格达被美军攻陷后，一位萨达姆政权的外交官就气愤地说："什么未来的伊拉克民主？这是坦克带来的'民主'！"可见，坦克，尤其是美军的 M1A2 主战坦克在这次战争中的重要作用。

巡逻在伊拉克街头的美军 M1A2 主战坦克

开战初期，美军第 3 机步师的 M1A2 主战坦克就能在一天时间里推进170 千米，在 10 多天的时间里就兵临巴格达城下，这在美军的战史中是绝无仅有的。它充分说明了坦克这种兵器的高度机动性和巨大突击力，也反映出美军的机械化部队（以主战坦克和步兵战车为主）强大的独立作战能力和战前的充分准备。

应当说，战争初期伊拉克军队打得还是相当不错的。在乌姆盖斯尔，在巴士拉，在纳希里耶，伊拉克军队以劣势装备顽强抵抗，主动出击，给美英联军以重创。2003 年 3 月 27 日，在巴士拉城郊，发生了此次伊拉克战争中最大的坦克战。当晚，伊拉克军队的近百辆坦克利用夜色掩护，向英军的第 7 装甲旅发起反冲击。一时间，伊军的坦克取得了主动权，英军的坦克和步兵战车不得不边战边退，并紧急呼叫空中支援。在美军战机和英军坦克的联合打击下，伊军坦克损失惨重，不得不退回到原来的阵地。伊军坦克的主动出击，战术指导思想应该是没有问题，因为即便采取藏而不打的"鸵鸟战术"，结果也只能是一点点地被敌方的飞机和炮火炸光。与其"藏而待毙"，不如拼死一搏，或许还能给敌方以重创。伊军坦克的出击和惨败，也充分说明了在没有制空权的情况下，单靠坦克冲锋陷阵，取胜的可能性很小。

2003年4月5日和7日，美军第3机步师第2装甲旅的M1A2坦克和"布雷德利"步兵战车，两次在大白天"昼闯巴格达"（美军称之为"装甲突击行动"），令世人震惊。这一大胆的军事行动充分说明了几点：第一，坦克的高度机动性和良好防护性，能突、能打、能防、能撤，是此次装甲突击行动胜利的基础；第二，步坦协同，互相支援，互相保护，是此次行动胜利的保证；第三，充分的空中侦察和特种部队的密切配合，是此次行动的前提；第四，周密的计划和精心的组织，既表现了装甲突击行动的突然性，也确保了战斗行动的胜利。

当然，M1A2坦克并不是没有弱点。比如在防护上，它的顶部和后部、侧面和底部，都是软肋（2003年10月28日晚，驻伊拉克美军第4机步师的一辆M1A2主战坦克在位于巴格达以北拜莱德镇巡逻时，就被反美武装在道路上安放的炸弹击毁，还导致两名士兵被炸死，一人受伤）；在连续作战的时间上，M1A2坦克没有24小时连续作战能力。尽管美军第3机步师在出击时准备了5天的口粮和饮用水，但坦克携带的燃料和弹药连一天都不够用，甚至连坦克乘员的"吃喝拉撒睡"，都是老大难问题。

第三节
路边炸弹促生 M1A2 TUSK

一、坦克在城市作战中问题突出

1995年，俄罗斯装甲部队在车臣首府格罗兹尼惨败；在后来以色列与黎巴嫩爆发的冲突中，一向被看好适于巷战的以色列梅卡瓦坦克也大批损伤；伊拉克主要战事结束后，因遭遇路边炸弹袭击而损毁的坦克数量甚至比战时还要多……"陆战之王"在城市作战中屡次损兵折将，虎威渐失，甚至有人说："城市作战是主战坦克的坟墓！"。

在伊拉克遭遇路边炸弹袭击的美军坦克

　　最近几场高技术的局部战争，特别是伊拉克战争之后，各国的军事指挥官们对城市作战有了新的认识。美军驻伊拉克地面部队的高级战术指挥官托马斯·梅茨中将说："在现代战争中，城市战已经变得不可避免。"仔细翻阅历史也可以发现，自城市出现以来，没有一次战争能绕开过城市。第二次世界大战中，欧洲战场有40%的战斗发生在城市和大的居民区。美军进行的250多次军事行动中，90%都发生在城市地区。城市战随着信息技术的不断发展，作战手段、攻击方式、目标选择等，也都发生了巨大的变化，火力强、封锁严、推进快、震慑大，已成为现代城市战的关键所在。

　　随着信息技术和精确火力打击兵器的迅猛发展，过去战争中那种大兵团推进、线式交战的模式将不复存在，信息主导下的联合火力打击行动已成为了现代城市战的主体。这种火力打击具有达成作战目的快、受战场条件限制小、节奏规模可控性强、人员伤亡少、政治风险低的独特优势。对于现代城市战，火力的有效打击将发挥主导作用。毫无疑问，火力强大的坦克将成为城市巷战的重要选择。

　　美军在伊拉克的作战行动，已经证明了坦克才是进行城市作战的最佳武器。无论是在2003年"奔雷"行动中突袭巴格达的美军第3机步师，还是在随后"伊拉克自由"行动中执行任务的美军巡逻分队，主战坦克都在其中显示了令人惊讶的战场适应能力。在拥挤的伊拉克城市小巷中，

M1A2 主战坦克成为了美军最信赖的武器，它能够应付任何不对称战争环境下的挑战。

坦克在巷战中所表现出来的优势，不是其他的军事装备可以随便代替的。在巷战中，没有什么盔甲比坦克的装甲更能保护好跟进的士兵，没有什么火力能比坦克的主炮更好地为步兵提供支援，也没有什么装备比坦克更能挨打。

因此，无论过去、现在还是将来，坦克都无法回避城市作战这个问题。坦克只有根据城市作战的特点，结合自身进行必要的改进和调整，才能更好地适应城市作战，继续展现"陆战之王"的威风。

二、坦克应对城市作战的技术准备

坦克在城市作战中之所以受到限制，关键的症结在于它固有的设计思想是针对在大范围的平原地区与敌方的重型装甲力量相对抗。而到了建筑物鳞次栉比的城镇，不仅大口径火炮无法发威，而且自身防护的薄弱环节也成了反装甲小组的活靶子，"虎落平阳"的悲哀便油然而生。看病需对症下药，要让坦克真正能够适应城市作战，就必须对它自身的软硬件进行改进。

（1）调整武器系统。目前，坦克的主要武器装备通常为 1 门 120 毫米或 125 毫米高速坦克炮。它虽然是一种威力强大的武器，但在城市近距离作战中，高速炮弹却不是理想的打击工具。此外，由于现役坦克均按低矮外形设计（尤其是炮塔），因此限制了主炮的高低射角，使坦克无法使用主炮在近距离打击建筑物的高层和地下室目标。另外，针对反坦克作战需求而设计的高速动能弹要求坦克主炮具有较长的身管，从而限制了坦克在狭窄街道的转弯，并使它在炮管朝前的情况下几乎无法攻击侧面和后方目标——这些所谓的"盲点"，却恰恰是坦克最易遭受敌方攻击的区域。

为了不让城市中纵横交错的街道和狭窄的街巷过多地影响坦克的火力机动性，不妨考虑为城市作战的坦克安装短身管火炮。一种方式是安装短身管坦克炮，像德国适于巷战"城市豹"坦克，就用身管长为 44 倍口径的豹Ⅱ A5 坦克主炮取代了身管长为 55 倍口径的豹Ⅱ A6 坦克主炮，虽然部分损失了炮口动能，但却大大提高了坦克在城区环境的机动性。另一种方式是为坦克额外加装迫击炮。城市作战经验最丰富的以色列装甲部队早在1973年"赎罪日"战争时期，就发现坦克需要有间接瞄准射击的能力，于是以色列便在其后研制的梅卡瓦坦克上，安装了1门60毫米迫击炮。在以色列1982年围攻贝鲁特期间，这种装在坦克上的60毫米迫击炮就大显身手，有时甚至比105毫米主炮的作用还要大。

（2）改进弹药系统。在炮弹方面，现役主战坦克通常携带的是尾翼稳定脱壳穿甲弹和高爆反坦克弹，这些炮弹主要用于在开阔的地形打击其他坦克或装甲车，而在城市环境中打击近距离目标时则效果不大。由于动能弹在城市作战中用的机会不多，坦克乘员被迫完全依赖化学能炮弹的多用途杀伤效果，因此未来可以考虑使用多用途的坦克炮弹。它的设计基于破片式高爆炸药的不同组合，具备有限的侵彻能力，非常适用于击毁混凝土结构（如掩体和各种建筑物），同时保留了打击轻型装甲车辆的性能。

为了提高坦克巷战时杀伤软硬目标的能力，以色列军事工业公司研制了一种专门满足城市作战需求的高性能反人员／反装备（APAM）坦克炮弹。该炮弹内有6颗具有独立引信的子弹，每颗子弹内又装有大量用于增大杀伤力的成型钨制弹片。此炮弹具有两种发射模式：打击大面积人员目标时，6颗子弹在目标上空相继引爆，形成弹片杀伤带；打击掩体、水泥建筑等目标或器材装备时，6颗子弹可同时引爆。目前，这种炮弹的105毫米型号是一种标准的化学能炮弹，用来装备以军坦克的L-7型主炮。

被伊拉克武装炸毁的美军主战坦克

为使勒克莱尔主战坦克能够更好地应对非对称和城市作战环境，法国陆军也从内克斯特尔（Nexter）公司采购了 1,000 枚新型 120 毫米 HE-T MK Ⅱ 型高爆弹，该炮弹能够摧毁几乎所有类型的建筑物以及轻型和中型装甲车辆。

德国莱茵金属公司所属的瓦菲弹药公司也正在研制 DM12A2HE-MP-T 型炮弹的后继型号。这种新型高爆炮弹主要用于对抗敌方远程反坦克武器的攻击，并用于打击敌方软目标和半坚固目标。该型炮弹的高爆弹头由钢和重金属破片组成，并安装了定时引信，其触发功能可采用延时（延时长短由坦克火控系统自动设置）方式。

美国陆军装备研究发展和工程中心也研制出了一种专门用于城市作战的 M908 型 120 毫米障碍清除弹，用于取代 M123 型高爆塑性破障弹，目前正被美军大量用于在伊拉克的军事行动。M908 基于标准的 M830A1 多功能反坦克（MPAT）炮弹设计，但后者使用的双位前部引信（使用近炸引信攻击直升机，使用触发引信打击地面目标）被卸除并代之以加固型钢制被帽。这种被帽可使经过改进的弹头在引爆之前将自身"植入"混凝土目标，既增强了穿砌效应，又通过放射性引爆模式在混凝土内部产生更强的裂解效应。

在城市作战或低烈度冲突中，美军还将使用到专门研制的人员杀伤炮弹。美制 M1028 型榴霰弹是一种完全用于人员杀伤的炮弹，内含 1,100 颗钨制弹丸，在距弹着点约 500 米处仍具有杀伤效能。这种炮弹的优势在于：在实战中可将原来用于 M1 主战坦克的 120 毫米主炮改装为一种威力较大的短身管炮，不仅可以用于自卫，还能用于"清除"爬到己方装甲车辆上的敌方步兵，而不用担心对车辆、乘员、天线或光学瞄准设备造成损害。

（3）加强防护性能。当前不对称战争的性质，决定了主战坦克在城市作战中将很少面临动能杀伤威胁，它通常要面对的是少量便携式反坦克导弹、数量众多的 RPG 式反坦克火箭筒以及地雷和简易爆炸装置的威胁。坦克在城市作战中遭遇的最大威胁在于它可能面临遭受敌方几个反坦克小组的伏击，此时坦克在城市环境下无法识别和压制威胁，而敌方反坦克小组却能够充分利用建筑物和废墟提供掩护，针对坦克防护较薄弱的部分进行攻击。

在城市作战环境中，仍需强调在传统的正面防护弧度（在理想状态下大于360°）的基础上大幅度延伸车身防护范围，尤其是要重视对车身底部的防护。与车身其他部位相比，坦克底部的防护较为薄弱，虽然在设计时考虑了承受正常反坦克地雷爆炸的防护性能，但坦克车身底部对在地下引爆的大型爆炸物的防护能力极弱。以色列的数辆梅卡瓦3／4型主战坦克，就曾在加沙地带和南黎巴嫩地区被大型地雷炸毁；伊拉克武装分子也在境内对美军的M1主战坦克进行了同样的攻击。

在城市战中，坦克还可能会遭受敌方迅速实施的多次攻击行动，这将有可能降低坦克爆炸反应装甲的防护效果。在能够进行模块化装甲升级的情况下，坦克可以在不改变外形轮廓的同时，通过加装模块化装甲来应对特殊威胁。近期，有关国家在坦克近距离防护方面采用了一些新的措施，如安装侧裙装甲为悬挂系统提供防护，更为广泛地应用爆炸反应装甲防护层，以及在无法由外置式装甲或爆炸反应装甲提供防护的部位（如发动机排气孔）安装格栅装甲。

为了最大限度地融入城市背景，坦克还要涂装城市迷彩，同时还必须配装性能可靠的辅助动力装置，以保证在主发动机熄火后，车辆仍能缓慢地退出危险地带，不致于成为敌方的活靶子。

（4）提升观瞄设备。城市作战坦克应装备性能优于普通观测的反射式瞄准镜，并能够更好地持续观察和控制附近区域的瞄准镜系统，如M1A2采用的"车长独立热成像观测仪"。

为了观测坦克周围（尤其是侧面和后部）的"盲点"，城市作战坦克必须安装各种昼夜使用的摄像机，使驾驶员能够在没有外部引导的情况下进行倒车和转向。目前，以色列已经在部分梅

行进中直接栽下土坎的坦克

卡瓦 4 主战坦克上安装了 360° 全向探测摄像机，该系统还具备自动化的动态探测能力，可探测到来袭目标或在敌方人员爬上战车时发出警报。

城市作战坦克也需安装战场管理系统（如美军研发的具有网络中心战特征的 FBCB2 系统，勒克莱尔装备的 SIT 系统和以色列研制的 WIN BMS 系统），能够大幅度增强坦克车长的战场感知能力。该系统还能使己方坦克实施极近距离的射击，从而简化了作战责任区的划分。

三、巷战生存系统升级的 M1A2 TUSK

美军 M1A2 主战坦克在野战条件下战力强悍，但在城市作战中就有许多不太适应的地方。为此，通用动力公司和利马坦克制造厂于 2006 年 8 月合作开发出了一种 M1A2 TUSK 城市作战型坦克，即"坦克城市生存模块"，实际上就是 M1A2 的城市改进版。伊拉克战争期间，美国中央司令部司令弗兰克斯将军把美军 M1A2 型主战坦克称为"沙漠王"，如今的 M1A2 TUSK 则完全可以被美军称为"巷战王"。

从组成上看，M1A2 TUSK 主要包括一组经过强化的装甲、顶部装甲防护装置、火箭弹探测与摧毁系统以及 1 挺内置的大口径机枪。M1A2 TUSK 的所有升级均采用经过实践检验的成熟技术，目的是提高改进效率，确保其能适用于战场上的所有部队，不需要返回军械库进行改装。

具体来看，M1A2 TUSK 的升级项目主要包括：在舱盖关闭时可昼夜操作的遥控武器站（仅用于 M1A2）、供装填手使用的 M240 机枪热瞄具、保护坦克侧裙板的反应装甲板、机枪手防盾、坦克乘员—步兵通信电话、保护坦克后部动力舱的格栅装甲、供车长使用的机枪热瞄具（仅用于 M1A1）等。这些升级项目都是根据城市作战的需要而实施的，因此可有效地提高坦克在城区战场上的生存和战斗力。

战场生存力被 M1A2 TUSK 型坦克放在第一位，车辆两侧和尾部都安装了附加装甲。M1A2 TUSK 型坦克的腹部也有了变化，增加了一层底部防护板，当坦克轧到地雷时，可避免坦克底部被击穿。巷战中常见的燃烧瓶对 M1A2 TUSK 型坦克的威胁也将大幅度降低，该坦克在瞄准镜、进排气口等暴露设施上安装有聚碳酸酯护罩，外面还有一层金属网，小的燃烧瓶几乎扔不进去。采取上述措施后，M1A2 TUSK 型坦克对付巷战中常见的火箭弹、燃烧弹的能力比原来的 M1A2 提高了一倍。

适合城市作战的美军 M1A2 TUSK 型坦克

为了攻击多种目标，M1A2 TUSK 的主炮增加了一些高爆榴弹和延时破甲弹。它们都能穿透建筑物墙壁后再爆炸，能有效地杀伤躲藏在障碍物后面的敌人。M1A2 TUSK 炮塔顶端安装有遥控武器平台，可将 12.7 毫米重机枪、彩色摄像机、激光测距仪及稳定系统整合在一起。这样在对目标实施攻击时，坦克乘员在车内就能"指哪打哪"，从而不必暴露在坦克之外。此外，坦克上的智能化绘图系统能迅速绘制出周边建筑的三维图，大大增强了坦克乘员对周边环境的感知能力。

M1A2 TUSK 型坦克虽然不是一种全新的坦克，但由于它在设计过程中充分吸取了美军近年来进行城市作战所获得的经验教训，因此，它对于城市作战环境的适应性很强。据悉，美军士兵对 M1A2 TUSK 的总体感觉是："坐在这样的战车里，即使到地狱打仗也不用害怕。"

第四节
最新型号 M1A3

M1A3 主战坦克是美国最新型的主战坦克，它以"重火力的移动堡垒"作为设计理念，采用了高膛压自冷膛管滑膛炮，具有高射击精度、重火力的特点。由于炮管采用了最新的炮管冷却系统，配合上 FMA 型送弹系统，使坦克的射速高达每分钟 42 发。它的装甲采用了特努鲁斯公司开发的复合陶瓷钢板，耐打击程度极高，有很强的反破甲性能，理论上 120 毫米以下的各种炮弹都无法从正面击穿其装甲。美国军方打算将其作为地面作战的重型火力压制点使用。

表 5-1　M1A1、M1A2、M1A3 各种技术参数对比

	M1A1	M1A2	M1A3
动态展示重量 / 吨	58	69	55
车全长 / 米	9.8	9.8	13.2（含炮管）
车　宽 / 米	3.7	3.7	3.4
发动机功率 / 马力	1,500	1,500	1,800
最大公路速度 / 千米 / 小时	66.4	67	80
最大越野速度 / 千米 / 小时	48.3	48.3	51.2
爬坡度 /（%）	60	60	60
主要武器	120 滑膛炮（40 发）	120 毫米滑膛炮	120 毫米滑膛炮（80 发）
并列武器	7.62 毫米机枪（12,400 发）	7.62 毫米机枪	7.62 毫米机枪（5,000 发）
车长武器	12.7 毫米机枪（3,000 发）	12.7 毫米机枪	12.7 毫米机枪（650 发）
最大行程 / 千米	462	465	480
越垂直墙高 / 米	1.2	1.0	1.2
越壕宽 / 米	2.7	2.7	2.7
涉水深 / 米	1.2	1.2	1.2
乘　员 / 人	4	4	3

M1A3 的其他技术参数：

（1）主炮：后期型号将换装 140 毫米滑膛炮，可发射尾翼稳定脱壳穿甲弹、破甲弹和榴弹 3 种不同类型的炮弹，列装了激光制导炮射导弹系统，相配套的炮射导弹可攻击 12 千米内的任何装甲目标。

（2）火控系统：由激光测距仪、弹道计算机、炮手稳定式瞄准镜、火炮双向稳定以及控制仪表和各种传感器组成，并配备了最新型的 FMA 填弹系统，还装备了热像仪。

（3）防护系统：炮塔为焊接式，两侧各装有6具斯特尔菲林式65毫米数控烟幕弹发射器。车体外表喷有能防可见光、近红外、远红外及毫米波探测的宽频谱迷彩涂层。炮塔上装有SD.D车载红外干扰系统。

（4）信息系统：FMP综合信息系统。

美国陆军的M1A3新型主战坦克与M1A1和M1A2主战坦克相比，在性能方面获得了相当大的提高。在重量上，M1A3新型主战坦克被控制在55吨以内，比重69吨的M1A2主战坦克要轻数吨。这是因为M1A3新型主战坦克采用了重量更轻的120毫米新型坦克炮（可以安装炮弹自动装填机）、新型光纤电缆和重量更轻的新型防护装甲。此外，新的发动机和行走机构也都大幅降低了它的重量。

对于M1A3新型主战坦克来说，最重要的一点是坦克的火力系统得到了全面提升，除了增强型贫铀穿甲弹成为制式弹药外，M1A3新型主战坦克还安装了新型火控计算机、通信系统、传感器以及新型导航设备。另外，M1A3还具有发射射程为12千米的炮射导弹的能力。在对付步兵方面，除了仍保留12.7毫米机枪外，M1A3还能发射"地狱火"M型导弹。这是一种带有高爆战斗部的雷达制导导弹，专门用来对付步兵和反坦克手，与早期的"地狱火"导弹不一样的是，其直径仅与普通火箭筒直径相当。

出现在某国际展览会上的美军M1A3坦克

M1A3采用了新型动力装置，并匹配先进的整体式推进系统，最大速度可以达到 80 千米 / 小时。在防护方面，M1A3 坦克安装了最新型的"乔巴姆"装甲，增加了全方位的防护措施：车体两侧的履带裙板上首次安装了大面积的反应式装甲，尾部发动机舱后面加装了格栅装甲，以对付单兵携带的反坦克武器和地雷袭击，大大加强了 M1A3 两侧和车体后部的防护性能。

M1A3 主战坦克充分吸收了美军在伊拉克战争中获得的经验教训，并将具备类似未来战斗系统"即插即联入网络"的联网能力。与目前"艾布拉姆斯"系列坦克中最先进的型号 M1A2 SEP 相比，M1A3 具有更强大的网络能力、激光指示能力以及改进的复合装甲防护。除此以外，M1A3 主战坦克在火力上还将有三大提高：其一，配备先进的动能弹药；其二，配用先进的多用途坦克弹药，该弹药综合了多种弹药的特色，一种弹药就有3 种发射模式，即霰弹模式、榴弹模式和反坦克弹模式；其三，将配用中程弹药，这是一种 120 毫米制导弹药，它有内置红外相机和传感器，能够自动将弹药导向敌方目标，其最大射程达到了 12 千米。

美国陆军训练与条令司令部和重型战斗旅的吉米·舒尔默认为，伊拉克战争的一个重要教训，就是要为坦克增加临时固定物，例如加强防护的防弹板和车底防护装甲。而列克星敦研究所副总经理劳伦·汤普森则认为，之所以推出 M1A3 坦克，一个重要因素就是"艾布拉姆斯"系列主战坦克在伊拉克的表现超乎了预期。其耐用性和承担多种任务的能力都令人刮目相看，特别是在费卢杰战斗的关键时刻，"艾布拉姆斯"主战坦克的存在对于战斗的胜利发挥了决定性的作用。

美军对 M1A3 主战坦克的要求是，确保其能够使用下一代战斗指挥技术，并且能够实现在部队里实时传送语音、卫星图像、数据和视频。另外，通过使用轻型材料，M1A3 坦克将能够实现大幅度的减重。

美国陆军正在开发一种试验性的电力装置，此装置将使 M1A3 坦克获得更多的电能。目前，"艾布拉姆斯"坦克上由发动机驱动的交流发电机可产生 1,000 安培的电流，而采用新的电力装置后，坦克发电机的发电功率还将增加 8 ~ 10 千瓦。

总而言之，M1A3 坦克除了具有 M1A2 主战坦克的所有优点以外，它的重量更轻，火力更猛，防护性能也更好。在推出了 M1A3 新型主战坦克

后，美国陆军并没有开工生产这种新型坦克，而是选择在现有的 M1 主战坦克上进行升级。在 20 世纪 80 年代至 90 年代，美国共生产出了约 9,000 辆 M1 主战坦克，但有近 1,500 辆提供给了其他国家和地区。目前，美国陆军和海军陆战队仅使用了其中的 1,600 辆，所以美国陆军有足够多的库存老式 M1 主战坦克可以被用来升级成 M1A3 新型主战坦克。

美国军方认为，在美国陆军装备 M1A3 新型主战坦克后，它将会在美国陆军中服役至少 40 年，甚至可能是更长的时间。最新资料显示，已经有 M1A3 主战坦克在伊拉克出现。美国作为目前世界上唯一的超级大国，决不会放过任何一个将触角伸向世界各地的机会，M1A3 也注定将在坦克发展史上留下属于自己的一页。

表 5-2　世界上拥有 500 辆坦克以上的国家和地区名录

1	俄罗斯	23469	12	韩　国	2390	23	塞　黑	962
2	美　国	8023	13	利比亚	2025	24	法　国	926
3	叙利亚	4600	14	越　南	1935	25	阿尔及利亚	920
4	土耳其	4205	15	希　腊	1723	26	古　巴	900
5	印　度	4168	16	伊　朗	1693	27	泰　国	848
6	朝　鲜	4060	17	白俄罗斯	1586	28	也　门	790
7	埃　及	3855	18	保加利亚	1471	29	土库曼斯坦	702
8	乌克兰	3784	19	罗马尼亚	1258	30	摩洛哥	656
9	以色列	3657	20	约　旦	1139	31	阿联酋	545
10	巴基斯坦	2461	21	沙特阿拉伯	1055	32	英　国	543
11	德　国	2398	22	日　本	980	33	葡萄牙	541

注：1. 此表的统计截止时间为 2006 年底；2. 此表不包括中国及中国台湾地区。

第五节
名将之花——"布雷德利"战车

步兵战车是装甲车辆家族中仅次于主战坦克的重要一员，主要用于协同坦克作战，其任务是快速机动步兵分队，消灭敌方轻型装甲车辆、步兵反坦克火力点、有生力量和低空飞行目标。它是供步兵机动作战用的装甲战斗车辆，在火力、防护力和机动性等方面都优于装甲人员输送车，并且车上设有射击孔，步兵能乘车射击。

步兵战车通常分为履带式和轮式两种类型，目前装备的国家和地区达30多个，俄罗斯装备数量最多，其次是美国和西欧。履带式和轮式步兵战车除底盘不同外，总体布置和其他结构基本相同。履带式步兵战车越野性能好，生存能力较强，是现装备的主要车型。轮式步兵战车造价低，耗油少，使用维修简便，公路行驶速度高，有的国家已少量装备部队。

M2"布雷德利"系列步兵战车是美国机械化步兵的主要装备。在美、苏百万雄兵对峙欧洲的时代，"布雷德利"担负着搭载并掩护步兵行动，伴随主战坦克集群进行机动作战的重任。它拥有适度的装甲和完善的三防装置，能让搭载的步兵免受枪弹、破片以及核生化污染的伤害。

美国的M2"布雷德利"战车以布雷德利将军的名字命名。奥马尔·布雷德利（O·Bradley，1893～1981）是二战期间美国陆军的著名将领，也是美国仅有的几个五星上将之一，论军衔在巴顿将军之上。他毕业于被称为美国"将军摇篮"的西点军校，1941年任本宁堡步兵学校校长；1942年起先后任第82、第28步兵师师长；1943年2月前往非洲，任美军总司令艾森豪威尔的高级助手，成为艾森豪威尔将军智囊团中的重要人物，深得艾森豪威尔的赏识；后接替巴顿将军任第2军军长，先后率部参加了北非战役、西西里岛登陆战役和诺曼底登陆战役，立下了赫赫战功；1943年9月，布雷德利擢升为集团军司令，参与制定诺曼底登陆作战计划，并作为美军地面部队司令直接指挥战斗；在随后向德国老巢的进军中，他统率盟军第12集团军群在法莱斯战役和阿登战役中，打了几个硬仗，战果辉煌。"二战"后，他于1948年任美国陆军参谋长，1950年被授予美国陆军五星上将军衔。1953年，他在年满60岁时退休后，著有《一个军人的故事》《将军百战归》等著作。

1981年10月22日，美国陆军决定以布雷德利的名字来命名M2步兵战车，以纪念这位刚刚去世的著名将领。该步兵战车于1989年起开始装备美军机械化师和装甲师，用来协同M1主战坦克作战。到1995年2月中止生产时，共生产了6,785辆M2／M3战车，其中的400辆是为沙特阿拉伯陆军生产的，其余的全部在美国陆军中服役。美国前国防部长迪克·切尼在海湾战争后说："在过去的战斗中，美军没有任何一种武器表现得比'布雷德利'还要好。"

M2 步兵战车的战斗全重为 22.59 吨，乘员 3 人，载员 7 人（美机械化步兵班为 6 人）。它的外观很像"小号坦克"，因此有人在 M2 步兵战车的新闻照片上标上了"美军坦克"的字样，闹出了不大不小的笑话。其实，M2 步兵战车除了火炮口径小些之外，比其他步兵战车更像一辆坦克。

M2 步兵战车给人的感觉是人高马大，车高（至炮塔顶）为 2.565 米，比 M1A1 主战坦克还要高出 100 毫米。从侧面看，炮塔位置居中，每侧有 6 个负重轮，有侧裙板，主动轮在前，车体后部有 1 扇向下开启的跳板式尾门，尾门上还有 1 个向右开启的小门。在车体两侧及尾门上各设 2 个射击孔，射击孔上方装有潜望镜。从正面看，机关炮稍偏右（前进方向），"陶"式反坦克导弹发射架位于炮塔左侧，方方正正，可以升降。

正在进行发射实验的美军"布雷德利"步兵战车

一、"大毒蛇"机关炮

M2 "布雷德利"步兵战车主要武器是 1 门 M242 型"大毒蛇"（Bushmaster）25 毫米机关炮。说起它的译名还有一番考究，国内最初将 Bushmaster 译为"丛林之王"，这个译名并没有错，因为英文字典上就是这个译名。从词语的结构来看，也是"丛林主人（王者）"的意思，指的是生活在南美洲亚马逊河流域的一种大蟒蛇。不过，中国人很容易想象"丛林之王"是老虎或狮子，所以还是点明为"大毒蛇"为好。1986年在北京召开的国际防务展览会上，美国麦克唐纳道格拉斯直升机公司亮出的图标就是一条缠在链子上的斑斓大毒蛇。从此之后，"大毒蛇"的译名才得到业界的公认。

M242型25毫米机关炮高低射界为－10°～＋60°，采用电动链式供弹装置，火力很强，射速有单发、100发／分、200发／分、500发／分四种，可由射手选择。发射的弹种有：M791型夜光脱壳穿甲弹、M792型夜光燃烧榴弹和M793型夜光训练弹，还可以发射带贫铀弹芯的尾翼稳定脱壳穿甲弹。夜光脱壳穿甲弹可以穿透254毫米厚的标准靶板，威力不俗。实际上，这种脱壳穿甲弹在1,000米射击距离上可垂直击穿66毫米厚的钢装甲，在2,500米的射击距离上可击穿BMP1步兵战车的前装甲，对付一般的步兵战车和轻型装甲车辆绰绰有余。炮管的寿命为18,000发。这种机关炮还是美国海军陆战队的LAV25装甲车、"突击队员"V300装甲车和瑞士"食人鱼"装甲车等的主要武器。射击后的炮弹壳可自动抛出炮塔外。

另一种主要武器为升降式"陶"式反坦克导弹发射架，位于机关炮的左侧，为双管发射装置，俯仰角为－20°～＋30°。最大射程为3,750米，车上备有7枚"陶"式反坦克导弹。其中的2枚为待发导弹，5枚为备用导弹。在1991年的海湾战争中，正是靠着"陶"式反坦克导弹，M2步兵战车才敢于同伊拉克军队的T-55、T-62和T-72坦克比试，最终击毁了不少的伊军坦克。

M2步兵战车的火控系统也很先进，具有行进间射击和夜间射击的能力。系统包括全电式炮塔传动装置、双向稳定器和带红外热像仪的昼夜合一瞄准镜，还有备用的昼间瞄准镜。昼夜合一瞄准镜放大倍率为4倍和12倍，12倍用于"陶"式导弹的低速跟踪，4倍用于车辆行进间25毫米机关炮的高速跟踪。

M2步兵战车的辅助武器是1挺7.62毫米并列机枪，安装在机关炮的右侧。机枪弹的弹药基数为2,200发。搭载步兵另有6支M231型5.56

毫米自动步枪，可利用射击孔向外射击；1 挺 M60 型 7.62 毫米机枪；10 支 M16A1 型 5.56 毫米自动步枪；3 具 M72A2 型反坦克火箭筒。

M2 步兵战车的推进系统也很有特色，其动力装置为卡明斯 VTA-903T 型液冷二级涡轮增压 V 型 8 缸柴油机，缸径 140 毫米，冲程 121 毫米，最大功率 500 马力。这种发动机结构紧凑，可靠性高，是一款综合性能相当不错的动力装置。不过，M2 步兵战车推进系统的最大亮点在传动装置上。

M2 步兵战车上用的是通用动力公司研制的 HMPT-500 型自动传动装置。这是一种静液机械式传动装置，传递功率高达 500 马力，用到装甲战斗车辆上，在世界上是头一家。它的特点是一部分动力由液压传递，其余动力由机械传递，即液压机械式的双流传动。这种传动装置可以充分发挥机械式和液压式传动装置的各自优点。在高速时，可以充分利用机械式传动装置传动效率高、损失小的优点；而在低速时，可以利用液压传动装置传递柔和平稳、操纵性好、适应性好的优点。M1 和豹 II 坦克的传动装置中有静液转向机，但只能完成无级转向一种功能，而 M2 步兵战车的传动装置可完成无级转向和无级变速两种功能，只是为了提高传递效率才设了 3 个前进挡和 1 个倒挡。

M2 步兵战车采用扭杆弹簧悬挂装置，每侧有 6 个负重轮、3 个托带轮，主动轮在前，诱导轮在后，履带为单销式，有可更换的橡胶垫块。M2 步兵战车的最大速度为 66 千米 / 小时，最大行程 483 千米，它虽然不能直接在水中行驶，但可以利用随车携带的浮渡围帐在水中航行，靠履带划水，可以达到 72 千米 / 小时的最大航速。下水前，一名乘员只需 15 分钟就可以将浮渡围帐竖起来。M2 步兵战车挂装附加装甲后，会影响浮渡性能，为此，要另加 3 个浮渡气囊以增加浮力，使用时 4 分钟就可以完成充气。

M2 "布雷德利" 步兵战车可以空运，1 架 C-5A "银河" 运输机可以空运 5 辆。由于运输机机舱宽度的限制，空运时，要卸掉 M2 战车的侧裙板。

1990 年 8 月至 1991 年初的海湾战争，特别是 1991 年 2 月底的 100 小时地面战，对于从未参加过实战的 "布雷德利" 战车来说，是一次真刀真枪的严峻考验。如果这场 "戏" 演砸了，不仅会给 "布雷德利" 战车蒙上阴影，甚至会影响到它的装备前景。幸好 "布雷德利" 战车很露脸，着实 "秀" 出了名堂来。

到 1990 年，M2 步兵战车有 3 种型号：A0 型、A1 型和 A2 型。最初派往海湾地区的美军部队中，主要装备的是 A0 型战车。美国陆军的将领们认为 A0 型的装甲防护能力较弱，于是紧急将新生产和储备的 A2 型装船运往海湾地区。这样到 1991 年 2 月 24 日"沙漠军刀"作战行动开始时，美军在海湾地区共集结了大约 2,200 辆 M2／M3 战车。其中，A2 型占到 48%，A1 型占 33%，而 A0 型只占到 19%。它们的表现到底如何呢？

从运用方式看，"布雷德利"战车主要用于高速机动作战，不仅要由东向西高速行军 400～500 千米，而且由于战斗呈现出以攻击和追击为主的形式，因此，主要是乘车战斗，靠战车上的 25 毫米机关炮和"陶"式导弹来发挥威力，载员室内的步兵下车作战的机会极少。在海湾战争刚结束时，美军中就有人说："在海湾战争的地面作战中，与其说是 M2 步兵战车支援 M1 主战坦克作战，还不如说是 M2 战车基本上发挥了与坦克相同的作用。"

从可靠性上来看，海湾战争中的 M2 系列战车的可用性达到了 90%以上。也就是说，90%以上的"布雷德利"战车都能开得动并投入战斗。要知道，步兵战车和坦克同属一类，由上万个零件组成，加上使用环境恶劣，战前有些小毛病，出现"抛锚"之类故障的情况时有发生。要保证 90%以上的战车都能开得动，确实是一件很不简单的事。

从实际运用的效果和评价来看，在 100 小时的地面战斗中，"布雷德利"战车主要用于攻击伊拉克军队的坦克和步兵战车。M2 步兵战车的乘员对 25 毫米机关炮的评价为"打得准，威力大"。25 毫米机关炮发射的带贫铀弹芯的尾翼稳定脱壳穿甲弹不仅可以击穿俄制 BMP 步兵战车的主装甲，而且连续射击时还可以击穿 T-55 坦克的前装甲。M2 战车上的"陶"式反坦克导弹主要用于攻击伊拉克军队的主战坦克，在 60～3,750 米的射程内，可以击穿所有伊军坦克的主装甲。

更有意思的是，在 100 小时地面战斗中，还有 1 辆 M2 步兵战车的 25 毫米机关炮炮弹击中了伊军打来的一枚导弹。这件事尽管有点像"瞎猫撞上死耗子"，但它颇有点近程反导作战的味道。

M2 步兵战车上的热成像瞄准镜也挺露脸。在远程目标的识别能力上，它比 M1A1 主战坦克上的还要先进，以至于经常出现 M2 步兵战车的乘员向 M1AI 坦克的乘员提供远距离敌坦克目标方位的情况。

在海湾战争中,也有过 M2 战车被伊军坦克炮弹或导弹命中的事例。但没有一例发生二次爆炸的,这说明 M2 战车上的灭火抑爆系统相当有效。

M2 系列战车在海湾战争中经受住了考验,使它声名鹊起,身价倍增。但 M2 系列战车需要进一步增强装甲防护力,也是美国军方的共识。在海湾战争中,美军共有 20 辆 M2 系列战车受损:其中被伊军击毁或击伤的只有 3 辆;另外 17 辆是 "大水冲了龙王庙",被己方误伤。

正在伊拉克执行战斗任务的 "布雷德利" 战车

2003 年的伊拉克战争中, "布雷德利" 战车又一次开赴海湾地区,这一次参战的主要是美军第 3 机步师编成内的 "布雷德利" 战车,有 M2 步兵战车 280 辆、M3 骑兵战车 100 辆,M1A1 / A2 主战坦克 290 辆。如果加上后来投入战斗的第 4 机步师,以及第 1 骑兵师等的装备,参战的 M2 系列战车数量当在 1,000 辆上下。由于伊拉克军队的实力在海湾战争中已经大大削弱,所以,尽管在开战初期美英联军受到了伊拉克军队的顽强抵抗,但伊军毕竟不是美英军队的对手,很快就顶不住了。于是,才有了 "坦克和步兵战车千里大赛车",以及坦克和步兵战车 "昼闯巴格达"。

2003 年 4 月 5 日和 7 日,美军第 3 机步师第 2 装甲旅的 "艾布拉姆斯" 坦克和 "布雷德利" 步兵战车两次在大白天大摇大摆地开进了仍在伊军控制下的巴格达市区，令人惊叹。第一次出动的是大约 1 个坦克加强连；第二次大约是 1 个坦克营的规模。这两次行动，记者称之为"坦克逛巴格达"，美军则称之为"装甲突击行动"。这一极其大胆的军事行动的成功，开创了步坦协同的新方式。它充分说明了主战坦克和经过装甲强化的步兵战车具有充分的装甲防护力，能突、能打、能防、能撤，是这一装甲突击行动胜利的物资基础。当然，充分的空中侦察，特种部队的密切配合，再加上某些伊拉克人的策应，是这次军事行动的前提条件。这次坦克和步兵战车合演的"装甲突击行动"的胜利，为进一步实地摸清巴格达防务的虚实，震撼巴格达守军，起到了不可估量的作用。

二、家族兴旺

在美军装甲车系列中，M113 系列算是一个大"家族"，变型车相当多。由于 M2 战车在海湾战争中的出色表现，使得美国军方有意识地逐步将以 M113 为底盘的装甲车转向以 M2 战车为底盘，从而为 M2 战车的家族"添丁加口"。加上原来就有的 M2 改进型车，使得 M2 战车形成了一个兴旺的"家族"。

M2 的改进型车包括 A0 型、A1 型、A2 型和 A3 型几种。

A0 型即最初生产的 M2 战车，在 A1 型出现后，为了区分，才加上 A0 的。上面介绍的 M2 战车的性能，一般指的就是 A0 型的性能。从 1981 年到 1986 年，共生产了 2,300 辆 A0 型战车。

A1 型从 1986 年至 1988 年共生产了 1371 辆，主要改进处是：可以发射"陶"2 式反坦克导弹；加装集体式三防系统和个体独立式三防装置；改进了燃油系统和灭火抑爆系统，提高了安全性；采用 AN／TAS-5 型夜间瞄准镜，用于单兵便携式"龙"式反坦克导弹的夜间瞄准和制导。所有 A1 型已经在 1996 年升级为 A2 型。

从 A0 型和 A1 型提高到 A2 型，重点是提高战车的生存力，诸如附加装甲、反应式装甲（共 115 块）、防崩落衬层、隔舱化布置、新型灭火抑爆系统、重新布置燃油箱和弹药等，可以说增强防护性的"十八般武器"都用上了。而且为了增强整车的防护性和密封性，连车体两侧的射击孔也取消了，只保留了后门上的 2 个射击孔。经过这些改进，M2A2 步兵战车的战斗全重由原来的 22.59 吨增加到近 30 吨。M2A2 步兵战车的"尊容",简直成了"身着铠甲的武士"。除此之外的改进包括:驾驶员用热像仪、改进保养和故障诊断装置、发动机的最大功率提高到 600 马力、重新布置载员舱座椅、采用高强度扭杆等。A2 型的总生产量为 3,053 辆,是海湾战争中的主力车型。

海湾战争以后,出现了一种"海湾战争以后"型,即 M2A20DS 型。它是在 A2 型的基础上改进而成,加装了车辆导航系统、激光测距仪和光电干扰装置等。由 A0 型、A1 型、A2 型改装成 A20DS 型的共 1,433 辆。

A3 型是 M2 战车的最新改进型,它以 A2 型或 A0 型为基础,从 1994 年开始改装,第一批已于 1998 年交付美国陆军。

美国自 2001 年以来一直在改进生产 M2A3 步兵战车,已先后为 900 余辆现役车辆安装了"21 世纪部队旅及旅以下作战指挥系统"和"陶"式反坦克导弹改进型目标捕捉系统。目前,美军第 4 机步师和第 1 骑兵师已全部装备 M2A3 步兵战车,第 3 骑兵团从 2007 年 3 月开始换装经过大修改进的 M3A3 骑兵战车,第 1 装甲师则从 2007 年 9 月开始换装新车型。

如果用一句话来加以概括的话,那就是 M2A3 型步兵战车是"数字化的'布雷德利'战车"。全车以 1,553 数据总线为核心,全部数据都以数字信号来传输和处理。它还能和 M1A1 主战坦克、"阿帕奇"武装直升机、战场指挥部等进行数字化的信息交换,靠的就是车际信息系统(IVIS)。M2A3 战车的火控系统也有较大改进,它具有对目标的自动跟踪能力,车长和炮长都有独立的热像瞄准镜。不过,M2A3 步兵战车的动力—传动装置和 25 毫米机关炮都没有变,主要是因为通过海湾战争的考验,证明 M2 系列战车的机动性和机关炮的威力已经够用,足以应付当前及今后一段时间的战场威胁。这样,尽管在前几年已经做了 35 毫米和 45 毫米机关炮的装车和射击试验,但在 A3 型上仍然是"维持现状,留有发展余地"。A3 型的装甲防护也进一步得到了加强,可以抵御火箭筒的攻击,防护水平甚至超过了 20 世纪 50 年代中期中型坦克的水平。

三、围绕生存力的争论

关于 M2 步兵战车的生存力和运用问题,20 世纪 70 年代至 80 年代初期，曾在美国国会引起一场轩然大波。支持的一方认为 M2 战车在欧洲常规作战中将十分有用，反对的一方则认为 M2 战车不堪一击，而研制 M2 战车的 FMC 公司则宣称"布雷德利"战车是世界上最好的步兵战车。这场大辩论持续了相当长的一段时间，最后，美国国会总算通过了 M2 战车的研制大纲，但分歧依然存在。

20 世纪 90 年代中期，就在"布雷德利"全面换装并在海湾战争中初露锋芒时，美国的技术机构对美国军队的武器装备进行了评价。"布雷德利"居然被列入了最差武器的名单，致命伤就是防护薄弱。

基本型"布雷德利"只能防 30 毫米炮弹，薄弱部位甚至 12.7 毫米机枪弹即可穿透，单兵使用的反坦克枪榴弹都能对它形成致命威胁。美国人自己也知道"布雷德利"防护不够，20 世纪 90 年代初美国研制成功了改进型 M2A2，并将全部 M2 战车按 A2 的标准进行改造。M2A2 型车在车辆很多部位安装了爆炸反应式装甲，包括车体正面、两侧和炮塔正面、侧面等。一辆"布雷德利"的标准外挂反应装甲块有 115 块。其次，在车体两侧和炮塔部位加装了附加装甲。这种 25 毫米厚的钢装甲用螺栓固定在主体铝装甲上。这样一来，寻常单兵武器就对它完全奈何不得。

M2 步兵战车的车体为铝合金装甲全焊接结构，有 3 种类型的装甲板材。车体的上下面、前面和内侧面用的是 5083 铝合金，构成了车体装甲壳体的主体。车体两侧的倾斜面用的是 7039 铝合金装甲。车体两侧的垂直面和后面，用的是钢板和铝合金构成的间隔夹层装甲，外侧还有侧裙板。各部位可以防 14.5 毫米穿甲弹和空爆的 155 毫米榴弹破片。此外，为了防御反坦克地雷，车体前三分之一部位还挂装了层厚 9.5 毫米的钢装甲。

炮塔座圈的直径为 1,524 毫米，炮塔的正面和顶部为钢装甲，其余部位为铝合金装甲，整体为全焊接结构的间隔装甲。

M2 步兵战车上配有个体式三防装置和自动探测灭火系统。载员下车战斗时，还可以带上各自的防毒面具。炮塔两侧各有 1 组 4 具烟幕弹发射器，另有热烟幕装置。

四、三大致命杀手

在只握有一些轻型反装甲武器的反美武装分子的眼里，"布雷德利"

也绝非是摸不得的 "老虎屁股"，在伊拉克和阿富汗，那里的反美武装就总结了下面的方法来对付它。

（1）火箭筒射手伏击：苏制 RPG-7 反坦克火箭筒基本型破甲弹的最大穿甲深度在 300 毫米以上，无疑，"布雷德利" 的装甲挡不住金属射流。不过，RPG 虽然简单好用，但要伏击得手也非易事。

"布雷德利" 的发动机及履带部分的噪声很大，车未到声先至，隆隆的轰鸣声提醒伏击者，"布雷德利" 已接近射程。但是在经常发生袭击的地区，"布雷德利" 车队的时速都在 50 千米以上，火箭手们要瞄准这样高速运动的目标并不容易。通常反美武装分子都会选择一些合适的地形，此时 "布雷德利" 时速已降低到 20 千米左右。反美武装的火箭手首选从侧面开火——侧面的面积大，命中率比较高。开火后武装分子则会迅速逃跑，要知道，美军的巡逻编队中通常不止一辆 "布雷德利"，而 25 毫米炮弹飞行 200 米只需要 0.4 秒。

尽管 M2A2 步兵战车安装的 25 毫米厚的附加装甲板不能抵挡 RPG-7 破甲弹头，但是部分 M2 步兵战车采用爆炸反应装甲却可以抵消 RPG 的金属射流。如果看到一队 "布雷德利" 全身披挂反应装甲，反美武装分子多半是立刻打消伏击它们的念头。但假如伏击位置非常隐蔽且射界理想，则尝试用火箭弹攻击尾舱门。因为，挂装反应装甲的后舱门会非常沉重，不容易开合。而且没人会把一大堆炸药盒子挂在跳板式的门上。

很多 M2 "布雷德利" 不挂反应装甲。那东西到底是炸药盒子，如果爆炸的时候车下有美军步兵，爆炸的冲击波和破片会伤到他们。通常可以看到，美国兵在他们的 "布雷德利" 上挂满各种行囊，还有拣来的砖头，充当土制复合装甲。对付这样的 "布雷德利"，RPG 射手是不必太担心自己的准头的。

（2）爆破手伏击：在已经发生的伏击中，爆炸物袭击法（路边弹、汽车炸弹、地雷）的成功率是最高的。目前最成功的爆破方式不是地雷，而是所谓的 "路边炸弹"。由于物质条件的限制，反美武装很难拥有带敌我识别装置的昂贵的反坦克跳雷。而压发引信容易误伤民用车辆，所以无线电遥控引爆比较受推崇。更重要的是，遥控引爆炸弹不会暴露操作手的位置。从目前的袭击来看，它时常和迫击炮手合作进行伏击。

"布雷德利"的车体是铝合金结构，无论它挂了多少反应装甲，都无法改变车身脆弱的事实。因此，只要有几千克炸药就可以考虑发动伏击。同时，由于M2步兵战车通常承担流动检查站（即作为流动哨在关键路口设卡，检查可疑的车辆行人）及应急灭火队的任务，因此其活动范围和路线往往可以预测。

（3）掷弹手伏击：不可否认，反坦克手榴弹投掷手是个高危险性的职业。从装甲车辆出现的那一天起，用手榴弹或者燃烧瓶去攻击坦克的步兵，全被称为敢死队员，多数都会有去无回。

作为全密封的装甲车辆，通病之一是乘员的视野狭窄，各国步兵战车的乘员们对此诟病不已。在车臣战争中，俄军的机械化步兵们甚至像"二战"时搭载坦克一样，弃步兵战车30毫米厚的主装甲于不顾，十余人端坐在步兵战车的车体顶部，让每个步兵都能用眼睛观察战场，从而更早地应对可能出现的威胁。但在伊拉克的美军则更习惯于行军时安然端坐在乘员舱内，享受装甲保护和车载空调系统的舒适，这就给了近距离武器投掷手机会。

良好的隐蔽物是反美武装分子选择的关键。他们通常是躲在一堵残缺的砖墙或是一个土堆后面，除了墙壁和土堆，常见的隐蔽物还有路边的排水沟、沙坑、车辆的残骸等。而当M2步兵战车开进有效投掷距离时，反美武装分子则会把握好提前量和步兵战车的运动方向，果断起身攻击。

需要再次指出的是，"布雷德利"的车体是铝合金结构，只要温度够高，它就会在空气中燃烧。这也是经常看到"布雷德利"被袭击后烧成一堆残骸的缘故。因此，反美武装分子也时常用燃烧瓶袭击它。尤其是那些挂满了军用背囊的"布雷德利"，背囊里装的衣物、帐篷本身就是易燃品。假如能够直接把燃烧瓶扔到发动机散热器附近，当燃烧的油料流进发动机舱的时候，这辆"布雷德利"基本上逃不掉被烧毁的命运了。

第六节
快速战斗旅的核心平台

当前，国际维和和反恐作战已成为各国军队的重要使命，重型装甲装备在城市中的使用受到限制，轮式装甲车辆的应用日益广泛。现在，不少国家陆军已拥有了自己完整的轮式装甲装备体系，市场竞争主要集中在欧洲、中东和亚太地区的中、小国家，能够承载大口径武器系统的8×8、10×10车型是各国发展的重点。

"斯特瑞克"步兵战车是美国陆军快速战斗旅的核心战斗平台，该车由加拿大通用汽车防务公司和美国通用动力公司联合为美国陆军制造，在机动性、兼容性、快速部署、生存能力和杀伤力方面都有出色表现，被称为2002年度"最新型的陆战武器"。

美军自2003年底以来就在伊拉克大量部署了"斯特瑞克"步兵战车。根据转型计划，美国陆军将组建总共7个"斯特瑞克"旅。至2007年2月，美国已生产了大约2,000辆"斯特瑞克"步兵战车，其中近1,400辆部署到伊拉克和阿富汗。2007年，美国陆军开始装备该车系列的最后两种车型，即机动火炮系统和三防侦察车；陆军需要204辆机动火炮系统，每个旅装备27辆。美国陆军还在伊拉克部署"斯特瑞克"全谱效应平台，该车装备有12.7毫米机枪、狙击手探测系统、强光灯、激光炫目装置和高音扬声器等。另外，美国国防部2007年5月为驻伊拉克和阿富汗部队购置总共1.77万辆防地雷反伏击6×6轮式装甲车，替换正在使用的"悍马"高机动车。

标准轮式"斯特瑞克"步兵战车车型

　　根据美国陆军和美国通用动力公司地面系统分公司的供货合同,美国陆军2008年以前,采购10种车型、总数为2,131辆的"斯特瑞克"轮式步兵战车,经费总数高达40亿美元。"斯特瑞克"步兵战车的基型车为装甲输送车型,战斗全重约17吨,能用C-130运输机空运,乘员2人,载员9人。尽管它的侧面积较小,车内可用容积仍然达到了11.5立方米,比较宽敞。车体由高硬度装甲钢制成,全焊接结构,具有全方位抵御14.5毫米机枪弹的能力;外挂轻质陶瓷复合装甲附件后,可防RPG7反坦克火箭筒的攻击;车体顶部可防152毫米炮弹破片。车体底部和载员座椅经特殊设计,能有效防护反坦克地雷的伤害。该车有个体式三防装置。整车采用了降低热信号特征及声音信号特征的隐身化措施。

　　整车布置上,车体前部是驾驶舱和动力舱,驾驶员席在左侧,动力舱在右侧。车长席位于车体的中央右侧,位置最高,便于观察。后部为载员室,左右有两排长座椅,9名载员面对面而坐。车体的最后为尺寸很大的跳板式后门,载员主要通过后门上下车。后门上有一个向右开启的小门。载员舱顶部还有两个方形顶部舱门,可根据需要开启。不过车体两侧及后部似乎没有开射击孔。新式的步兵战车或装甲输送车上,有减少或取消射击孔的倾向。

　　"斯特瑞克"步兵战车拥有新型的设计和昂贵先进的车载设备,它是美国陆军18年来研制的第一种8×8轮式装甲车,在美军中素有"装甲卡迪拉克"之称。该车的后面4个车轮为主动轮,通过挂上"前加力"挡,可以使前4个车轮也成为主动轮,实现8×8驱动。其动力装置为卡特皮勒公司的3126型柴油机,最大功率约260千瓦(350马力)。传动装置为阿利逊公司的MD3066P型自动变速箱,有7个前进挡和1个倒挡。也可以根据需要换装不同型号的动力和传动装置。该车采用半主动液气悬挂装置,不仅增强了越野行驶能力和乘坐的舒适性,还可以根据需要来调节车底距地高。特制的防弹轮胎,除了有优良的防弹性能外,还有轮胎气压中央调节系统,可以根据道路情况调节轮胎气压,提高车辆的通行能力。

　　"斯特瑞克"步兵战车上的主要武器为MK19型40毫米榴弹发射器,也可选用M2型12.7毫米机枪或MK240型7.62毫米机枪。这些武器装在"康斯伯格"遥控转塔上,车长可以在车内遥控操纵射击。转塔上还有

4 组烟幕弹发射器。

引人注目的是，"斯特瑞克"步兵战车上装有一套车际信息系统和GPS 卫星定位系统，有了它，车辆之间可以通过文字信息和网络地图来实现数字化通信。在车长的显示屏上，本车位置、敌方目标位置、友邻位置、本车状况等一目了然，车长的作战指挥就像玩电子游戏一样轻松自如。车上的观瞄仪器齐全，有 7 具潜望镜和 1 具热成像观察瞄准镜，驾驶员有 3 具潜望观察镜和 1 具夜间像增强观察镜。

总得看来，"斯特瑞克"步兵战车上采用的都是成熟的技术，但经过精心设计，总体性能上达到很高的水平。又经过数字化提升，使全车的指挥通信能力得到极大提高，可以满足数字化战场及维和、反恐的作战需要。

通过运输机投送的"斯特瑞克"步兵战车

一、防护方面有弱点

2003 年以来，伴随着美军在全球的军事行动，"斯特瑞克"步兵战车的足迹逐渐遍布世界各地。它作为新型数字化部队的装甲中坚，在为山姆大叔收割海外权益、攫取霸主地位的同时，也逐渐成了众矢之的。

从美军驻扎伊拉克后这几年的情况来看，虽然美军对以轮式战车组成的"斯特瑞克"步兵战车寄以厚望，但灵活机动的"斯特瑞克"步兵战车在执行一些高烈度的作战任务时却显的防护不足，现在驻伊美军还是离不开防护更强的传统的坦克和履带式步兵战车。

　　"斯特瑞克"步兵战车族实现了模块化设计，目前已发展有十余种变型车，但其中的主力车型仍是装甲人员输送车和安装105毫米低后坐力炮的机动火炮系统。"斯特瑞克"步兵战车的发动机功率为350马力，采用8×8驱动，液压＋螺旋弹簧悬挂方式，安装基本装甲方案的"斯崔克"战斗全重17吨，挂装最顶级装甲模块后全重约20吨。

　　这些技术参数对于伊拉克反美武装来说并不重要，以下的战斗性能才是需要重视的："斯特瑞克"步兵战车的最大公路速度100千米/小时，最大公路行程500千米，车长6.98米，宽2.71米，高2.64米，最大越壕宽度2米，最大爬坡度60%，过垂直墙高0.58米。

　　由于有效地控制了系统重量，美军的各种战术、战略运输机均可以运输"斯特瑞克"，其中C-5"银河"大型运输机一次能运载4辆，最小的C-130"大力神"运输机也可以运载一辆全副武装的"斯特瑞克"在最简陋的野战机场起降。

　　"斯特瑞克"步兵战车的装甲防护能力才是反美武装所关心的：它的基本型可以全方向防御100米以内7.62毫米大威力步枪弹的射击，重点部位可防御12.7毫米高射机枪弹的射击；在经过装甲增强后，它可全向防御12.7毫米枪弹的射击，重点部位可防御23毫米以下口径机炮的射击。它的火力系统标准配置为1门25毫米机关炮和1挺M2式12.7毫米重机枪，此外还有1挺7.62毫米并列机枪。重机枪可遥控射击，车内人员开火时不必探出身子。另外还必须重视美军初步成型的数字化中型旅的系统作战能力，有一句话形象地比喻了传统作战部队与数字化部队的区别："今天的M1坦克乘员在作战中使用的是坦克，而未来的数字化部队，乘员可以使用整个作战系统。"

　　"斯特瑞克"步兵战车的性能在美军内部也存在争议，在高度数字化和全球部署性能的背后，其轮式底盘设计决定它的防护性永远不能与履带车辆相提并论，不可能为每个轮子全方位地再罩一层装甲。事实上，"斯特瑞克"步兵战车装备的时间虽短，但其弱点已经在近年的冲突中表现出来。在伊拉克，美军要求"斯特瑞克"步兵战车部队只在局面相对稳定的库尔德控制地区活动。

二、也怕三大致命杀手

（1）路边炸弹伏击：自人类发明火药和引信以来，地雷一直都是防御作战最有效的武器之一，而有人控制或采用智能起爆的路边炸弹，更是在伊拉克大出风头。"斯特瑞克"步兵战车的装甲防护力充其量和 M2 步兵战车一个档次，而在伊拉克的实战表明，即使 60 多吨重的 M1A2 主战坦克，在准确起爆的几十千克炸药的爆轰下也会被完全摧毁。廉价易得的烈性炸药，最简单的电路引信或是商用的声控 / 热控设备，就可组成一个能击毁任何目标的路边炸弹。在伊拉克的作战环境下，美军的巡逻车队改用高速运动的"走马观花"式巡逻法，无论是"悍马""斯特瑞克"步兵战车还是多用途中卡，一律以 60 千米 / 小时以上的高速狂奔，一直从美军的一个基地冲到另一个基地，路上无论遇到什么混乱情况，只要不是车辆被毁，均不停车。这样的巡逻方式，显然不能对该地区的治安有什么维持作用，但可以降低风险。

但这样的巡逻方式却说明了两个问题：其一，美军必然选择路况较好的公路进行巡逻，以便于飙车；其二，美军对巡逻地区的先期侦察不充分。这样的巡逻方式，埋设路边炸弹就更有目的性，同时操纵手的人身安全性也有一定程度的保证。通常，炸弹操纵手和埋设人员会提前数天进入作战区域，并在生活方式、行动规律、穿着和行为举止上与当地人看齐。美军每天对巡逻区进行例行的分区空中侦察，有可能认为当地没有游击队出现。在他们的威胁评估系统中，没有陌生人活动的地区的危险程度会下降。只要能安放好炸弹，并等来美军的巡逻车队，伏击计划就基本大功告成。

（2）RPG 火箭筒伏击：40 毫米 RPG-7 火箭筒投入现役已经 40 年，尽管在它之后新出现的反坦克火箭筒日新月异，但 RPG 以其简单的结构、低廉的成本和较大的威力，仍旧在世界各地流行。RPG 伏击"斯特瑞克"步兵战车，在作战方式上比路边炸弹有更大的灵活性：它既可以在美军巡逻队的必经之路进行定点设伏；也可以对美军车队的驻屯地进行 300 米以外的冷炮袭击；在"斯特瑞克"步兵战车主动进攻、发动大规模清剿时，精确射击的 RPG 可进行一定程度的阵地抵抗，如果地形、伏击阵位选择得当，将会使"斯特瑞克"步兵战车受到严重损失。

上面已经提到，"斯特瑞克"步兵战车即使按照顶级装甲模式挂装附加装甲，仍旧只能抵御 23 毫米机关炮的射击，对于能击毁"战后"第一代主战坦克的 RPG 火箭筒来说，"斯特瑞克"步兵战车的装甲防护是不值一提的。但在实战中，有一类"斯特瑞克"步兵战车不能用 RPG 射击，那就是在车体外安装防聚能弹栅栏的"斯特瑞克"。这些栅栏是一种简单有效的防御装置，能够提前触发 RPG 火箭弹的引信，从而使聚能破甲弹在未接触"斯特瑞克"步兵战车的主装甲时便被引爆，无法击透其主装甲板。这种栅栏把车辆的防护级别提高到了变态的地步，甚至车尾舱门上都专门加装了特殊形状的栅栏。

正在伊拉克街头巡逻装有防聚能弹栅栏的"斯特瑞克"步兵战车

RPG 火箭弹的初速不高，因此在面对以 60 甚至 80 千米时速狂奔的"斯特瑞克"步兵战车时，必须对提前量有一个准确的估计，经验不足的武装人员时常利用天然的路标进行提前量标定的有效办法。在公路上这样的路标有很多，如在 300 米外对公路进行射击，则找两个相距 40 米左右的显眼的参照物，火箭筒瞄准一处，当"斯特瑞克"步兵战车以正常速度经过另一处参照物时，火箭手击发。如果能在战前准确地标定了射程和参照物之间的距离，这样的射击将是非常准确的。

由于 RPG 火箭筒发射时有巨大的声、光效应，震撼力不亚于一门山炮击发。而向后喷射出的尾焰长达 15 米，更是暴露射手位置的标志牌。面对美军异常发达的战场侦察系统和通信系统，射手所在地将会很快遭受反击，所以，RPG 火箭筒伏击应该说只是一场"分钟战斗"。武装人员通常预先将三至四枚火箭弹组装好备用，在一分钟内将这些火箭弹全部打出去。之后不管结果如何，立即收拾行李，乘上早已准备在一旁的皮卡，在同伴的机枪火力掩护下迅速撤离战场。

（3）燃烧弹袭击："斯特瑞克"步兵战车的轮胎采用了防弹设计，被子弹击穿后仍能以低压状态继续行驶 100 千米。但再好的防弹轮胎也不能防火，硫化橡胶在高温下会软化、溶解，并最终燃烧，这时候的"斯特瑞克"步兵战车就是一个不折不扣的固定靶。

通常，武装人员多是采用一个很简单的定向爆破设计方案，让一个装满汽油的油桶炸开，并朝指定方向喷射出约 200 千克汽油，喷射距离可达十几米。如果在地形上再进行仔细选择，让汽油桶在高处引爆，燃烧着的火龙就会顺坡而下。汽油燃烧产生的高温，首先将使前置发动机的"斯特瑞克"步兵战车动力系统瘫痪，然后在数分钟内使其轮胎软化，完全丧失机动能力。这时再对全队停车的"斯特瑞克"步兵战车车队进行火箭弹袭击，或使用 PK 机枪对跳出车外的士兵进行扫射。

第六章

进攻至上　唯我独尊

第一节
独立特行的技术特点

俄罗斯是坦克生产大国，历史悠久，坦克发展自成一体。甚至从某些方面上看，俄罗斯算得上是坦克技术发展的拓荒者，它率先发展起来的一些技术已成为未来坦克技术发展的方向。

一、自动装填机

20 世纪 60 年代，苏联率先在 T-64 主战坦克上采用自动装填机，取消了装填手，乘员减至 3 名，从而节省车内空间 0.9 立方米，以后发展的 T-72、T-80 和 T-90 主战坦克均沿用了这一设计思想。采用自动装填机有利于提高射速，减轻乘员的工作负担，但最主要的是能节省车内空间，是减小车辆体积和重量的有效手段。这也正是苏联／俄罗斯坦克外型低矮、重量轻的重要原因。

西方国家 20 世纪 80 年代才开始发展自动装填机，只有后期研制的法国勒克莱尔和日本 90 式坦克采用了自动装填机。苏联坦克均采用转盘式自动装填机，布置在炮塔吊篮下部，弹药和乘员没有实现隔舱化布置。而西方坦克的自动装填机则装在炮塔尾舱中，强调弹药与乘员的隔舱化布置。

未来坦克要想在减轻车重的同时增强装甲防护能力，就必须减少乘员，缩小车辆的体积，因而不可避免地要采用自动装填机。从已知的美、德等国的未来坦克方案看，莫不如此。

二、炮射导弹

美国曾在 20 世纪 70 年代装备过配用"橡树棍"反坦克导弹的 M60A2 主战坦克和 M551 轻型坦克，法国也曾研制过炮射导弹，但后来都放弃了这一做法。迄今，西方先进坦克都没有配用炮射导弹。

苏联于 20 世纪 60 年代初开始研制炮射导弹，已有 AT-8、AT-10 和 AT-11 三种坦克炮射导弹装备服役，是唯一大量使用炮射导弹的国家。

AT–8 导弹采用无线电指令制导，主要装备 T–64B 和 T–80 主战坦克，用于打击 4,000 米距离内的装甲目标，采用空心装药破甲战斗部，破甲深达 700 ~ 800 毫米。AT–10 导弹由 100 毫米坦克炮发射，采用激光制导，射程 4,000 米，破甲深 550 ~ 600 毫米，主要装备 T–55AM 主战坦克和 BMP–3 步兵战车。AT–11 导弹采用激光制导，主要装备 T–72c 和 T–80y 坦克，射程 4,000 ~ 5,000 米，破甲厚度 650 ~ 700 毫米。苏联 / 俄罗斯配用炮射反坦克导弹，可能主要用于打击敌方反坦克导弹发射车和攻击直升机，并增强远距离反坦克作战能力。

为了增强远距离打击能力，未来坦克将配用新型炮射导弹，特别是打了不用管的灵巧弹药。目前，西方国家正在积极开展这方面的研究。

三、综合防御系统

综合防御系统能显著增强坦克的防护能力，在这一领域，苏联 / 俄罗斯走在了其他国家的前面。在用红外干扰 / 诱骗装置对付光学指令制导反坦克导弹方面，T–80 坦克和 T–90 坦克均安装了"窗帘"红外干扰装置。它在探测到目标 2 秒内开始起作用，发射波长 0.7 ~ 2.5 微米的脉冲辐射干扰来袭导弹。

海湾战争后，法国的 AMX–30B2 坦克和 AMX–10RC 装甲侦察车也装上了红外干扰诱骗装置。目前法国正在研制更先进的能对付脉冲调制制导导弹的新型干扰 / 诱骗装置。

海湾战争期间，美国研制出了 AN / VLQ–8A 红外干扰装置，但 1996 年才把它装到 M2A2ODS 步兵战车上。后来进一步把它与光电探测仪综合在一起，发展了新型的红外干扰 / 诱骗装置，并装车试验，效果很好。

在拦截装置的发展方面，早在 1981 年，苏联就研制成功"鸫"式主动防护系统，安装到 T–55A 坦克上。另一种新型的"竞技场"主动防护系统安装在俄罗斯的 T–80 坦克上。这样的装置均包括毫米波雷达探测装置、拦截弹药发射装置和控制装置。一旦探测到入射弹丸，便在控制装置控制下发射拦截弹药袭击入射弹丸。

综合防御系统能有效提高坦克的生存力,已引起各国的重视。目前,美、法、以色列等国均在开展这方面的研究。

把坦克彻底翻过来开还是很有技术含量的

四、爆炸反应装甲

爆炸反应装甲虽然是德国人发明的,但迄今只有俄罗斯在大规模使用,几乎所有坦克都装上了爆炸反应装甲,并且促使它有了较大的发展。

最初设计的 ERA 主要用于对付破甲弹,一般是由一些厚度仅 2～3 毫米的钢板和炸药制成的夹层装甲。它防破甲弹的效果相当不错,如俄 T-55 坦克所装的"接触"型反应装甲防破甲弹的效能是同等重量轧制均质钢装甲的三四倍。但它对穿甲弹基本不起作用,为了克服这一缺点,必须大大增大 ERA 夹层钢装甲板的厚度,发展重型 ERA。苏联最先开展这方面的研究,并从 1985 年起把研制成功的"接触"-5 型重型 ERA 装在了坦克上。这种反应装甲不仅防破甲弹能力有较大的提高,而且防穿甲弹的总质量有效系数达到了 1.7,较相同重量的实心钢装甲板的防护力高 70%。

为了对付 ERA,西方研制了采用串列装药破甲战斗部的反坦克导弹。而苏联为了对付这类导弹，曾研制过三层反应装甲。苏联反应装甲的发展不仅促进了反坦克导弹的发展，也促进了西方对反应装甲的研究。例如，法国设计出了一种局部反应装甲，它的中间夹层采用低能炸药，使爆炸反应局限于射流作用的区域，而 ERA 夹层装甲的各装甲板均不会被炸飞，从而避免了 ERA 背板飞离对车体主装甲板造成附带损伤的问题。

以色列研制成功的混合式爆炸反应装甲由爆炸夹层装甲和后夹层装甲组成，其中爆炸夹层装甲的背板同时充当后夹层装甲的面板，并且后夹层装甲采用惰性中间夹层。这种反应装甲既能进一步降低破甲射流的破甲威力，又能吸收背板的动能，重量较轻，效果很好，已得到广泛应用。美国陆军最新的 M2A3 步兵战车就装上了这种反应装甲。

目前在爆炸反应装甲领域，出现了一种全新的设计思想，主张在设计坦克装甲时就把爆炸反应装甲考虑进去，使它成为复合装甲的一个组成部分。具体地说就是在设计坦克装甲时，把坦克的装甲设计成内层装甲和外层装甲，两层装甲之间留出足够的空间，用于安装 ERA 夹层装甲。未来坦克采用这种"一体式"爆炸反应复合装甲，不仅具有较好的外型，而且能有效地对付穿甲弹和破甲弹，甚至串列成型装药破甲弹。

第二节
T-90 是俄坦克制造业的骄傲

一、研制背景

2008 年的 5 月 9 日，是苏联 / 俄罗斯战胜德国法西斯胜利日 63 周年纪念日，莫斯科红场上举行了盛大的阅兵仪式。在这次阅兵式上，抢眼的明星当属 T-90 主战坦克和"白杨"洲际弹道导弹。从威力上讲，T-90 坦克自然和"白杨"导弹没法相比，但从威武的车姿和神气的、行军礼的坦克兵等方面来看，T-90 主战坦克无疑是最耀眼的明星。

参加俄罗斯阅兵的 T-90 主战坦克

在 20 世纪 90 年代末期，西方军事媒体认为，T-90 坦克的研制只是俄罗斯军方的权宜之计。当时的俄罗斯陆军第一副司令 H·格利克维上将曾说："我们仅想改善现有的装备，改善乘员的舒适性和火控系统。如果装备新一代武器装备，价格将是原来的两倍。"而俄罗斯的军事媒体认为："T-90 坦克是祖国坦克制造业的骄傲。""T-90 坦克是性能可靠且简单实用的战斗车辆，是一种非常有效的武器。"俄罗斯的广大官兵则认为："T-90 坦克是我所熟悉的坦克中最为可靠的战斗车辆，它是如此地聪明能干，甚至能修正不熟练驾驶员的操作错误……"。

对于苏联/俄罗斯坦克，业内人士一般称之为 T 系列坦克。因为它们一般是以字母 T 打头的，"T"是俄文 TAHK（坦克）的字头。从 T-26 轻型坦克起，各个年代研制并定型的苏联/俄罗斯坦克，大都是以设计定型或生产年代来编号、命名的。但有时是以开始研制的年份（甚至更早些）来命名，如著名的 T-34 坦克并不是 1934 年开始生产的，而是直到 1940年才开始生产，这样做也许是出于迷惑敌方的需要。不过从 T-44 坦克起，基本上是按定型的年份来编号、命名，如 T-62 中型坦克便是 1962 年定型的。

近年来，俄罗斯军方也开始赶时髦，先后命名了"黑鹰"主战坦克、"雪豹"主战坦克等。不过这些主战坦克更侧重于外贸，是创牌子的。

关于 T-90 主战坦克的研制，必须提到的两大背景是苏联解体和车臣战争。苏联解体的 1991 年，在俄罗斯境内，有鄂木斯克的"十月革命"坦克厂，生产 T-80 系列坦克；下塔吉尔的乌拉尔机车车辆厂（即乌拉尔坦克厂），生产 T-72 系列坦克。由于国际形势剧变和苏联的解体，俄罗斯军方已无力同时购买和装备两种主战坦克。从部队的维修和备件的供应上来看，同时装备两种主战坦克也不合理，俄罗斯军方人士希望把生产的车型减为一种。在这种背景下，是保留 T-72 坦克，还是保留 T-80 坦克，两个厂家争得不可开交，军方也感到很为难。

1994—1996 年的第一次车臣战争是 T-80 系列的第一次正式战火洗礼，T-80U 和 T-80B 都参加了战斗。在战争初期，T-80 表现出了强大的火力，3,000 米处轰击直射目标得心应手。但随着战争深入和地形的复杂，T-80 的魔力消失了，它和 T-72 经常被车臣匪徒困在胡同里，大街上和崎岖不平的山路上肆意打击，许多被击毁的 T-80 身上足足中了 20 余弹。在整场战争中，一共有 200 多辆 T-80 被击毁，大部分是 T-80B，但 T-80U 的损失也不轻（如在攻打格罗兹尼的战斗中，俄军 81 坦克团的一个坦克营和两个摩步连，一共 70 余辆 T-80U 和 BMP-2，几乎全部损失）。造成这种状况的原因有很多，包括苏联解体后俄军士气低落，素质下降；缺乏城市战的训练和经验；指挥不协调，补给不足；T-80U 的顶部、侧后防护不足。但最根本的是，将 T-80 这样先进而昂贵的重型装备投入与轻装游击步兵的作战，本身就是极大的失误。

T-80 的光荣和耻辱全寄托在了车臣。在 1999—2000 年的第二次车臣战争中，T-80U 似乎改头换面了一番。在战斗中，它不再冒冒失失地闯进村庄和城市，而是先抢占有利地形，以居高临下的炮火消灭匪徒的火力点，再在摩托化步兵和步战车的协同下，发挥火力优势，逐个地消灭匪徒，取得了很大的战果。在整场战争中，T-80 只遭受了极小的损失（俄国防部称各式坦克一共只损失了 10 辆），最著名的一个战例是有一辆 T-80U 履带炸坏，孤立无援受打击了 6 个小时，遭受各种单兵火箭、反坦克导弹、火炮等各种反坦克武器近百次打击（车臣叛军手里可有各种东西方器材，远比可怜的伊军精良），3 名成员都活了下来。

参加展示的俄罗斯 T-80U 坦克

　　军方最终决定，重新研制和命名一种新的主战坦克，既能解决全国坦克标准化的问题，又摆脱了 T-72 坦克和 T-80 坦克在某些方面的不佳名声，可以说是一举两得的事。

　　T-90 坦克由乌拉尔坦克厂研制，总设计师为波特金，研制代号为"188工程"，也称为"现代化改造型实验坦克"。它是在 T-72BM 坦克的底盘上装上 T-80U 坦克的 1A45 型火控系统综合而成。当然，T-90 坦克在研制的过程中，还充分吸收了海湾战争中 T-72 坦克受损的经验教训，在新坦克上极大地增强了综合防护性。

　　研制工作进行得相当顺利，1989 年 1 月，"188 工程"坦克就交付国家试验。试验样车经过了 14,000 千米的试车，没有出现严重的损坏和重大事故。1992 年 10 月，俄罗斯联邦政府作出决定，将"188 工程"坦克装备俄军，并决定将出口型的名称定为 T-90S 坦克。其实，T-90 坦克和 T-90S 坦克仅有小的区别。

　　T-90 坦克于 1994 年开始小批量生产，到 1995 年 9 月共生产出 107辆，率先装备俄军西伯利亚军区第 21 摩步师的一个坦克团。不过由于经济等方面的原因，T-90 坦克的生产和装备速度相对缓慢，到 2004 年 4 月的近十年间，俄军仅装备了 250 ～ 300 辆 T-90 坦克。与卫国战争的 4 年间共生产了 10 多万辆坦克和自行火炮相比，不可同日而语。此外，印度已成为了 T-90S 坦克的最大买主，除了已经装备的 310 辆 T-90S 坦克外，从 2007 年开始，印度还将特许生产 1,000 多辆 T-90S 坦克。

　　早期生产的 T-90 主战坦克和后期生产的 T-90 主战坦克，在具体结构上也有若干变化，如发动机的型号不同，单销履带和双销履带之分，由铸造炮塔改为焊接炮塔，安装夜视仪或热成像瞄准镜的区别等。这表明T-90主战坦克还处于不断的改进之中。

总体来说，在强手如林的世界主战坦克舞台上，T-90主战坦克还算不上是最顶尖的高手。但它却是一款相当可靠、相当实用的主战坦克，也是俄罗斯的"标准主战坦克"，综合性能不错。未来，随着T-90主战坦克生产和装备数量的进一步提高，加上不断的改进，在世界主战坦克之林中，它将占有一个相当重要的位置。

二、布置有新意

毫无疑问，T-90主战坦克也具有T系列坦克的典型特征，广大军事迷们一看便知道是苏联／俄罗斯的主战坦克。但是，要想把它和T-72坦克或T-80U坦克区分开来，还需仔细地了解T-90坦克的外部识别特征。

T-90坦克外部特征的关键是它的炮塔部分。初看，T-90坦克的炮塔很像T-80U坦克，如装在炮塔两侧的"窗帘"光电对抗系统等，但T-90坦克的炮塔正面的楔形爆炸反应式附加装甲和T-80U坦克有明显不同。T-80U坦克炮塔楔形附加装甲的下部一般要加被动式附加装甲，其弧形薄片式的结构很显眼。车体首上装甲外面的附加反应式装甲块也有明显不同，T-90坦克的车体附加反应式装甲块更大些。此外，T-90坦克在前部侧裙板外部，每侧又加了三大块方形附加装甲板。

参加展示的俄罗斯T-90主战坦克

T—90 主战坦克的战斗全重为 46.5 吨,乘员 3 人,车长(炮向前)为 9.53 米,车体长 6.86 米,车宽(带裙板)3.78 米,车高(至炮塔顶)2.23 米,和西方当代主战坦克相比要低矮得多。车内容积为 11.04 立方米,其中车体内容积为 9.19 立方米,炮塔内容积为 1.85 立方米。尽管从乘员的舒适性上来讲还比不上西方的当代主战坦克,但比起原来的 T 系列坦克则改善了很多。按俄罗斯坦克设计师的说法,T—90 坦克的乘员室足以能为 3 名身高 1.75 米的坦克乘员提供舒适的空间。这一点相比起 T—72 坦克(要求乘员身高在 1.65 米以下),是一个不小的进步,这也是为 T—90 坦克面向出口市场的一种考虑。

T—90 主战坦克的车内布置,从前至后分别为驾驶室、战斗室和动力—传动室。它的车体和炮塔与 T—72BM 坦克相同,总体为钢装甲焊接结构,车体正面和炮塔采用复合装甲结构。

驾驶员位于车体前部中央,驾驶舱门向右开启,驾驶员座椅悬吊在车体顶甲板上,提高了车底遇地雷爆炸时驾驶员的生存力。驾驶员席有 1 具宽视界的潜望镜,夜间驾驶时可换为主/被动式驾驶员夜视仪。此外,还可以换装驾驶员用昼夜两用观察仪,在被动情况下对景物的识别距离为 400 米。

车长和炮长位于炮塔内,车长在火炮的右侧,炮长在火炮的左侧。炮塔的正面装有楔形反应式装甲,倾角为 35°,顶部也装有反应式装甲。

炮塔系铸造结构,呈半球形,位于车体中部上方。车长和炮长位置各有 1 个炮塔舱口盖。车长指挥塔采取双层活动座圈结构,可相对炮塔作同步反向旋转。

战斗舱中装有转盘式自动装弹机,取消了装填手,战斗舱的布置围绕自动装弹机安排。

动力—传动舱中,仍采用发动机横置的布置方案,缩短了车体的长度。另外,T—90 主战坦克的动力装置由 T—80 坦克的燃气轮机改回到传统的柴油机,提高了使用的可靠性。

车体两侧翼子板上有燃油箱和工具箱,车体后部还可以安装 2 个各

200 升柴油的附加油桶。

三、强大火力

火控系统是坦克高精尖技术的集大成者，也是坦克上最贵重的系统。

T-90 坦克的主要武器是 1 门 2A46M-4 型 125 毫米滑膛炮，它和 T-72 坦克的 2A46 型 125 毫米滑膛炮相比，主要是提高了射击密集度和有效射程，并能发射炮射导弹。该炮身管长为 48 倍口径，由炮身、炮尾、摇架、驻退机、复进机、热护套等组成，带自动装弹机和双向稳定器，正常后坐距离为 300 毫米。

T-90 主战坦克的自动装弹机与 T-72 坦克的基本相同，舱内装有 22 发炮弹，战斗射速为 8 发 / 分钟。火炮装弹的程序是先装弹丸，后装药筒，车长也可以操纵装弹。当自动装弹机出现故障时，可以人工装弹，但由于车内未安排装填手，这时的战斗射速只能达到 2 发 / 分钟。

T-90 坦克的弹药为分装式，弹种包括：尾翼稳定脱壳穿甲弹、破甲弹、杀伤爆破弹和炮射导弹，弹药基数为 42 发（包括 6 枚炮射导弹），其中 3BM42 型尾翼稳定脱壳穿甲弹采用钨合金弹芯，可在 2,000 米的射程内击穿水平倾角 30° 的 250 毫米厚的均质钢装甲，或击穿 450 毫米厚的垂直均质钢装甲；新研制的 3BK29 型破甲弹采用串联式战斗部，在击穿反应式装甲后，仍可击穿水平倾角 30° 的 300 毫米厚的均质钢装甲；9M119M 型炮射导弹采用激光半自动制导方式，可在 4,000 米的有效射程内（使用瞄准镜时），达到 80% ~ 90% 的命中概率，破甲厚度可达 650 ~ 700 毫米，最大射程可达 5,000 米。炮射导弹只能由炮长控制发射，车长不能射击。尽管炮射导弹的最小射程只有 100 米，但在对 2,500 米以内的目标射击时，车长将优先选择尾翼稳定脱壳穿甲弹或破甲弹，因为炮弹的飞行速度要比炮射导弹快得多。杀伤爆破弹用于攻击轻型装甲目标、有生力量、火力点及野战炮兵阵地等，最大有效射程近 10 千米，此时只能使用高低水准仪进行概略瞄准。

印度陆军装备的 T-90 主战坦克在进行沙漠训练

　　T-90 主战坦克的辅助武器包括 1 挺 7.62 毫米并列机枪和 1 挺 12.7 毫米高射机枪。并列机枪装在主炮的右侧，弹药基数 2,000 发，所有的机枪弹装在 8 条弹带上（每条弹带 250 发），弹带装在弹箱内。高射机枪装在车长指挥塔顶上，由车长遥控操纵射击，300 发 12.7 毫米机枪弹装在两条弹带上。高射机枪配有光学瞄准镜，并有高低向稳定系统。此外，还有乘员自卫用的 5.45 毫米冲锋枪和手榴弹、信号枪等。

　　T-90 主战坦克采用了 1A45 型稳像式火控系统，这是它的一个亮点。不过按照俄罗斯军方的划分，整套系统包括 1A42 型自动化火控系统、夜视仪 / 热像仪瞄准系统、车长综合瞄准镜、后视摄像系统。火控系统套着火控系统，看起来有点让人犯晕，和西方各国的典型划分方法不同。

　　1A42 型自动化火控系统包括：1A43 型综合系统、"茉莉花"双向稳定器和变流机三大部分。这里面又是系统套系统，使人进一步犯晕。其实，这个 1A43 型综合系统（加上稳定器），才相当于苏联 20 世纪七八十年代主战坦克上的火控系统，而其余的一些系统或装置，是这套综合系统的扩展和提高。

　　1A43 型综合系统包括数字式弹道计算机、激光测距瞄准镜（即二合一瞄准镜）以及各种传感器等，其核心是炮长用 1G46 型激光测距瞄准镜，便于炮长利用坦克炮和并列机枪进行射击，以及炮长用它来发射和控制炮射导弹。它是一种双向独立稳定的潜望式瞄准镜，放大倍率在

2.7 ~ 12 倍之间，最小瞄准速度为 0.05 度／秒；激光测距仪的测距范围为 500 ~ 5,000 米。2E42-4 型"茉莉花"双向稳定器是一套机电装置，可实现高低和水平的双向稳定，垂直向的稳定精度为 0.4 密位，水平向的稳定精度为 0.6 密位。变流机的用途是为坦克火控系统提供 36 伏 400 赫兹的三相交流电。

T01-K01 型夜视仪／T01-P02T 型热像瞄准镜，是一套炮长用的夜视夜瞄装置。早期生产的 T-90 坦克上装的是前者，其核心是"暴风雪"-PA 型主／被动夜视仪。它主动情况下的夜视距离为 1,500 米，被动情况下的夜视距离为 1,200 米。后期生产的 T-90 坦克上装的是"龙舌兰"-2 热像瞄准镜，这是一种双稳热瞄镜，可在夜间或昼间的多种恶劣气象条件下对 3,000 米远的目标进行静止或行进间射击。

TKN-4S 型车长综合瞄准镜是车长的"眼睛"。车长用它来观察地形、搜索和发现目标、向炮长指示目标，进行昼夜间火炮和并列机枪的超越射击以及对高射机枪的遥控操纵射击等。这种车长综合瞄准镜是高低向稳定的双目式瞄准镜，夜间被动情况下的可视距离为 700 米，主动情况下的可视距离是 1,000 米。从技术水平上看，它比美军 M1A2 主战坦克上的车长用独立式热像瞄准镜要略逊一筹。

后期生产的 T-90 坦克还装有后视摄像系统。该系统是首次用到 T 系列坦克上，用于监视后方来袭的敌方反坦克小组，并可实现乘员不下车指挥倒车。

1A45 型火控系统还包括辅助观察瞄准装置、制导武器系统等。其中，炮长用的制导武器系统可在静止和行进间发射并控制导弹攻击敌方的装甲目标和低空飞行的直升机。在 T-90 坦克的试验阶段，曾实弹发射了 24 枚导弹，全部命中了 4 ~ 5 千米距离内的目标，做到了弹无虚发。在鄂木斯克一次展览会的动态演示中，1 辆 T-90 坦克在过土岭"腾空"的瞬间发射导弹并命中目标，令西方参观者叹为观止。当然，这可能有一些"表演"的成分。在实战中，如果真的来这样一个招式，倒很像武侠小说中飞檐走壁时施放暗器的大侠。

防护能力的加强，是 T-90 主战坦克的又一大亮点，概括起来说就是"三重防护，层层设防"。复合装甲、爆炸反应装甲和"窗帘"1 光电对抗系统，成为了 T-90 主战坦克的三道"铁大门"，保护着坦克内的乘员和机件。

第一道"铁大门"是"窗帘"1光电对抗系统。这是一种专门对付反坦克导弹的综合软杀伤防护系统，也能对激光制导的反坦克弹药的瞄准进行干扰。整个系统由光电干扰系统、激光报警器、防激光烟幕抛射系统以及系统控制设备等四大块组成。光电干扰系统中的红外干扰仪安装在炮塔的两侧，像两只"大眼睛"，成为了 T-90 主战坦克重要的外部识别特征。

当激光报警系统探测到敌方瞄准的激光信号后，系统便被激活，车长按下按钮，使炮塔迅速转向威胁方向，随即自动发射烟幕弹，3 秒钟内在坦克 50～70 米的前方形成高 15 米、宽 10 米的烟幕，使敌方的来袭导弹变成"瞎子"，无法瞄准目标。此外，光电干扰系统还能发射编码红外干扰信号，将来袭导弹引偏。有了这套系统后，可使西方大多数反坦克导弹的命中率降低七成多。在这项技术上，俄罗斯目前处于世界领先水平。当然，这套系统对付尾翼稳定脱壳穿甲弹时，就显得力不从心了。

第二道"铁大门"是"接触"5爆炸反应装甲。它覆盖了坦克车体和炮塔正面、侧面和顶部 50% 的面积，能使破甲弹的效能降低 50%～60%，使穿甲弹的效能降低 20% 以上。这种爆炸反应装甲块不会被 30 毫米以下的弹药引爆，使用期长达 10 年，坦克乘员只需 3.5 小时便可以将全套爆炸反应装甲"披挂"完成。

第三道"铁大门"是基体装甲，它是 T-90 主战坦克防护力的基础。前面已经说过，T-90 主战坦克的炮塔是 T-72BM 炮塔的改进型，它是俄罗斯坦克炮塔中防护性能最好的，其基体是类似"乔巴姆"装甲的复合装甲。基体装甲加上附加装甲，使 T-90 坦克的整体防护水平提高了 34%～57%，对破甲弹的防护水平相当于 1,020～1,220 毫米均质钢装甲，对动能弹的防护水平相当于 780～810 毫米均质钢装甲。因此，西方的 120 毫米坦克炮已很难击穿 T-90 坦克炮塔的正面装甲。

此外，T-90 主战坦克的底装甲也得到了加强。在定型试验中，参试人员曾在一条履带地下放置了一枚威力很大的反坦克地雷，结果履带虽然受损，车底却安然无恙。对于路边炸弹、反坦克地雷盛行的城市作战来说，这一条显得尤其重要。

但是，不管坦克的防护多么先进、多么有效，都无法防御隐蔽在丛林中反坦克射手射来的反坦克火箭弹、埋设在地下的反坦克遥控地雷和多管火箭炮齐射的红外制导火箭弹。若没有先进的通信系统和情报信息系统向其不间断地提供战场信息，坦克就像个"瞎子""聋子"，无所事事；如果没有步兵的协同，没有电子对抗装置干扰敌人，那么坦克根本就不具备任何防御能力。

俄罗斯陆军至今对 1995 年 1 月 1 日夜袭格罗兹尼的那场战斗记忆犹新：在通往火车站的狭窄街道上，俄罗斯的装甲部队遭受车臣武装分子的抵近射击，大约有 50 辆坦克和战斗车辆被击毁并燃烧，100 多官兵在这次袭击中丧生。失败的主要原因是，作战行动前俄军没有仔细地侦察地形，也没有得到空中和两翼的支援，血的教训非常深刻。

四、推进系统

T-90 主战坦克推进系统的最大特点是动力装置又由燃气轮机改回到柴油机。20 世纪 80 年代初的 T-80 坦克上，采用了燃气轮机。从动力装置的先进性上来讲，当然是燃气轮机更有优势，更有发展前途。但是，坦克柴油机已经发展了 70 多年，技术已相当成熟，技术指标已经相当高，并且还有一定的发展潜力。在这种情况下，俄罗斯军方决定在 20 世纪 90 年代的坦克上仍然采用柴油机，这不是技术上的倒退，而是一种理性的选择。柴油机的低油耗、高可靠性，至今仍是燃气轮机不可企及的。

训练中的俄罗斯 T-90 式主战坦克

　　T-90 主战坦克的动力装置为 V84MS 型 V 型 12 缸水冷复合增压多燃料发动机，它是 T-72 坦克上的 V46 型坦克柴油机的改进型，比起 T-72S 坦克上的 V92C2 型柴油机也有改进，其最大功率达到了 840 马力。T-90S 坦克上装的是 V-92S2 型多燃料发动机，最大功率提高到了 1,000 马力，燃油消耗率只有 170 克／马力·小时，这种动力装置比燃气轮机更省油。

　　此外，俄军方还在试验一种 V99 型发动机，最大功率提高到了 1,200 马力。这种发动机马力更大、更省油，燃油消耗率降低到了 156 克／马力·小时的惊人水平，而发动机的整体尺寸仍然保持不变。

　　T-90 主战坦克动力装置的辅助系统也非常有讲究。除了常规的燃油系统、空气供给系统、润滑系统、冷却系统、空气启动系统、加温系统外，还有故障报警和闭锁系统。当发动机水温过高、机油压力太低或过高，水箱的冷却液太少等情况下，系统会自动报警，并使发动机自动熄火，避免发生更大的事故。

　　T-90 主战坦克的传动装置包括：齿轮传动箱、双侧变速箱、制动器和侧减速器等。齿轮传动箱的功用是将发动机的动力传给双侧变速箱。这是一种三自由度行星式变速箱，有 7 个前进挡和 1 个倒挡，各挡的传动比分别为：一挡 8.173，二挡 4.4，三挡 3.485，四挡 2.787，五挡 2.027，六挡 1.467，七挡 1.0（直接挡），倒挡 14.35。操纵转向还是靠操纵杆，这也是 T 系列坦克的特点。它的最小转向半径为 2.79 米，侧减速器为单级行星式，固定传动比为 5.454。

　　T-90 主战坦克的行动装置较 T-72 坦克做了改进，主要是为了进一步提高扭力轴的可靠性。其履带有两种，早期为单销式履带，有橡胶垫块；后期为双销式、端部连接履带。每侧有 81 块履带板。T-90 主战坦克的最大速度为 60 千米／小时，最大行程为 550 千米，最大爬坡度 30°，最大潜水深度 5 米。

　　单从其性能指标上来看，T-90 主战坦克的机动性算不上十分先进，但它在一些展览会上的特技表演却技惊四座。2000 年 7 月，在俄罗斯下塔吉尔举行的俄罗斯陆军装备展览会的特技行驶表演中，一辆 T-90 坦克高速通过土岭，坦克 "飞" 离地面达 1.5 米高，经 4 秒钟后砰然落地，又继续高速行驶……这种只有摩托车才敢做出的高难度动作，T-90 主战坦克却可以从容实现，不仅让人大开眼界，还显示了它的王者风范。

T-90 主战坦克的通信指挥系统主要是靠两部无线电台来保证。一部是 R163-5OU 无线电台，另一部是 R163UP 无线电接收机，工作频率为 30,025 ~ 79,975 兆赫，可实现 49,950 个工作频率，通信距离不小于 20 千米。有两部电台的好处是可以同时发送和接收，而过去的苏制双工无线电台只能单独发送或接受。不过即便这样，和当代西方最先进的主战坦克相比，T-90 主战坦克在指挥控制能力上仍然要落后一大截。像车际信息系统、GPS 定位和导航系统等，在目前的 T-90 主战坦克上还不见踪影。相信在今后的 T-90 主战坦克上，在这方面会大大加强。T-90 主战坦克内通话器有 4 个，与以前的苏联／俄罗斯坦克相比，除车长和炮长外，驾驶员也可实现和外界的通信联络，这是一个小小的进步。

T-90 主战坦克上还安装有空调系统，这也是苏联／俄罗斯坦克上首次安装空调系统。此外，该坦克上还装备了制式的潜渡装置和外挂式推土铲。推土铲宽 2.148 米，在非冻土地带，可在 20 ~ 30 分钟内挖好一个坦克掩体；还可以换装 1 具 TBS-86 型推土—铲雪两用铲，对于俄罗斯这样的寒冷国家，它是清除道路积雪的利器。

总体说来，出口型的 T-90S 坦克和 T-90 主战坦克的差别并不大，仅有一些小的区别。例如提供给印度军队的 T-90S 坦克上，只是没有装"窗帘"1 光电干扰系统；此外，随车技术文件的版本也不相同。

"黑鹰"主战坦克的机动性试验车曾在鄂木斯克 1997 武器装备展览会上展示过，样车则出现在鄂木斯克 1999 武器装备展览会上。

"黑鹰"主战坦克的炮塔是绝对崭新的设计——全焊接结构。炮塔顶前部装有爆炸反应装甲块，顶部安装有激光传感器，两侧则装有榴弹发射器（用来发射"鸫"-M 系统榴弹）。125 毫米炮弹存放在炮塔后部宽敞的尾舱内，并用装甲隔板与战斗室分隔开。如果弹药舱中弹诱爆储存的弹药，弹药爆炸所产生的能量则向上通过卸压板排出车外，乘员不会受到伤害。"黑鹰"主战坦克有 3 名乘员，炮长位置配有激光测距—瞄准二合一瞄准镜。车长配有周视瞄准镜和热像仪。很明显，从这些瞄准镜系统中采集的所有数据都能显示在炮长和车长显示器上。

"黑鹰"主战坦克战斗全重 48 吨，安装了 1 门 125 毫米火炮、1 挺 7.62

毫米并列机枪和 1 挺 12.7 毫米"科尔德"（Kord）高射机枪。主炮配有自动装弹机，能够装分装式和定装式两种弹药。

"黑鹰"主战坦克装有 1 台功率至少为 1,400 马力的燃气轮机；采用了静液传动装置，坦克转向由 U 形方向盘控制；行动部分有 7 对负重轮，履带与 T-80 坦克类似，但稍宽一些；悬挂为扭杆弹簧独立悬挂，装有液压减振器。

五、实弹防护试验记录

一直以来，军事专家们有将世界坦克划分为以美国为首的西方坦克和以苏联为首的东方坦克的说法。虽然在苏联解体以后，俄罗斯一直没有停止主战坦克的发展，但由于经济实力的不济，在车载电子系统方面与西方相比已有所欠缺。但是所谓"瘦死的骆驼比马大"，俄罗斯的 T-90 主战坦克在机动性、防护和火力等决定坦克性能的三大关键因素的表现中，仍然非常出色。

在 1982 年的黎巴嫩战争期间，参加战斗的 T-72 坦克曾被以色列的制式 105 毫米坦克炮发射的尾翼稳定脱壳穿甲弹、直升机发射的"陶"式反坦克导弹、155 和 203 毫米火炮发射的改进型常规炮弹以及美制集束炸弹的反坦克子弹击毁了多辆；在后来的海湾战争中，伊拉克军队装备的大量 T-72 坦克同样表现糟糕。一时间，以 T-72 为代表的俄罗斯坦克成为了西方媒体的嘲笑对象。因此，即便是被俄罗斯设计师极力推崇的 T-90 主战坦克，也不为西方评论家所看好。

鉴于这种现状，1999 年 10 月 20 日，俄军对现役的 T-90 主战坦克的防护能力进行了大规模实弹试验。从试验的结果，大概可以看出 T-90 主战坦克的真正防护实力。

1. 试验用弹药性能

（1）RPG-7VR：RPG-7 系列的最新型号，使用改良后的化学能战斗部，直径为 105 毫米，破甲厚度为 650 毫米均质钢装甲。

（2）RPG-26：轻型手提反坦克火箭筒，发射筒一次性使用，破甲厚度大于 500 毫米均质钢装甲。

（3）RPG-29：俄罗斯最新型反坦克火箭筒，串联战斗部，可击穿有反应装甲保护的 750 ~ 800 毫米装甲，破甲厚度大于 900 毫米均质钢装甲。

（4）AT-3D：改进型"萨格尔"导弹，破甲厚度为 700 毫米均质装甲。

（5）AT-7：苏军第一代便携式反坦克导弹，破甲厚度为 460 毫米均质装甲。

（6）AT-5：苏军制式反坦克导弹，装备 BMP-2 步兵战车，破甲厚度大于 650 毫米均质钢装甲。

（7）AT-14：俄罗斯最新型反坦克导弹，使用串联战斗部，在摧毁反应装甲后可击穿 1,000 ~ 1,100 毫米均质钢装甲。

（8）3VBM-17：尾翼稳定脱壳穿甲弹（射击距离 1,500 米），该弹弹芯长径比 16∶1，由 2A46M2 125 毫米滑膛炮发射，初速 1,750 米 / 秒，射击距离 2,000 米时穿甲厚度为 520 毫米，射击距离 1,500 米时穿甲厚度为 580 ~ 600 毫米均质钢装甲。

俄罗斯官方公布的 T-90 主战坦克防护数据如下。

（1）在未安装"接触"-5 反应装甲时，T-90 主战坦克对穿甲弹 / 破甲弹的防护能力分别为：570 / 900 毫米均质钢装甲。

（2）在安装了"接触"-5 反应装甲后，T-90 主战坦克对穿甲弹 / 破甲弹的防护能力分别为：810 / 1,250 毫米均质钢装甲。

2. 试验过程及结果

为了验证反应装甲在保护坦克中的作用，此次实弹射击试验将安装和未安装反应装甲的 T-90 主战坦克进行分组对比：共有 6 辆坦克参加试验，T-80U、T-90 各 3 辆，分三组（每组皆包括 1 辆 T-80U 和 1 辆 T-90）；第一组安装"接触"-5 反应装甲，第二组拆除反应装甲，第三组备用。

为模拟真实战场环境，最大限度地考验主战坦克在残酷战斗中的生存能力，每一件反坦克兵器均向前两组坦克各发射 5 次，总计 20 次。火箭筒、反坦克导弹全部命中目标，对"未挂甲"的 T-80U，动能弹射击出现偏差：1 发射偏，1 发命中炮管。每辆 T-80U / T-90 坦克平均被 36 ~ 40 枚反坦克武器命中。以下是试验结果：

（1）被 AT-14 "短号"导弹和 RPG-29 火箭弹击穿的 T-80U 内部遭到了一定程度的损坏，但自动抑爆装置及时扑灭了火焰。RPG 29 被证明是最有效的反坦克武器，尽管其破甲厚度未超过 1,000 毫米，但其对 T-80U／T-90 的破坏程度超过了被西方媒体追捧的 AT-14"短号"。事实上，2003 年的伊拉克战争也证明了这一点，从叙利亚流入伊拉克的若干枚 RPG-29，正是从正面击穿美军 M1A1（可抵御 1,300 毫米破甲厚度的弹药）的"致命杀手"。

（2）3VBM-17 在 1,500 米处的穿甲厚度与美军制式 M829A1、A2 贫铀合金动能弹在 1,500 米、2,000 米处的威力基本相当；被击穿的"未挂甲"T80-U／T-90 仅是在外层装甲有 1 个直径 2～3 毫米的洞，内层装甲未脱落，车内设备无"可视性"损坏。因此可以肯定 T-80U／T-90 基本能够防住 M829 系列弹药的攻击；而安装了"接触"-5 反应装甲的 T-80U／T-90，则可以抵御现役 120 毫米贫铀弹的攻击。1996 年末，美国对安装了"接触"-5 的 T-72 坦克进行的实弹试验也证明了这个结论：当时被"接触"-5 保护的 T-72 经受住了 M829A1 贫铀穿甲弹（1,500 米处的穿甲能力为 600 毫米）的攻击（只有外层装甲被击穿）。

从实弹射击结果来看，T-90 主战坦克经受住了严酷的考验，2 辆坦克在近 80 次连续打击中，只有 12 次被击穿，概率仅为 15%。总体而言，T-90 主战坦克在对动能弹的防护上，和西方坦克在同一水平线上；安装了"接触"-5 之后，T-90 主战坦克对动能弹的防护能力大大提高，明显超过了安装贫铀装甲的 M1A1／M1A2（600 毫米），这也是为什么美国不惜血本增大 M1A2 本已不堪重负的"体重"（意图增加装甲防护）、德国急于开发"长径比"更大的 L55 120 毫米滑膛炮以及新型动能弹的原因之一。

在肯定 T-90 主战坦克对穿甲弹防护能力的同时，也应该注意到由于制造技术的问题，它对化学能弹的防护能力就稍逊色一些，即便是安装了反应装甲，也只是和 M1A1、豹 II A6 相当，仍难以对抗重型的"地狱火"反坦克导弹，这也是"竞技场"主动防护系统出现的一个重要原因。

六、尺有所短，寸有所长

目前军事评论界存在一种普遍观点，因为苏联／俄罗斯坦克在实战中表现不佳,便认为它们彻底不行了。个人认为,还是应该综合地分析原因,客观地评价苏联/俄罗斯坦克的实际效能。主观上,俄罗斯在出售武器时技术上有所保留;以伊拉克、叙利亚为代表的国家对装备的维护能力差、训练水平低,甚至很少训练就仓促上阵(目前军事强国的训练费用远超过装备费用)。主观上,整体实力不够,没有空中优势,导致在坦克战时各方面处于明显劣势。可以这么说,不是俄系坦克不行了,而是它们还从未完全发挥威力。

(1)西方对俄罗斯的炮射导弹认可吗?

目前炮射导弹的射程普遍在 4 ~ 5 千米左右,射程虽然远,貌似可以做到先于敌开火并攻击武装直升机,但这对坦克的观瞄系统要求很高。西方观察家就曾指出:俄系坦克上装备的白俄罗斯生产的 IK13 观瞄系统采取被动模式发现目标的距离只有 500 米,采用主动模式时,发现目标的距离为 1,200 米。这种激光制导观瞄系统在低光环境下,对坦克的识别距离只有 800 米,那么俄罗斯炮射导弹射程远及四五千米又有什么用?可见西方对此类射程远的武器不感兴趣,认为在实际作战环境中打太远没有意义。据统计,伊拉克战争中,美军 M1A2 的平均开火距离不超过 2,500 米。

炮射导弹的反直升机功能实际上也无从提及,即便是俄罗斯最先进的技术也无法保证炮射导弹的全程制导。比如乌拉尔运输机械制造厂设计局的资料显示,目前装在 T-72M1 的后继型 T-72M1M 上的炮长瞄准镜在夜间最多能对 3,500 米远的目标进行射击,车长独立观察瞄准镜夜间的作用距离更是不足 1,200 米,超出此距离就只能通过线路把炮长的观察画面传到车长的显示器上来达到"车长超越炮长"。而美国装备的第二代热像仪已使 M1A2 在夜间具备 6,800 米的探测距离和 3,250 米的精确有效射程,几乎抵消了炮射导弹的远程优势。

(2)机动性上欧美坦克似乎占有优势,比如零半径转向?

坦克原地转向为其迅速机动、攻击目标提供了很大的方便,原地转向性能的优劣是衡量坦克机动性能的重要标志之一。西方第三代坦克凭借优异的传动系统,可以做到两条履带以相同的速度同时朝相反

方向运动，实现原地转向即零半径转向。这一战术动作的价值在于：一是将车首迅速转向威胁最大方向，对攻击和防护都非常有利；二是不离开路面原地掉头，可有效利用狭窄地带和避免驶下公路发生意外事故，这对铁道运输和平时车辆调度也很有意义；三是整个车队可以全体同时掉头而不发生碰撞。

（3）坦克的机动性单指最大速度或最大行程？

坦克的最大速度分为公路速度和越野速度。在战场上，最大公路速度基本派不上用场，除非是广阔的平原地带。而越野速度和最大行程又受到诸多条件的影响，其理论数值和实际数值有较大差异。

在机动性中，加速性更重要。在战场上，坦克如处在静止状态，被敌瞄准后，激光报警装置接收敌坦克激光测距仪的信号并报警，驾驶员紧急启动坦克，从静止加速到 32 千米／小时，意味着开出半个车身的距离，从而干扰敌坦克瞄准。

西方坦克得益于装备了自动变速箱，从静止加速到 32 千米／小时，法国的勒克莱尔只需要 5.5 秒，其他第三代坦克也基本在 7.2 秒以内，这要快于俄系坦克火控系统的反应时间。

反观俄系坦克，基本上采用的是液压助力手动或半自动变速箱，从静止到 32 千米／小时，即便是挂挡技术相当娴熟的驾驶员也普遍在 12 秒以上，而这段时间足够装备了精良火控系统的西方坦克对它射击两次。

不过在战场上除非是伏击战，己方隐蔽中的坦克才会处在静止状态待机，当已开始地面决战的时候，没有人会把坦克静止在危险的区域，基本上敌我双方一接触就要保持 "动 VS 动" 的射击态势。即便是在伏击时，如果让敌方先一步进行激光照射测距，己方也就失去了伏击的意义。

当有意识开始撤退的时候，倒挡速度就显得尤为重要，而这一指标往往是容易忽略的。西方坦克普遍能达到 40 千米／小时的倒车速度，这样就可以通过倒车，在撤出战斗时把防护能力最强的前装甲对着威胁最大的方向。海湾战争中，美军在和伊拉克共和国卫队的一次敌众我寡的战斗中，美军的 M1A1 一边倒车一边对蜂拥而至的伊拉克 T-72

进行射击。由于 M1A1 的倒车时速较高，T–72 始终无法缩短双方的距离，M1A1 则一直保持着射程上的优势，击毁了大量的 T–72。俄系坦克不太重视倒挡速度，现在的型号也基本上只有 10 千米／小时。

（4）坦克的自动装弹机是否成为趋势？

西方坦克设计时考虑到了适合其绝大多数人的身高，于是形成了西方坦克 65 吨、俄系 40 吨，俄系坦克采用自动装弹的局面。

美国其实研制了性能出色的自动装弹机，但他们认为目前坦克炮弹药没重到人力不能及，因此没有装备自动装弹机，从而控制 M1 的售价。反观苏联，T–64 第一次装备自动装弹机，它经常"咬住"车长和炮长的衣服送进炮膛不说，部队意见最大的是缺少了一名乘员，在保养坦克时增加了其他乘员的工作量。

目前大多数自动装弹机需要定角装填，就是说坦克开炮后必须炮管俯仰回归一个固定角度，才可以装填下一发炮弹。

今后，在平衡了价格、可靠性和必要性之后，尤其是为提高威力而向 130 毫米甚至 140 毫米的大口径化、分装化的发展趋势看，弹药自动装填已成必然。

目前西方服役的自动装弹机在任意角度装填、独立高可靠性地完成装填—退弹、故障人工冗余这几方面都有缺陷。日本陆上自卫队 1998 年在富士山脚下举行综合火力演示时，参加的 4 辆 90 式有 3 辆的自动装弹机发生故障，严重影响了战斗力。日媒体为此惊呼，如果是在战时，本来数量就有限的 90 式将因为装弹机可靠性的低下而遭灭顶之灾。

（5）俄罗斯坦克采用炮塔吊篮式自动装弹机，就无法实现弹药隔舱化？

这个问题要综合来看。西方的隔舱化设计也有很多问题，美国坦克与机动车辆司令部一位项目负责人的报告称，海湾战争中 M1A1 的炮塔弹药舱被 125 毫米炮弹从后面命中引起炮弹着火，弹药防爆炸隔离门使爆炸区得到了控制，坦克乘员只是吸入了少量烟雾。但实际情况是，这辆 M1A1 只是幸运而已，因为在海湾战争中发生了多起取完弹药而隔离门想关关不上的情况，只是这些 M1A1 没有被击中尾舱而已。

总算是下来了，真不容易

西方坦克还有一点区别，同样的隔仓化弹仓，美国 M1A1 尾舱储存的弹药是弹底在前、弹头向后。此方案是最安全的，但牺牲了自动装弹机。而法国和德国为了满足自动装弹机的装填速度，是弹底在后、弹头向前，如果被命中，恐怕就不是吸点烟雾那么简单了。他们之所以这样设计，看重的是泄压板和舱内的预防二次效应设备的作用，但效果怎么样，没经过实战考验就不好说了。

（6）吊篮式自动装弹机的优缺点？

一直以来，人们普遍认为这种装弹机的安全性远远逊于西方的系统。但实际上，吊篮式自动装弹机位于设防严密的坦克舱中心偏下的位置，周围有坦克厚厚的外装甲保护，加上位置偏低，被命中的概率很小。反观西方坦克，尾舱那么高，被命中的概率就非常大。但吊篮式装弹机要想提高射速，则装弹机就要在上一发炮弹发射前进行提弹工作，导致装弹机的提弹机上始终有一发炮弹。当己方不幸被击穿时，射流或残片极易击中这发炮弹，这是一大缺点。

虽然吊篮式存在泄压困难的问题，但海湾战争中伊拉克坦克炮塔被掀翻并不能代表俄系坦克的情况。因为伊拉克的 T-72 坦克是专用于出口的简化版，前装甲仅相当于 320 毫米铸钢，根本无法为车内弹药和人员提供有效保护，而且伊拉克没有一辆坦克装有防二次效应的装备，被命中后必死无疑。后来的车臣战争中，T-72 和 T-80U 是因为车内可燃材质偏多，灭火抑爆系统不良而导致了较多损毁。

另外，伊拉克坦克炮塔被掀翻是很正常的事情，从它的T-55到T-72，这些型号本来就存在炮塔和车体连接过于简单的设计缺陷。再看西方坦克，号称最注重防护的以色列梅卡瓦就曾被地雷掀翻过炮塔；2003年10月28日，美国第4机步师最先进的M1A2踏上了地雷，一样被掀翻炮塔，且乘员无一幸免。

其实西方坦克尾舱装的弹药只是一部分，其余的弹药仍放在车体内。比如M1A1尾舱装34枚弹，车体内还有6发弹。一旦这个位置的炮弹被引爆，泄压仍然是个问题，此时也只能寄希望于防二次效应装备了。但值得一提的是，舱内储存的弹药尽管处在坦克主装甲的防护之下，但美国等仍对它采用了专门的装甲保护。M1A1的6发弹放在了舱内一个专门的装甲容器内；而不设尾舱储弹的以色列梅卡瓦，其车体内每一发炮弹都有独立的装甲容器，以确保安全。

海湾战争中发生过M1A1被T-72命中的情况，虽然没有造成伤亡，但伊拉克的弹药是老式出口型号也是原因之一，而且命中时已经是该弹极限射程。

T-72出口型都火力偏弱，尤其是弹药。印度曾用T-72的出口弹药做穿透试验，发现其威力非常有限，好的弹药卖方肯定是自己留着了。由此看来，假如伊拉克T-72的炮弹再强些，不仅击中M1的尾舱，而且击穿尾舱和装填手之间那道并不算厚的弹药防爆隔离门，那么隔舱化的意义将不大。俄罗斯的研究也证明了这一点，与其设置隔舱化，不如加强外部装甲，改进防护结构。第二次车臣战争中，一辆T-80U履带被炸断，停在原地近6个小时，其间受到反坦克导弹、单兵火箭和各种火炮近百次的打击，坦克虽然完蛋了，但是3名乘员靠装甲的保护都活了下来。

坦克的防护效果包括隔舱化的效果，都是统计概念，比如以色列的梅卡瓦是在5,000辆的战场统计中得出的防护概率，它的人员及弹药防护效果比搞隔舱化还要好。所以单看某次坦克的受攻击效果不能作为评定依据，不能简单否认隔舱化及其他装甲技术的作用。

（7）坦克"动VS动"射击时，是否装备了"双稳"就具备了这一能力？

双稳指的是方向和高低稳定，是指锁定目标后，无论坦克转弯与否、地形起伏与否，火炮仍能指向目标。目前西方的火控系统也只能保证坦克在 10 千米／小时的速度下射击动态目标，30 千米／小时的速度下射击静止目标。以上数据还是在理想情况下，更多时候坦克是通过短暂停下来达到精确射击的。如果交战双方都处在"动 VS 动"的情况下，双方车速都不会很快，否则都无法保证射击精度。

如果己方火控系统一直不如西方，但只要"静 VS 动"的命中率和西方"动 VS 动"的命中率不相上下，就可以通过战术运用，以短停射击来和 M1 等西方主流坦克对抗。

其实苏联不是没有把火控搞上去的实力，而是它的生产规模太大，不同的厂都要生产，所以没必要在坦克的火控上做这么大努力，因此不如精雕出来的西方坦克。

在"动 VS 动"时，自动装弹机就有些优势。在野战"动 VS 动"的情况下，没有装备自动装弹机的装填手，要在颠簸的坦克内用膝盖顶住尾舱隔离门的开关，同时转身取炮弹，然后松开开关推弹上膛，这是很困难的。美制 120 毫米坦克炮的 M892 脱壳穿甲弹重 18.8 千克，M831 更是重达 24 千克。如果因坦克颠簸，装填手不慎失去平衡，而怀里又有一颗炮弹，后果就很严重。所以说 M1A1 只能以很慢的速度或干脆静止状态才能完成装弹，也就是说 M1A1 不具备持续不停歇的"动 VS 动"射击能力。伊拉克的作战环境属于平缓的沙漠地带，不会太颠簸，而且伊拉克陆军已经不能对 M1A1 构成威胁，所以这一缺点体现不出来。

第三节
号称领先西方十年的 T–95

2006 年底，为了争取到沙特阿拉伯 300 辆主战坦克更新换代的大订单，俄罗斯迫不及待地向全世界宣布其搁置多年的 T–95 主战坦克已经完成了沙漠条件下的一系列测试，并计划于 2007 年开始由乌拉尔运输机械制造厂批量生产并装备俄罗斯陆军。同时俄国人还骄傲地宣称 T–95 坦克的火力性能、防护性能和机动性能都是世界一流，西方坦克若想超过 T–95 坦克，至少还需要弥补 10 年的差距。

T–95 主战坦克不是现有坦克的改进型，而是一种全新的战斗车辆，它具有体积小、重量轻、动立足、火力猛、防护强等突出特点。

一、十年磨一剑

早在 20 世纪 80 年代的苏联时期，设在莫斯科的装甲坦克总局就奉命正式提出了新一代主战坦克的战技要求，莫洛佐夫、下塔吉尔等设计局立即闻风而动，投入到研制新一代主战坦克的工作中去。

位于下塔吉尔的车辆设计局当时因为成功研制了 T–72 坦克而出名。因此，早在苏联正式下达研制新型主战坦克之前，该设计局就未雨绸缪，开始了 T–95 坦克的研制准备工作。

T–95 主战坦克最突出的特点是采用了全新设计的无人炮塔，整个外形就像一个平底锅一样倒扣在低矮的底盘上，使得整个车身的高度大大降低，从而减少了在战场上被发现和被击中的概率。而且炮塔上还覆盖着一层用新型复合材料制作的爆炸反应装甲，从炮塔前部经顶部一直延伸到后部，极大地提高了炮塔对攻顶型反坦克导弹和武装直升机的防护。此外，在炮塔前部火炮两侧，还安装有"窗帘"1 光电干扰装置和"竞技场"1 主动防护系统。

从布置上看，T–95 主战坦克从前往后，还是分成驾驶部分、战斗部分、动力系统三大部分。

T–95 主战坦克的车体为全焊接结构，驾驶员位于车体前部中央，其上方有一扇向右开的滑动式舱盖。舱盖上装有 3 具潜望镜，在需要时，中间的一具可换成微光或红外潜望镜。

T–95 主战坦克的底盘是从 T–72 的基础上发展而来，每侧有 6 个挂胶负重轮和 5 个托带轮，两侧履带均有张力调节油缸。动力传动装置位于车体后部，主发动机旁装有一台辅助发动机。发动机室顶采用封闭式盖板，排气口在车体尾部；进气口设在炮塔后方正中的位置，可提高进气的净化程度。它的履带为双销结构，履带板之间用端部连接器连接，其上有橡胶衬垫。T–95 坦克履带宽 580 毫米，单位压力达 81.4 帕，采用离合 / 制动型转向装置，有 5 个前进挡和 1 个倒挡，悬挂装置为扭杆型，电气系统的电压为 24V。其环境系统可以自动探测核生化武器的威胁，并可提供过滤空气达 7 小时，装有空调系统。

模拟 T-95 主战坦克效果图

T-95 坦克自重 53 吨，长 11.25 米，宽 3.5 米，高 2.53 米，车组人员仍由 3 人组成，即驾驶员（兼机械师）、炮长（兼操作员）和车长，乘员工作室处在一个专门的装甲舱中，与自动装弹机和炮塔之间用装甲板隔离。T-95 坦克完全是一种注入了更多西方血液的主战坦克，车体左侧是驾驶室，驾驶室内装有驾驶操纵装置、昼夜观察装置、仪表检测、指示报警装置、潜渡方位仪和可调式驾驶椅等。战斗室位于坦克的中部，前面与驾驶室相通，后部与动力室用隔板隔离。

这种设计使 T-95 主战坦克外形轮廓增大，增加的重量用于改进装甲防护、装备先进的设备等，大大提高了生存能力。53 吨尽管对 T 系列俄制坦克而言已经是重量级，但却是一个恰当的选择，它克服了西方和俄罗斯坦克制造上的矛盾，将可靠防护与机动性／运输性有机地结合起来。如 M1A2 等西方坦克虽然防护力出众，但重量在 60 吨以上，影响了坦克的机动性，增加了坦克空降的难度，而原有俄制坦克的防护力令人不满，也影响了在第三世界国家的销售。

二、火力让人"吃不消"

俄罗斯坦克火力至上的原则在 T-95 主战坦克上又一次得到了验证，它的主要武器为 1 门当前口径最大的 KA-2P 式 135 毫米 47 倍身管滑膛炮，单从口径来说，只有欧洲正在开发的 140 毫米滑膛炮能够与之匹敌。该炮的高低射界为 - 6°～ + 18°，身管上带有 5 段多层轻质合金结构的气隙式热护套和炮膛抽烟装置，身管具备可由炮盾口向前抽出的能力，这对战时抢修具有重要意义。身管采用液压自紧工艺制造，内膛表面经镀铬硬化处理后，大大提高了炮管的疲劳强度、磨损寿命和防腐蚀能力，性能达到世界一流水平。弹药基数为 40 发，可发射次口径钨合金尾翼稳定脱壳穿甲弹、尾翼稳定破甲弹和破片杀伤榴弹。炮口上端装有射瞄基准装置。从外形看，其药筒均为半可燃式，紧急时刻也可发射 BM-77U 型贫铀弹，有效射程为 2,500 米，能够在 2,000 米的距离内穿透号称"打不烂"的英国挑战者Ⅱ主战坦克的前装甲。

T-95 主战坦克正面效果图

这种 135 毫米滑膛炮能发射贫铀穿甲弹和钨合金弹芯穿甲弹，其中贫铀穿甲弹在 3,000 米距离上可穿透 1,100 毫米的 10 层间隔装甲，或者在 2,500 米的距离上击穿倾角 60° 的 650 毫米厚均质装甲。带有贫铀药型罩的新型三级串联破甲弹的初速为 1,180 米／秒，破甲威力约为 1,050 毫米，带铜质药型罩破甲弹的破甲威力也接近 900 毫米。此外，安装在 T-95 坦克炮塔后部的 12.7 毫米遥控高射机枪，也配备了贫铀穿甲弹和钨合金弹芯穿甲弹，可以轻松穿透厚度 30 毫米的装甲，这对武装直升机形成了直接威胁。

由于减轻了重量，无人炮塔的最大回转速度可以达到 20°／秒，而改进型的自动装弹机则能保证最大射速超过 10 发／分钟。

用火炮打导弹是俄制坦克的强项，T-95 坦克也不例外。它装备有用 135 毫米炮发射的 3M118"菊花"反坦克导弹，导弹制导控制器钢箱装在炮塔顶部右侧的车长指挥塔正前方，不使用导弹时可以收藏在炮塔里。"菊花"反坦克导弹采用不易受干扰的激光制导方式，飞行 3,000 米距离只需 7 秒，飞行 4,000 米需要 9 秒。"菊花"导弹弹径 130 毫米，攻击 4,000 米远的坦克或者直升机目标时，命中率不低于 90%。导弹的战斗部有破甲和杀伤两种作用，新型串联战斗部的穿甲能力超过 1,200 毫米，能够轻易击穿世界上任何一款装备爆炸反应装甲的主战坦克。

在辅助武器上，T-95 坦克装有 2 挺机枪：一挺是安装在主炮左侧的 7.62 毫米并列机枪，弹药基数 1,250 发。另一挺是安装在炮塔顶部的 DSK 型 12.7 毫米高平两用机枪，弹药基数 500 发，攻击逼近坦克的敌方步兵和轻型装甲目标。

12.7 毫米高平两用机枪由车长在车内遥控射击，也可以手动射击。作战时，车长通过车内的显示器进行瞄准，在失去所有主要功能时，也能够完全用手动操纵该机枪。有消息说高平两用机枪配备的弹药装有贫铀弹头，也有消息说是钨合金弹头，可轻易穿透 30 毫米厚的钢板。

在具备超强火力的同时，T-95 坦克还对其火控系统进行了大力改进，各种观瞄设备能侦察并同时锁定多个目标，可实施全自动跟踪识别到选定攻击次序的全部过程，大大缩短了从发现目标到射击的时间，提高了射击精度。据称，T-95 坦克在行进间的射击命中率接近静止时的射击命中率。

三、练就"火眼金睛"

（1）打得狠还要打得准。T-95坦克所使用的综合火控系统是由俄罗斯专门负责军用电子产品生产的费佐伦集团研制的，这套系统属于带激光测距仪的指挥仪式综合火控系统，主要由测瞄合一的车长激光测距瞄准镜、炮长昼夜瞄准镜、数模混合式火控计算机、目标角速度测量装置以及各种弹道修正量传感器组成，对7,000米外运动目标的反应时间不超过8秒，自动输入火控计算机的信息有炮耳轴倾斜、横风和目标角速度，人工装定的修正量有气压、气温、药温、炮膛磨损和弹种等修正数据。另外，车长与炮长瞄准镜上的图像在车长与炮长的显示屏幕上都能看到，车长与炮长都可以把自己观察到的图像切换到对方的显示屏幕上。车长与炮长的瞄准镜都具有自动跟踪功能，而且两者可以互相切换，继续跟踪。

坦克热像仪所用的探测器材料为碲镉汞，工作波段为8～14微米，发现距离是4,000～5,000米，对坦克的识别距离是2,000～2,300米。在2,500米的距离内原地对固定目标射击时，火控系统的首发命中率为90%。为了提高射击精度（也可能是害怕浪费炮弹），T-95坦克的火控系统有一个允许射击门，主炮只有达到弹道计算机确定的最佳位置时才能射击。此外，T-95坦克上还为车长准备了头盔式全景显示器，它与外露的摄像机联合工作，使车长能够看到坦克外面的情况，便于指挥作战。

这驾驶技术，那可是杠杠的

T-95 坦克的炮塔是水平稳定的，火炮是高低稳定的，所以在运动中有能力对付运动中的目标。按照车辆设计局的设计规定，火炮的标准射速为 10 发／分，最高射速为 14 发／分，在最初的 12 秒内可发射 4 发。

（2）数字化战场给坦克带来了新的科技革命。以美国的 M1A2 为先导，法国的勒克莱尔、德国的豹Ⅱ A5／6 相继装备了车内情报交换系统和定位导航系统。通过定位导航系统，敌我双方的准确位置可以迅速确定，然后在车长综合显示屏上加以显示，同样的情报可通过数据交换系统传送给己方直升机、坦克乃至指挥部。在该领域，T-95 坦克却没有安装类似的定位导航系统，一些作为指挥型的 T-95 坦克的通信指挥方法也是传统的，外形特征是拥有两根长度约 4 米及 1 根全长 11 米的伸缩式通信天线，拥有 R163-50U 型 UHF 无线电台两部和 T163-UP 型 UHF 无线电台 1 部，车长依然通过话音指挥，通信距离为 20 千米。使用 11 米长的天线时，通信距离增大到 40 千米。在未来可能出现的坦克交锋时，西方坦克也许不能在"单打独斗"中制住 T-95 坦克，可如果能"越打越多"，T-95 坦克可能就会吃亏。看来，俄罗斯军队有必要让 T-95 坦克在数字化革命中继续"深造"。

四、敲不碎的"硬骨头"

车辆设计局在考虑 T-95 坦克的防护时，采用了主／被结合、常规／非常规结合的方针。该车将采用隐身材料并注意外形设计，大大减弱热、声、磁和目视等信号特征。安装热、电磁、声响等多种信号特征的管理系统、对抗装置和假目标发生器／被动引诱系统。主动防御系统也将是 T-95 坦克的必备防护手段，该系统有 4 个激光探测探头和红外线探头安装在炮塔顶部，在探测到恶意的激光或红外线探测后，主动防御系统将自动启动，或者启动烟幕弹系统，另外将发警告消息在车长和炮长的显示器上，提醒他们采取规避与防御措施。车体内安装有全自动的三防系统，还装有先进的灭火设备。

在硬防护方面，T-95 坦克采用模块化装甲，并广泛应用强度高、韧性好的钛合金作装甲与结构材料（如炮塔顶装甲、炮塔外壳、舱门和侧裙板等），以增强防弹性能并减轻坦克重量。车体正面采用复合装甲，前上装甲板由多层组成；其中外层为钢板，中间层为玻璃纤维和钢板，内衬层为非金属材料。不计内衬层的总厚度为 200 毫米，与水平面成 22° 夹角。车体前下装甲分 3 层，总厚度为 80 毫米的两层钢板和一层内衬层。除此之外，有时候，T−95 坦克在前下装甲板外面还装有 20 毫米厚的推土铲，前下装甲板与水平面的夹角为 30°，包括推土铲在内的钢装甲厚度达 100 毫米。

T−95 坦克炮塔前半圈和车体的前上装甲部位装有反应装甲，炮塔前部顶上也装有反应装甲，可对付顶部攻击武器，车体和炮塔上的反应装甲爆炸块总数量在 185 ~ 233 块之间，其中炮塔上有 105 块。

按西方专家的分析，T−95 坦克防护能力为：右侧能防尾翼稳定脱壳穿甲弹（400 毫米）、破甲弹（1,150 毫米，两次以上）；左侧能防尾翼稳定脱壳穿甲弹（450 毫米）、破甲弹（1,000 毫米，两次以上）；顶部反应装甲能防破甲弹／子母弹（1,000 毫米，两次）、155／152 毫米穿甲弹。

T−95 坦克装有在大规模杀伤性武器污染地区使用的自动探测、报警及保护系统，还将采用主／被动探雷装置，可以使车辆避开、提前引爆地雷。该系统既能在车辆停止时使用，也能在运动时使用。

T−95 主战坦克的发动机功率和火炮的口径都有较大的增加，这种变化不但没有使坦克的整体尺寸和重量增加，反而使坦克的防护性能得到增强，这正是 T−95 主战坦克的难能可贵之处。

同时，T−95 坦克还继承了 T−80 坦克的"传家宝"——绰号为"窗帘"的主动防护系统。看来，在未来战场上要降服 T−95 坦克，"猎手"必须另下苦功才能出奇制胜。

从整体技术战术指标来看，T−95 主战坦克性能优良，加强了坦克的火力、防护、机动和可运输等综合性能，处于世界领先地位。

五、T−95 坦克的速度

T−95 主战坦克的最大特点是采用了新型的燃气轮发动机作为其强劲的动力装置，功率达到 1,250 马力。采用了燃气轮发动机的 T−95 主战坦克，与俄罗斯以往的坦克纵向相比较，其发动机的功率是最高的。目前装备的 T−72 坦克的发动机功率为 780 马力，T−80 达到 985 马力，T−90 为 840

马力，可见 T-95 主战坦克发动机功率的增加相对比较大。

T-95 坦克还采用了一种智能悬挂装置，用高能带宽可控机电制动器在车身与车轮之间传递作用力。每个车轮处都装有该制动器，而采用传统的悬挂装置弹簧，又减小了制动器的尺寸和电力需求。每个车轮处都装有多个位移传感器和一个加速度传感器，车轮悬挂系统的运动部分都装有一个位置传感器，另外在车辆重心附近还装有纵向加速度和横向加速度传感器。这些传感器随时监测车辆运动，并根据需要给制动器下达指令，以保持车身最佳姿态。

和其他国家的坦克相比，T-95 主战坦克的单位功率也比较高。美国的 M1A2、德国的豹 II 和法国的勒克莱尔坦克，其发动机功率都达到了1,500 马力，但坦克自身的重量也大都超过了 60 吨，单位功率并不理想。T-95 主战坦克的发动机功率为 1,250 马力，虽然不是最高的，但坦克的重量只有 53 吨左右，属于主战坦克中较轻的一种。因此其单位功率比较高，从而大大提高了坦克的机动性能，也为它配置较大口径的火炮提供了必要条件。

目前 T-95 坦克装备了 GTD-1250 型燃气轮机的最新改进型，发动机的排气口开在车体尾部装甲板上。与燃气轮机相匹配的是有 5 个前进挡和1 个倒挡的手动操纵传动装置，也可以采用一种带有预选器的、带负荷自动换挡的变速箱。T-95 坦克的最大越野速度可以高达 85 千米／小时，相当于西方第三代坦克平均越野速度的 2 倍，无疑具有巨大的机动优势。它不带附加燃料箱时最大行程为 400 千米，带附加燃料箱时为 700 千米，坦克在无准备时的涉水深度为 1.4 米，潜渡深度为 5.5 米，坦克的爬坡度为60%，侧倾坡度为 40%，过垂直墙高为 0.9 米，越壕宽为 2.9 米。但燃气轮机（特别是俄罗斯制造的）近乎"吞江吸海"的耗油量，使得俄军装甲部队对其有点望而生畏。

据德国记者从特殊渠道获得的 T-95 坦克的音响信号图及地震图分析，T-95 坦克可能配备了风冷式柴油机和燃气轮机 2 种发动机，其振动频率和峰值完全不同。安装燃气轮机的坦克行驶时发出剧烈的风箱抽风声音，具有强烈的实战恐怖气氛，但它的性能不稳定，启动阶段会出现震颤。而另外一台安装在装甲保护下的 47 马力的辅助动力装置，它发出的热信号和音响比主发动机小得多，坦克不运动时，关闭主发动机，只用辅助动力装置提供动力，不仅节省燃料，而且敌方很难发现 T-95 坦克正在逼近。

很显然，T-95 坦克是按全新概念设计的、采用了大量俄罗斯最新技术制造的新一代主战坦克。但是否像俄罗斯人宣称的那样领先西方现役主战坦克 10 年，则还有待进一步的观察。

第四节
BMP-3 墙内开花墙外香

在当今世界步兵战车大家庭中，谁执牛耳？有人说美国的 M2 "布雷德利" 步兵战车最厉害。可俄罗斯军方人士说："M2 根本不是 BMP-3 的对手。"

一、战车 "三兄弟"

苏联 / 俄罗斯研制的 BMP-1、BMP-2 和 BMP-3 步兵战车，堪称是俄罗斯步兵战车 "三兄弟"，是世界上最先发展了三代的步兵战车，也是世界上装备数量最多、装备国家最多的步兵战车。

战车 "三兄弟" 中，"老大" BMP-1 步兵战车资格最老，1966 年起装备苏军；"老二" BMP-2 步兵战车大约于 1976—1977 年间投产，1982 年的红场阅兵式上首次向世人展示；"老三" BMP-3，直到 1990 年 5 月 9 日莫斯科庆祝反法西斯战争胜利 45 周年的阅兵式上才公开露面。这三种步兵战车尽管有许多相像之处，但由于炮塔及武器的不同，外观上不难识别：BMP-1 和 BMP-2 更接近些，BMP-3 和 BMP-1/2 的差别相当大，甚至可以说是一种全新的步兵战车。

BMP-1 步兵战车是世界上最早装备部队的履带式步兵战车。但由于它的 73 毫米低压滑膛炮的有效射程仅有 1,000 米，炮弹初速低，易受横风干扰，再加上防护标准较低，在苏军入侵阿富汗的战争中吃尽了苦头。BMP-2 的武器的连射性及射击精度有了提高，但 30 毫米机关炮的威力仍然有限。再说导弹打完后，装填下一枚导弹时乘员要钻出炮塔，增大了乘员的危险性。为了克服 BMP-1 / 2 的不足，苏联军方决定研制新型步兵战车，这一任务交给了位于库尔干地区的图拉设计局，总设计师为 A·尼科诺夫，研制的项目代号为"688 项目"。

"688 项目"进展得相当顺利，1981 年就制成了好几辆样车。经过在库宾卡战车试验场等处的广泛的性能试验和军方的使用试验后，尽管有七嘴八舌的各种议论，但 1987 年前后，军方还是正式命名"688 项目"为 BMP-3 步兵战车，并开始装备苏军。

耐人寻味的是，苏联／俄罗斯军队装备的 BMP-3 步兵战车的数量，远不及出口世界各国的 BMP-3 的数量，可真是"墙内开花墙外香"。这倒不是 BMP-3 的性能不行，实在是本国军方拿不出更多的钱来购买。其中，一批 BMP-3 是作为抵债连同 T-80U 主战坦克、苏 -27 战机一道提供给韩国的，装备给了韩国第 90 机械化步兵营。

如果就 BMP"三兄弟"的"武艺"来加以比较的话，可以很容易地列出一个不等式：BMP-3 > BMP-1 + BMP-2，其中的道理不言自明。在此还要给出一个等式，即 BMP-3 = 步兵战车 + 轻型坦克 + 水陆坦克 + 装甲侦察车。当然，这不是说 1 辆 BMP-3 等于 4 辆不同种类的装甲战斗车辆，而是说 BMP-3 可以起到这四种装甲战斗车辆的作用。

俄罗斯的军事专家认为，BMP-3 以前的步兵战车实际上不能执行独立的作战任务，只能协同主战坦克执行作战任务；而 BMP-3 步兵战车既能伴随主战坦克作战，又能独立执行作战任务，是一种"多用途的步兵战车"。

BMP-3 可以执行的作战任务有：

（1）伴随坦克作战：BMP-3 的机动性优于主战坦克，跟上坦克的推进速度绰绰有余。BMP-3 上的乘载员既可以乘车战斗，又可以下车战斗，非常灵活；它既可以对付装甲目标，又能对付非装甲目标，杀伤人员；既能打击地面目标，又能攻击低空直升机，具有很强的战斗力。

（2）独立执行战斗任务：由于 BMP-3 有多种火力配置，因此，具有对付装甲目标、火力点、有生力量、空中目标等多种能力。弹药基数高，有利于在较长时间内独立作战。它不仅用于快速反应部队，实施穿插、迂回和奔袭作战，也可用于野战坚守阵地防御及两栖登陆作战等。有了 BMP-3，苏联／俄罗斯已不再发展轻型坦克和水陆坦克。

西方的一些军事专家同样给予了 BMP-3 很高的评价。但也有的西方军事家认为，BMP-3 的装甲防护力很弱，这与西方步兵战车多采用较重型的装甲防护的做法不同。还有的西方军事专家认为，BMP-3 上的步兵进入载员室困难是一个缺点。

俄罗斯出口给韩国的 BMP-3 步兵战车

然而 20 世纪 90 年代的车臣战争中，俄罗斯军队 BMP 系列战车在车臣首府格罗兹尼战斗中的表现却让人大跌眼镜，有的装甲部队甚至因为大部分 BMP 战车被击毁而失去战斗力。其中在 1995 年年初的作战中，第 225 摩托化步兵团下辖的一个 BMP-3 装甲营仅仅经过两天战斗，就只剩 11 辆战车可以继续作战。在格罗兹尼交错的街巷中，车臣武装分子往往由几个 5 ~ 6 人组成的反装甲小组共同对付一辆装甲车，小组中配有机枪手、狙击手，负责压制战车周围的步兵，反装甲人员则利用建筑物的掩护对装甲车防护较弱的侧面和顶部发射火箭或投掷燃烧瓶。车臣武装分子利用这种战术对付俄军装甲部队取得了很大的战果。其中，最先攻入格罗兹尼的第 131 独立摩托化旅和第 81 摩托化步兵团遭遇车臣武装分子的伏击包围，车臣武装分子采用"围点打援"战术，使俄军在第一天的战斗中就损失坦克 20 辆、步兵战车 102 辆。

BMP 系列步兵战车（主要是较为先进的 BMP-3 型）损失的数量是坦克的 5 倍还多，这也说明了步兵战车在城市战中的尴尬地位。

二、超豪华的武器系统

BMP-3 步兵战车的战斗全重为 18.7 吨 + 2%，比 BMP-1／2 要重 3～4 吨，防护力上得到了很大加强。乘员为 2 人，载员为 7 人。车全长 7.14 米，全宽 3.23 米，全高 2.65 米，和 BMP-1／2 相比，车体轮廓（尤其是车宽）得到增大，提高了乘坐舒适性。车内的乘员和载员清一色地面向前方，有单独的座椅。炮塔中，车长在火炮的右侧，炮长在左侧。由于动力—传动装置后置，炮塔的位置明显靠前。

从总体上讲，BMP-3 步兵战车最突出的特点是强大的火力系统：1 门 2A70 型 100 毫米火炮、1 门 2A72 型 30 毫米机关炮和 3 挺 7.62 毫米机枪，算得上是超豪华。

2A70 型 100 毫米低膛压线膛炮在世界步兵战车之林中，可以说是"只此一家，别无分店"。该火炮带自动装弹机和双向稳定器，可发射杀伤爆破弹和炮射导弹。火炮的俯仰角为 - 6°～+ 60°，方向射界 360°。火炮和炮塔采用电动操纵装置，必要时也可以手动操纵。发射的杀伤爆破弹重 24.5 千克，炮口初速 250 米／秒，但由于是底排弹，弹丸可以不断加速，最大有效射程 4,000 米。所发射的炮射导弹为 9M117 型，西方称之为 AT-10 反坦克导弹，为半自动激光驾束制导，飞行速度可以达到 375 米／秒，有效射程为 100～4,000 米。导弹长度大于 1 米，需要由乘员人工装填。改进型的 9M117M 型炮射导弹可以穿透 550 毫米厚的均质钢装甲，命中率高达 90%。弹药基数为：杀伤爆破弹 30 发，其中的 22 发装在自动装弹机的弹舱内，旋转弹仓的结构和 T-72 的相似，上部装弹头，下部装发射药，分开布置；炮射导弹为 8 枚。1 枚 9M117 炮射导弹的价格为 2.5 万美元。

2A72 型 30 毫米机关炮与 BMP-2 上的 30 毫米炮相同，为双链供弹式机关炮，最大射速为 330 发／分，炮口初速为 960～980 米／秒，发射的弹种有：穿甲弹、榴弹和曳光榴弹。可用来对付 1,500～2,000 米处的轻型装甲目标和 4,000 米以内的直升机。其穿甲弹可在 60° 射角、1,500 米的距离上击穿 25 毫米厚的钢装甲。弹药基数为 500 发，其中 305 发为榴弹，195 发为穿甲弹。30 毫米机关炮位于主炮的右侧，身管较长。

PKT 型 7.62 毫米并列机枪的实际射速为 250 发 / 分，有效射程 1,500 米。2 挺前机枪，由驾驶员两侧的 2 名载员来发射。3 挺 7.62 毫米机枪的弹药基数达 3×2,000 发，可以说是弹药充足。

BMP-3 步兵战车上有 5 个射击孔，两侧各 2 个，左侧后门上 1 个，由于载员都面向前方而坐，所以，尽管载员可以利用随身携带武器和射击孔乘车战斗，但乘车战斗并不是主要作战方式。BMP-1 有 9 个射击孔，BMP-2 有 8 个射击孔，看来减少射击孔，也是步兵战车的一个趋势。

其火控系统为稳像式火控系统，火炮射击和激光制导导弹共用一具瞄准镜。火控系统包括弹道计算机、激光测距仪、双向稳定器、炮长用稳定式瞄准镜（昼间 8×，夜视 5.5×）、炮长昼间单目对空瞄准镜（2.6×）、车长用昼夜观察镜（昼间 5×，夜间 3×）和单目对空瞄准镜（1.2× 和 4×）、微光夜视仪、探照灯等，具有行进间和停止间高精度射击的能力。这套火控系统，在世界步兵战车中也算是比较先进的，但夜视系统似乎是主动式和被动式相结合的，最大夜视距离 800 米，和热像仪相比，不算很先进。

除了固定武器外，车上还有 2 挺便携式轻机枪、载员使用的 6 支 AK-74 型 5.45 毫米自动步枪和 26 毫米信号枪等。也就是说，载员下车战斗时的火力仍很强大。

从武器系统的配置来看，BMP-3 步兵战车的正面火力十分强大，已经超过了 20 世纪五六十年代的中型坦克或主战坦克火力，具有同敌方的主战坦克、步兵战车、装甲输送车、步兵等作战的能力，显示出 BMP-3 步兵战车的多用途性。

三、动力—传动装置后置

BMP-3 在总体布置上的最大特点，是采用了动力—传动装置后置的布置方案。

动力—传动装置布置到车体前部，还是布置到车体后部，这里面大有名堂。世界上绝大多数的履带式步兵战车或装甲输送车，采用的全是动力—传动装置前置的布置方案，就连 BMP-1 / 2 也不例外。那么，BMP-3 的设计师们为什么独出心裁来个后置的布置方案呢？

动力—传动装置前置，可以使载员室有完整而宽敞的空间，便于改装成各种变型车辆，能开较大的后门，便于载员上下车。但前置方案也有不少缺点，主要表现在：发动机和传动装置的高温、振动、强烈的噪声和刺鼻的油气味，对乘员有较大的影响；车体前端的装甲板开有各种检查窗等，不利于整车的防护和密封；较重的发动机和传动装置布置在车体前部，容易造成"头重脚轻"，前置方案的炮塔位置往往靠后，就是考虑整车纵向平衡的一种措施；动力—传动装置的整体拆装较困难，前甲板往往要大揭盖。在装甲输送车和步兵战车的总体设计中，往往把载员室的设计放到重要的位置。

苏联的坦克设计师们很强调发扬正面火力，不仅炮塔部分有 100 毫米火炮、30 毫米机关炮和 1 挺 7.62 毫米并列机枪，车体前部左右还各装 1 挺机枪，靠前置方案很难实现。再加上设计师们把消除前置方案的一些缺点放到重要地位，这样，选择后置方案也就不难理解了。

BMP-3 步兵战车的最主要的缺点是动力—传动装置后置带来的载员上下车不便，解决的办法有两条：一条是采用高度较低的动力装置，发动机的高度只有 650 毫米，一般步兵战车是做不到的；另一条是两扇后门打开时，车体后部的顶舱盖也要打开，这样，载员就不用猫腰或爬着进出战车了。

BMP-3 步兵战车的动力装置为 UTD-29M 型 4 冲程、10 缸、水冷、非增压柴油机，V 型夹角为 144°，横置安装在车体后部，最大功率为 500 马力（367.5 千瓦），比 BMP-1 和 BMP-2 动力装置的最大功率分别提高了 40% 和 30%，最高转速为 2,880 转 / 分。汽缸夹角增大，是为了降低整车高度，留出载员上下车的通道，这一点对于 BMP-3 非常重要。车体后部右侧有一个矩形进气口，同侧还有一个矩形排气口。浮渡时，为了防止水进入发动机，在发动机进气口处可竖起一个短的通气筒，入水前由驾驶员液压操纵升起。燃油箱布置在车体的前部，最大容量为 690 升。

传动装置采用液力机械式变速箱，有4个前进挡和2个倒挡，可实现静液无级转向和动力换挡，比起BMP-1／2的固定轴式机械变速箱要先进得多，达到了美国M2步兵战车HMPT-500型静液机械式传动装置的先进水平。各挡的最大速度为：1挡14.4千米／小时，2挡24.6千米／小时，3挡42.1千米／小时，4挡72千米／小时。侧减速器的传动比为5.45。

参加展出俄罗斯BMP-3步兵战车

BMP-3上采用独立扭杆式悬挂装置，负重轮的动行程达320毫米。标准车底距地高为450毫米，但车底距地高在190～510毫米的范围内可调，这有点像液气悬挂装置。每侧有6个负重轮、3个托带轮，第一、第二、第六负重轮处装有液力减振器，主动轮在前，诱导轮在后。每侧的履带板数量为88块。负重轮直径为500毫米。最大速度为70千米／小时，越野平均速度为45千米／小时，最大行程600千米，最大爬坡度达31°，最大侧倾坡度20°。BMP-3具有水上行驶能力，利用车体后部的2个喷水推进器，可以达到10千米／小时的最大航速，而BMP-1/2利用履带划水只能达到7千米／小时的最大航速。入水前，驾驶员要竖起车体前的防浪板和后部的通气筒，并将车体底部的排水泵打开。

BMP-3的车体和炮塔为铝合金装甲全焊接结构，重要部位加装轧制钢板附加装甲或间隔装甲。前装甲相当于50毫米钢装甲的防护水平，可防300米以外的30毫米穿甲弹的攻击。其余部位可防轻武器和炮弹破片的攻击。车内有超压式三防系统、灭火抑爆系统、热烟幕系统，炮塔两侧有两组81毫米烟幕弹发射器。车体下部的推土铲，既可以工程作业，也可以起到辅助防护作用。车外涂四色迷彩，而阿联酋军队的BMP-3则往往涂沙漠迷彩。

通信设备为 R-173 型超短波无线电台,由车长操纵,最大通信距离为 20 千米。车内还有陀螺—半罗盘导航设备,还可选装空调设备、热像仪等。不过,车内没有辅助动力装置,是一个不大不小的缺点。

四、细微之处见创新

长期以来,人们往往有一个偏见,认为苏联的工业品或兵器虽然很实用,但"傻、大、黑、粗"。见过 BMP-3 步兵战车的人也许会惊奇地发现,它制作得相当精细,某些方面正在向西方靠拢,设计思想上也有许多独到和创新之处。除了上面提到的"超豪华"武器系统、炮射导弹、后置的动力—传动装置、大夹角发动机、巧妙的后门通道外,令人惊奇和叫绝的小地方比比皆是。仅略举几例,看看它是不是很"另类"。

(1)马桶:马桶似乎难登大雅之堂,但在 BMP-3 步兵战车却有,它解决了乘载员"吃喝拉撒睡"这人生五大问题中的两个难题。马桶制作得很精细,密封性也很好,异味不会外溢,放在载员座位下又不占地方。有了它,乘载员内急时,可以在车内"方便",对于提高乘载员的持续战斗能力功不可没。

(2)水道:为了提高水上性能,BMP-3 步兵战车在车体后部有专门的水道。它不仅提高了喷水推进器的能量效率,还使车体后部布置得更紧凑。水道口处专门加了 2 个盖,陆上行驶时关上,防止灰尘进入。

(3)冷却系引射系统:利用废气引射原理,将散热器的热量引出,从而省去了冷却风扇,节约了能量。当发动机排气管中的废气通过缩口的拉法尔喷管喷出时,流速提高,压力变小,形成一定的负压,将通过水散热器后的热空气抽出,再从另外的管道补充进冷空气,使冷却系降温。

(4)薄壁线膛炮:其 100 毫米线膛炮采用了薄壁结构,既省去了炮口制退器,又取消了炮膛抽烟装置,很有创意。当然,其前提是火炮的膛压不应太高,在强度上有足够的安全系数。

(5)机电式履带调节装置:调节履带的松紧度也是一件不大不小的事,在老式主战坦克上,往往靠调节诱导轮的位置来调节履带的松紧度,很麻烦。而 BMP-3 上采用了电动—机械式履带调节装置，驾驶员可以不离开座位来调节履带的松紧度，轻松自如，还提高了乘员的生存能力。

五、BMPT 坦克支援战车

俄罗斯新研制的 BMPT 坦克支援战车，从行动部分看，像坦克；从整个车体看，又像步兵战车和装甲输送车；从武器站看，更像反坦克导弹发射车。它属于坦克和步兵战车的混血儿。

要说 BMPT 坦克支援战车的来历，还得从车臣战争说起。

车臣—印古什共和国是俄罗斯联邦的一个自治共和国，1991 年底苏联解体后，车臣的杜达耶夫很快宣布独立，并自任总统。杜达耶夫一伙从闹独立发展到搞恐怖活动，致使俄罗斯发动了两次车臣战争，最多时俄军动用了 10 多万人的兵力，飞机、直升机、坦克、火炮、空降兵一齐出动，成为在 20 世纪 90 年代至 21 世纪初俄军参加的最大规模的战争。

车臣战争中，尽管俄罗斯军队取得了最后的胜利，达到了战略目的，捍卫了俄罗斯领土和主权的完整。但由于车臣叛匪的顽强抵抗，加上车臣分裂分子采用游击战术，大玩猫鼠游戏，大搞伏击战、偷袭战，致使俄军遭到重大损失。单是第二次车臣战争中的格罗兹尼攻坚战，前后共用了 2 个月的时间，车臣分裂分子一度用 2 万来不及撤退的车臣平民作为"活盾牌"来要挟俄军，致使俄军投鼠忌器，一度延缓了战争进程。攻城作战中，俄军也付出了伤亡 4,300 多人的代价。在格罗兹尼巷战中，曾有 5 辆俄军的装甲输送车被车臣叛军的火箭筒小分队用 GPR 火箭筒击毁，造成车毁人亡的惨剧。甚至俄军的 T-72 坦克和 T-80 坦克也有多辆被车臣叛军的火箭筒从侧面击伤或击毁，导致坦克乘员伤亡或被俘。

血的教训使俄罗斯军方认为，在城市作战和反恐作战中，由于建筑物及地形地貌的复杂性，敌方人员躲在暗处发起攻击，致使俄军原装备的装甲输送车和步兵战车的防护能力不足的弱点暴露无遗；即使是防护力极强的主战坦克，在没有强大的步兵战车和装甲输送车的支援下，也将成为"活靶子"。为此，俄罗斯军方决定火速研制一种增强防护能力的装甲输送车。

BMPT 坦克支援车的名称有好几种,有人称它为"坦克支援战车",有人称它为"支援坦克作战的步兵战车",甚至也有人称它为"步兵坦克",意思是和步兵协同作战的坦克。不过到目前为止,按俄文直译,应为"坦克支援战车",用英文拼写即为 BMPT。有意思的是,一开始俄罗斯军方称它为 TBMP,后才改为 BMPT。

正在进行射击训练的俄罗斯 BMPT 坦克支援战车

俄罗斯的军事媒体称 BMPT 坦克支援战车和世界上近期研制的装甲装备没有相似之处,一语道出了其独树一帜的"另类"之处。BMPT 坦克支援战车是乌拉尔车辆制造厂设计局集体智慧的结晶,该厂就是人们熟知的下塔吉尔坦克厂,是苏联的超大规模坦克厂之一,技术力量出类拔萃。即使是苏联解体后,生产萎缩,技术人员流失,但仍然保有一支雄厚的技术力量。20 世纪 90 年代末期,工厂的设计精英们就设计出 BMPT 的全部图纸,并于 2000 年夏季制成 1 辆样车,开始了试验和演示工作。2003 年前后,BMPT 坦克支援战车被批准装备俄罗斯军队,成为一代新型的陆军武器装备。

BMPT 坦克支援战车是以 T-90 主战坦克底盘为基础研制的,战斗全重为 47 吨,乘员 5 人(车长、炮长、驾驶员和 2 名乘/载员)。车长和炮长位于车体的中部 2 名乘/载员之后;驾驶员位于车体前部稍偏左的位置;2 名乘/载员位于驾驶员的后方,他们都有各自的舱门。尽管 BMPT 坦克支援战车以 T-90S 坦克为底盘,而且去掉了 T-90 坦克沉重的炮塔和主炮,但 BMPT 战车的战斗全重仍然比 T-90 高出 0.5 吨。这说明它的防护性能要比 T-90 主战坦克还要高出许多，仅此一点，就令当今世界各国的各型步兵战车"自叹不如"。

BMPT 坦克支援战车的主要武器是 2 门 2A42 型 30 毫米机关炮，弹药基数为 900 发，它和 BMP-2 步兵战车上的 30 毫米机关炮是同一型号的，而且一装就是 2 门，成了装甲战车中的"双枪将"。这种机关炮采用双弹链供弹，具有单发、低射速（300 发 / 分）和高射速（800 发 / 分）三种射击模式。由于武器站和机关炮是双向稳定的，所以具有静止间和行进间"动 VS 动"的射击能力。常用的弹种有：夜光穿甲弹、夜光杀伤弹和夜光破甲弹三种，也可配装尾翼稳定脱壳穿甲弹。发射穿甲弹时的有效射程为 2,000 米，在 1,500 米的射击距离上，可击穿 60° 倾角的 2 5 毫米厚的钢装甲。发射杀伤弹和破甲弹时的有效射程为 4,000 米。由于采用了 2 门机关炮，射击密集度增加了 1 倍，打一个 5 发的短点射（2 门为 10 发）的杀伤效果相当于 122 毫米杀爆弹的杀伤效果。30 毫米机关炮的最大仰角达 45°，可以攻击低空飞行的直升机等空中目标；在城市作战中，可以攻击楼顶等高处隐蔽的敌人。

辅助武器有多种，包括机枪、反坦克导弹发射器和榴弹发射器。PKTM 型 7.62 毫米并列机枪安装在 30 毫米机关炮的右侧稍偏上的位置，弹药基数为 2,000 发。

4 具"攻击"-T 反坦克导弹发射器，使 BMPT 坦克支援战车别具特色。这种反坦克导弹采用激光驾束半自动制导方式，飞行速度超过声速，有两种战斗部：聚能串联战斗部和杀伤爆破（温压）战斗部，最大射程达 6,000 米。采用聚能串联战斗部时，可以击穿 800 毫米厚的均质钢装甲。采用温压战斗部时，杀伤效果与 15.5 毫米榴弹炮大同小异。一般情况下配置 2 枚聚能串联战斗部导弹和 2 枚杀伤战斗部导弹，可以攻击包括主战坦克、低空直升机、构筑的工事和集群步兵等多种软硬目标。不用说，该导弹已不是单纯的反坦克导弹了，就其最大射程、制导方式和破甲能力来讲，已经超过了 T-80U 坦克上的 9M119 炮射导弹和 T-90S 坦克上的 9M119M 炮射导弹。

另一种辅助武器是独立安装的 2 具 AG-17D 型自动榴弹发射器，安装在车体前部两侧，分别由 2 名乘 / 载员操纵射击。榴弹发射器的口径为 30 毫米,弹链供弹,方向为 28°,最大射程达 1,700 米,弹药基数为 300 发。它是消灭敌方有生力量、摧毁敌方非装甲目标的利器,还可以像迫击炮弹一样的方式消灭掩体后的敌人。

参加展出的俄罗斯 BMPT 坦克支援战车

BMPT 战车的火控系统比较先进。炮长主瞄准镜为带光学瞄准、热像仪、激光测距通道的"三合一"瞄准镜,外加导弹的激光驾束导引通道,是一种"四合一"炮长综合瞄准镜,具有独立双向稳定功能,可以保证在夜间和不良气象条件下发现距离不小于 3,500 米的目标。车长瞄准镜为三合一近景式、双向稳定瞄准镜,装在武器站的最高处,具有极强的观察和搜索目标的能力。在车长显示器上,可以看到炮长发现的目标图像。在"双工"工况下,车长可以直接操纵机关炮、并列机枪和导弹系统进行射击。

BMPT 坦克支援战车的机动性和 T-90 坦克相差不多,最大速度为 65 千米/小时,最大行程为 550 千米。采用的动力装置为 V-92S2 型 V 型 12 缸水冷机械增压多燃料发动机,最大功率为 1,000 马力。目前,俄罗斯军方准备将其动力装置换为更强劲的 V99 多燃料发动机,最大功率提高到 1,200 马力。动力装置可能的"升级",使其单位功率略高于 T-90 坦克,这样其机动性也会略高于 T-90 坦克。

对于 BMPT 坦克支援战车来讲,并不全是一片赞扬声,还有相当一部分的"另类"声音。在俄罗斯，有的军事专家就明确指出 BMPT 战车的不足，包括战斗全重的急剧增加，引起了战车水上浮渡性能和空运性能各项重要指标的丧失等。不过，争论最多的还是 30 毫米机关炮的威力不足的问题，认为装 30 毫米机关炮的坦克支援战车不能有效支援坦克作战。在较远距离上，BMPT 战车上的 30 毫米机关炮炮弹不能击穿西方步兵战车的主装甲；而在射程超过 1,000 米时，30 毫米机关炮发射的破甲弹甚至不能击穿一块砖（0.25 米）厚的砖墙。此外，2A42 型 30 毫米机关炮的射弹散布较大。实弹射击表明，要保证有较高的命中率，必须增加射弹数量。例如，对于 2,000 米距离上的有防护的敌方反坦克步兵，要保证有 90% 的命中率，原地射击需 40 发 30 毫米炮弹，行进间射击需 70 发。可见，30 毫米机关炮弹对付步兵的效率是不高的。

解决的办法是换装口径更大的机关炮，例如换装 40 毫米机关炮。对于这一点，下塔吉尔坦克厂的设计师们并不是不知道世界步兵战车机关炮的发展趋势，只是俄罗斯目前没有大口径机关炮的技术储备，而不得不采用 30 毫米机关炮。有的军事专家甚至建议在不得已的情况下，可以考虑购买国外 40 毫米机关炮的生产许可权。

第五节
步兵战车的使命远未结束

有人说，随着精确制导武器的快速发展，步兵战车在未来战场上已无生存能力可言，因此，不久的将来它必然会退出历史的舞台。然而，20 世纪六七十年代以来的各次战争，特别是最近的伊拉克战争，都可以证明，步兵战车的历史使命远未结束，步兵战车还将有很大的发展空间。

步兵战车主要装备机械化步兵部队，既能输送步兵，又能参加战斗。步兵战车可为机械化步兵提供机动和对常规武器与大规模杀伤武器的防护。它火力强，能够与坦克部队协同作战。有了步兵战车，机械化步兵部队就可以乘坐步兵战车与坦克部队编队进行作战。步兵下车后，车载武器可为他们提供火力支援，消灭敌人有生力量，摧毁敌方轻型装甲目标，打击低空飞行目标，必要时还可攻击敌方主战坦克。另外，在战争最后阶段，步兵战车用来扫荡战场残余之敌，实现对领土的占领。步坦协同作战对于联合兵种来说，是作战效能的倍增器。

至少有两个原因可保证坦克装甲车辆在短期内不会被淘汰：首先，精确制导武器远未达到人们所期望的完美地步，最近的伊拉克战争就是有力的证明；其次，在将来一段时间内，还没有可取代坦克和步兵战车的武器装备。

为了设计一款全新概念的先进步兵战车，首先要弄清楚现役步兵战车的性能与它们要执行的任务之间究竟存在什么样的差距？现役步兵战车的主要缺点是，车载武器系统同时只能锁定一个目标，射击孔视野不宽，步兵很难发现敌方目标，无法在车辆行进中发挥他们的火力。采用BMP-3步兵战车射击孔的方案可以在一定程度上解决这一问题，它的射击孔上安装了宽视角的TNP3VE01型光纤观瞄装置，步兵瞄准时，将观瞄装置的荧光十字瞄准线对准目标即可，在150米范围内，用步枪或机枪能轻易地消灭敌人的步兵或反坦克分队。有人认为，从射击孔射出的并不精确的火力没有意义。事实上，来自车载步兵的火力从道理上讲与防空部队的火力相同，防空部队在执行防空任务时，不管是炮弹，还是导弹，齐向敌方开火，只要击中敌方，即便是飞机没有掉下来，防空部队就可以算得上不辱使命。同样的道理，步兵从射击孔射出的火力，迫使敌方反坦克武器没有击中己方的坦克或步兵战车，那么从射击孔射出的火力就不能说没有意义。

未来战场对步兵战车的火力性能会有更高的要求，因而未来步兵战车的武器系统也会有更多的选择，但BMP-3步兵战车的武器系统可能会成为未来步兵战车的最佳选择之一：1门30毫米机关炮，1门能发射炮射导弹的100毫米滑膛炮和1挺并列机枪。BMP-3的2A70型100毫米火炮采用的9M117M炮射导弹，足以对付现代和未来的任何主战坦克，而该车的2A72型30毫米机关炮所采用的3UBR8炮弹可以扫除任何轻型装甲车辆的威胁。有人认为在对付轻型装甲目标时2A70型100毫米滑膛炮性能不如 30 毫米机关炮，其实不然。30 毫米炮弹虽然具有有效的穿甲能力，在 2,000 米距离上一般需 3 ~ 5 发炮弹才能摧毁 1 个轻型装甲目标；但若采用 100 毫米破甲弹的话，不管是近在 100 米还是远在 4,000 米处都可使轻型装甲目标遭受毁灭性的打击。

未来步兵战车会更注重火力发展，可能会采用 57 毫米自动加农炮和新一代反坦克制导武器系统。俄罗斯现正在研制一种适合轻型装甲车辆使用的武器站，其上安装 1 门 57 毫米自动加农炮和自动火控系统，在 1,250 米距离上，57 毫米穿甲弹可以击穿 100 毫米厚的钢装甲，也就是说，它可以击穿任何现代坦克的侧装甲。对空射击时，它的最大倾斜射程是 6,000 米，配上先进的火控系统，敌直升机一经被锁定就在劫难逃。

为了能同时对付多个目标，并强化对敌人单兵反坦克武器的致命性打击，未来先进的步兵战车两侧和后部都应当配备自动榴弹发射器，并安装合成有光学元件、微光电视、热成像和激光通道的多通道瞄准镜。步兵下车后，车载榴弹发射器由车长遥控控制。

BMP-3 步战车

未来步兵战车敌我识别是一个亟待解决的问题，因为在 1991 年和 2003 年的两次对伊战争中，美军 90% 受损的装甲车辆是来自友军的误击。解决的办法是在火控系统中加装激光测距仪和一种特殊的装置。当测量到目标时，瞄准镜内显示出目标的敌我识别数据，若是友军，射击开关关闭，若是敌人，射击开关被切换到射击状态。

　　防护是未来战车需要特别加强的地方。出于防地雷的考虑，未来20～25吨级的轻型步兵战车可以采用轮式底盘，因为轮式车辆的楔型结构底甲板、悬挂式座椅和它独特的行动装置，在遇到地雷袭击时，能为乘员和步兵提供很好的防护，并且全轮驱动结构，即使一侧有2个车轮被毁，车辆还能机动，继续参加战斗；在车体和炮塔正面防护弧度范围内，能为乘员提供可防护1,000米距离上30毫米炮弹的打击，侧面和后部能防住重机枪和步枪在有效射程内的打击。车体和炮塔采用先进的复合装甲，附加爆炸反应装甲，加强对肩扛式火箭筒作战时的生存能力。类似 "窗帘" 或 "竞技场" 的主动防御系统可能会成为未来步兵战车的标准配置，未来步兵战车的防护能力会大大增强，生存能力也会大大提高。

　　对于20～25吨级的轻型步兵战车来说，动力装置应当前置，这样有利于步兵从车后上下车辆，并有利于增强乘员的防护。后舱门要尽可能地设计成与车体同宽、左右两边都能开启或是跳板结构，这样在车辆遭到伏击时便于步兵下车。

　　未来步兵战车既可能采用轮式也可能采用履带式轻型车辆底盘，还可能采用重型履带式车辆底盘。对俄罗斯而言，未来步兵战车可能采用BTR-90、BMP-3和T-90／T-80坦克装甲车辆的底盘，以这样的底盘为基础，逐渐形成系列化、车族化。系列化、车族化可以提高装甲车辆的通用性，简化人员培训和后勤保障。不过，新型轮式或履带式车辆的底盘设计也要加快进行。

　　虽然在主战坦克底盘上研制出的重型步兵战车有很多缺点，但它仍然有很广阔的市场，有很大的发展前景。这种车辆大都是动力装置后置，步兵舱位于车体中部，前面是战斗室，后面是动力舱。由于这种重型步兵战车没有射击孔，因此不得不在车的两侧和后部配备遥控自动榴弹发射器。重型步兵战车通常要比它的基型坦克重一些，因此，通过水障碍就成了问题。俄罗斯人采用两种解决办法：第一种是在过河时潜渡；第二种是采用浮渡装置。配备有浮渡装置的T-55坦克在演习中，能浮渡很长距离，而且浮渡时仍能进行主要武器射击。车辆上岸后就自动丢弃浮渡装置，从而节省了人力和时间。

　　总之，不管未来步兵战斗的技术多么先进，都需要在经验丰富的车长指挥下让训练有素的乘员使用，因为，任何高科技的技术或产品在外行的手里都会变成一堆废物。

正在进行浮渡训练的步兵战车

第七章

豹子凶猛　威震天下

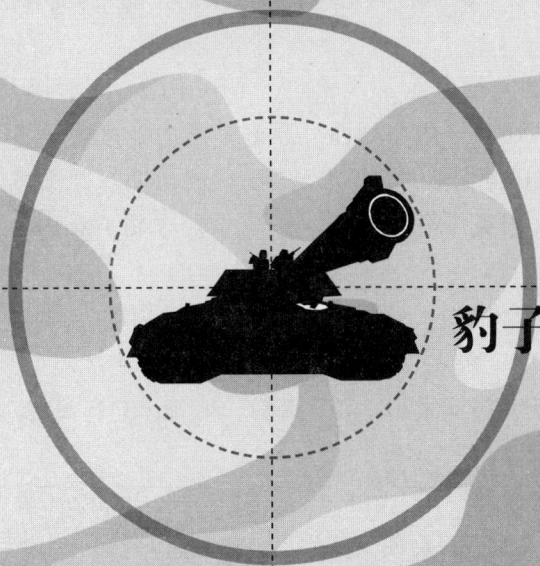

第一节
位居前列的豹Ⅱ A5

德国人是最喜欢用动物的名字来命名坦克和装甲战车的，而且多以凶猛或矫健的动物来命名。

早在"二战"期间，德国人就命名了"黑豹"（Panther）战斗坦克。Panther 译为"黑豹"，还有一段小插曲。原来，国内专家最早将 Panther 译为"豹"，到了 20 世纪 60 年代末至 70 年代初期，德国又研制出"豹"（Leopard）式坦克（后称为豹Ⅰ坦克）。才将 Panther 译为"黑豹"。

日耳曼民族喜欢豹子的勇猛和矫捷，因此，德国以"豹"来命名的装甲战车很多："黑豹"中型坦克、"猎豹"坦克歼击车、"豹"Ⅰ主战坦克、豹Ⅱ主战坦克、"美洲豹"反坦克导弹发射车和"猎豹"35 毫米自行高炮，个个不同凡响。

当然，也有人这样猜想：在德文中，Panzer（坦克、战车）和 Panther（黑豹）的读音相近，以 Panther 来命名，会使人感到十分亲切。

作为豹Ⅱ家族来说，早期的 A1、A2、A3、A4 只是过渡型号，并没有大量生产装备部队，就不进行过多的讨论了。下面要介绍的是相对影响较大的豹Ⅱ A5、豹Ⅱ A6 主战坦克。

豹Ⅱ A5 坦克于 1995 年装备德国陆军，它简洁的外形、极高的机动性、全电子化的火控及炮控系统、炮塔正面加装的防护装甲以及 120 毫米口径的火炮，使其在 1998 年获得了最具战斗力坦克的美誉。豹Ⅱ A5 型坦克的主要改进包括以下几方面。

（1）增强了装甲防护：炮塔前弧区装有新的增强装甲组件，是类似于英国的"乔巴姆"多层复合装甲。车体和炮塔都是焊接而成，车体首上甲板具有很大的倾角，提高了抗弹能力。炮塔正面安装了装甲防护组件，炮塔内表面装有防崩落衬层，履带裙板也采用了改进的复合装甲，提高了对动能弹和化学弹的防护能力。

（2）采用了先进的火控系统：用克虏伯·阿特拉斯电子公司生产的全点系统取代原有的液压火控与稳定系统。包括一个内装激光测距仪且具有视场独立稳定功能的 EMES-15 型炮长用潜望式组合瞄准镜。车长和炮长能在全天候条件下捕捉目标，炮长和车长都可以开炮射击，同时增设了可 360° 回旋的车长用 PERI-17A2 观测镜，并且内藏热感应仪。车长不仅能通过其目镜看到自己昼夜观察的图像，而且其监视器还可以显示炮长昼夜观察的图像。

正在野外拉练的豹Ⅱ A5 坦克

另外，车长的顶置 PERI-R17-A2 瞄准具有一个热成像通道；车体后部的 TV 摄像机与监控器屏幕相连，使驾驶员可以快速安全地转向；使用了能与指挥与控制系统相连的以光纤技术、陀螺技术和全球定位系统为基础的混合式导航系统，使坦克在任何作战环境中都能导航。新安装的 CE628 激光测距仪有很高的精度，测定 10 千米内的武器距离误差不超过 20 米，运用这种高性能的火控系统甚至可以以很高的准确率狙击低空飞行的直升机。

（3）加强了武器系统：其主要武器是德国莱茵金属公司的 120 毫米滑膛炮，辅助武器为 1 挺 7.62 毫米并列式机枪和 1 挺 7.62 毫米高射机枪。炮塔后部各装有 8 个烟幕弹发射器。火炮是双向稳定的，火炮和炮塔的驱动装置为全电动，采用的弹药一种是 DM-13 超速尾翼稳定脱壳穿甲弹，另一种是 DM-12 多用途破甲弹。

性能数据如表 7-1 所列。

表 7-1　性能数据

豹Ⅱ A5 性能数据	
车长：9.97 米	最大功率：1,500 马力
车宽：3.74 米	最大公路速度：72 千米 / 小时
车高：2.64 米	最大行程：500 千米
战斗车重：59.7 吨	爬坡能力：30%
乘员：4 人	主要武器装备：120 毫米滑膛炮，7.62 毫米机枪

第二节
豹Ⅱ A6 多年占三甲

在近年的世界主战坦克排行榜上，豹Ⅱ A6 一直稳居三甲，它成功地采用了 55 倍口径的 120 毫米滑膛炮及配用的 DM-53 型长杆穿甲弹，是西方国家列装的坦克中第一个装备这么大口径火炮的坦克。

豹Ⅱ A6 主战坦克的机动能力令人惊叹。它安装有 1.1 兆瓦的柴油发动机，公路最大速度为 72 千米 / 小时，最大行程 550 千米，有极好的越野性能。它无须作大准备便能快速涉渡水域，不用支援也能闯过 4 米深的水障碍。豹Ⅱ A6 主战坦克虽然战斗全重达 62 吨，但其机动性仍未达到极限。

与其他世界先进坦克相比，豹Ⅱ A6 主战坦克对各种威胁具有均衡的防护。它的模块式防护装甲能抵御穿甲弹的直接攻击，模块式炮塔顶部防护也能对付集束炸弹的顶部威胁，对反坦克地雷和核生化武器也有独到的防护措施。

在国际上进行的无数次坦克火力对比试验中，豹Ⅱ A6 主战坦克的火力和穿透力方面是领先的。它的车长和炮长的观瞄、炮控装置都有冗余装置，能保证在各种气候条件下作战时做出迅速反应。火控系统与指挥系统紧密连接，即使在决战时遇到数量占优势的对手，坦克也明显处于最佳状态。

行进中的德国豹Ⅱ A6主战坦克

豹Ⅱ A6主战坦克体现了最佳的火力、防护、机动性、可指挥性和系统可靠性。在所有的国际性对比试验中，它都获得优胜。

性能数据如表7-2所列。

（1）火炮：德国莱因公司120毫米55倍口径Rh120-L55滑膛炮，炮口初速达到1,750米/秒，使用钨合金弹，射程2,000米，在常温状态下穿深达700毫米，而且精度相当高。火控系统先进，反应时间为6秒。

表7-2

豹Ⅱ A6性能数据
战斗全重：62吨
车长：9.61米
车宽：3.42米
车高：2.48米
乘员：4人

（2）机枪：1挺莱茵金属公司的MG3A1式7.62毫米并列机枪，安装在120毫米火炮左侧，射速为1,200发/分；一挺安装在装填手舱盖环形支架上的MG3A1式7.62毫米高射机枪，用于防空，高低射界为－10°~＋75°。

（3）弹药基数：炮弹42发，7.62毫米弹4,750发，烟幕发射弹16具。

（4）发动机：MTU公司研制的MB873Ka-501型4冲程12缸V型90°夹角水冷预燃室式增压中冷柴油机，是目前世界上最好的柴油发动机之一。

（5）最大速度：72千米/小时，具有比较好的加速性能，从0加速

到 32 千米 / 小时仅需 6 秒。在车体后部安装有 1 部电视摄像机，其监视器可使驾驶员更安全地倒车，并使用了基于陀螺技术和有全球定位系统支持的混合式导航系统，使坦克在任何作战环境中都能导航。

（6）装甲防护：间隙式复合主装甲，防弹能力达到了 400 ~ 420 毫米均制钢板。炮塔正面安装了锲型前装甲防护组件，炮塔内表面装有防崩落衬层，履带裙板也采用改进的复合装甲，提高了对动能弹和化学能弹的防护能力。豹 II A6 主战坦克的突出特点是对地雷的防护能力达到了世界领先水平，这些组件包括安装在坦克底板下的附加被动装甲，新型车体逃离舱口，改进的驾驶员、车长、炮手和装填手座椅等；此外，车辆底部的弹药储存区也被腾空，使坦克乘员不再担心自己坐在火药桶上了。它们可以在雷区灵活地穿梭行动，而不必担心地雷炸断履带或者炸毁装甲引爆弹药。许多军事专家认为，目前大多数坦克进攻时，都需要工兵提前扫清前进道路上的雷区，或者有排雷车辆伴随负责清理道路上的障碍。豹 II A6 主战坦克的服役将有可能改变这一传统作战模式和编组，从而大大提高地面装甲力量的攻击速度。

参加武器装备展览的豹 II A6 坦克

（7）火控装置：指挥仪式火控系统，由于是稳定质量较小的瞄准镜并设有位置和速度复合电路，因而易于稳定、有很高的行进间对运动目标的射击命中率。车长有 1 个向后开启的圆舱盖和可 360° 观察的潜望镜，舱盖前装有 1 个 PERI-R17 型稳定的周视主瞄准镜，该镜有 2× 和 8× 两种放大倍率。炮长有 1 个双放大倍率的稳定式 EMES 15 型潜望式瞄准镜，其中包括激光测距仪和热成像装置。车长和炮长能在全天候条件下捕捉目标，并且都可以开炮射击。车长不仅能通过其目镜看到他自己昼间观察的图像，而且其监视器还可显示炮长昼夜观察的图像。另外，用全电式炮控和炮塔控制系统代替液压式系统，既安全又减少了噪音。

第三节
德国豹 Ⅱ PK 美国 M1 系列

一、火力方面的比较

德国豹 Ⅱ 坦克和美国 M1 系列坦克拥有同样出众的火力，两种坦克都选用了德国莱因公司 120 毫米滑膛炮。

火炮在射程方面的优劣，可以回顾在 1991 年海湾战争中的表现。在单打独斗方面：美军一辆 M1A1 型主战坦克表现不俗，采用贫铀弹芯的尾翼稳定脱壳穿甲弹在 3,750 米距离上击毁了一辆伊军 T-72 坦克，这一射程与"陶"式反坦克导弹相等。

在集群作战方面：美军曾在海夫吉的沙特边境一侧进行过一次成功的装甲伏击战，当美军一个装备有 M1A1 的坦克连在夜间防御时，忽然发现伊军约 33 辆坦克向前机动，不待上级指示即先于敌开火，依仗先进的坦克火控系统，在 3 分钟内即击毁伊军坦克 31 辆，击伤 1 辆，自己无一伤亡，然后全连安全转移。

美军坦克擅长打夜战和伏击战，来自它具备的显著优势：第一，数字化战场态势感知优势；第二，搜索和火控系统先进，先敌发现而且火力准确和快速；第三，世界上首先采用了隐身效果极佳的燃气发动机。在实战中，美军在数量相当或处劣势时一般不同伊军坦克打对攻。有些观点认为当时伊军坦克应该采用苏联的战术，靠数量猛冲到美军坦克面前来打近战。事实上是，在遭遇战中美军先呼叫战场上的攻击机和武装直升飞机掩护坦克迅速后撤至伊军坦克的射程外，然后依次摧毁伊军进攻的坦克；待伊军坦克损失数量过大而后撤时，再转过来追歼残余。在坦克集群作战方面，美国和英国的主战坦克与伊拉克的坦克不在一个水准，美军更重视战术。

火炮威力方面的优劣：德国莱茵金属公司研制的 120 毫米滑膛炮，炮管长 5.3 米。DM-13 尾翼稳定脱壳穿甲弹是该火炮的主弹种，初速约为 1,650 米 / 秒，最大有效射程为 3,500 米。新型第三代 DM-33 尾翼稳定脱壳穿甲弹具有更大的长径比，性能增强。美国的 M1 坦克采用德国莱茵金属公司 120 毫米滑膛炮后，专门配套研制了威力巨大的 M829A1/A2 尾翼稳定贫铀合金弹芯脱壳穿甲弹。在海湾战争中，曾发生过一枚 M829A1 贯穿一辆坦克后又穿透另一辆的"一箭双雕"情况；还有一枚 M829A1 击穿了 T-72 左侧掩护用的沙墙后贯穿了坦克，又从右侧沙墙飞出。

总体衡量火炮威力的优劣，美国 M1 坦克在配备自行研制的高威力贫铀穿甲弹后，是西方火炮威力最强大的主战坦克。德国虽然采用了相同的火炮，但没有配备贫铀类弹药。

表 7-3　当今世界主要主战坦克尾翼稳定脱壳穿甲弹的性能比较

坦 克 名 称	美国 M1A2	德国 "豹" IIA6	日本 90 式	法国勒克莱尔
使用的火炮	120 毫米 /L44	120 毫米 /L55	120 毫米 /L44	120 毫米 /L52
炮弹的名称	M829A3	DM53	JM33	OFL120F1-A
全弹重量 / 千克	22.28	21.4	19	20.5
弹头重量 / 千克	10	8.3	7.3	7.3
弹芯材料	贫油合金	钨合金	钨合金	钨合金
弹芯重量 / 千克	5.5	5.8	4.3	4.3
弹芯长径比 /（L/D）	31	30	20	24
炮口初速 /（米 / 秒）	1,555	1,750	1,650	1,790
炮口动能 / 兆焦	12.1	12.7	9.9	11.7
2,000 米的穿深 / 毫米	530	610	460	570
以 JM33 为准的穿深比	1.15	1.33	1.0	1.24

二、防护能力方面的比较

美国 M1 系列坦克采用的是先进的"贫铀装甲"。美国从 1983 年开始，历经 5 年花费 10 亿美元才研制成功。"贫铀装甲"的强度极高，韧性极好，它是由贫铀合金材料特殊热处理后制成的，其强度极限高达150千克/毫米，比优质合金钢还高50%。这种贫铀复合装甲采用网状结构，网状骨架采用贫铀合金材料，网格间加入防止贫铀合金氧化的材料，这样既减轻了坦克重量，又取得了更好的材料匹配性能。外侧加入蜂窝状结构的吸能材料，靠"软硬兼施"的手段吸收穿甲弹的动能，以降低对装甲的损害。此外，在安装上还采用了模块化结构，即将这种装甲制成小型块，再将这些小型块连接在一起，分别挂在炮塔和车头等重要部位。战斗中，一旦某一复合装甲块被击中，就可以简单快捷地取下被击块，更换新块。

表7-4　历代坦克的装甲防护总体水平（单位：毫米）

坦 克	防穿甲能力	防破甲能力
第一代	首上装甲76~127，炮塔正面110~220	
第二代	300	500
第三代	500~600	800~1,100
第四代（预计）	900~220	1,300~1,400

德国豹Ⅱ坦克主要采用了模块化复合装甲，并根据需要在不同部位采用不同种类的装甲模块。豹Ⅱ坦克的炮塔安装了被动式反应装甲；为了提高抗地雷能力，在坦克底板下附加了被动装甲；履带处另外安有镶嵌式装甲。采用不同种类的装甲模块，使坦克防护具有针对性和最优化。

表7-5　当今世界主要主战坦克防护力的对比

坦克名称	美国M1A2	德国"豹"ⅡA6	日本90式	法国勒克莱尔
正 面	可承受自身炮弹2千米处的攻击（换算RHA＝600毫米）	可承受自身炮弹2千米处的攻击（换算RHA＝700毫米）	可承受自身炮弹2千米处的攻击	可承受自身炮弹2千米处的攻击
炮塔侧面	可承受RPG-7火箭筒60度角的攻击	可承受20毫米动能弹的攻击	可承受1千米处35毫米动能弹的攻击	可承受RPG-7火箭筒的攻击
车体侧面	可承受23毫米穿甲弹的攻击	车体侧前部的抗弹力同车体正面；车体侧后部同炮塔侧面	可承受14.5毫米重机枪穿甲弹的攻击	可承受23毫米穿甲弹的攻击

三、机动性方面的比较

影响坦克机动能力的因素主要有两方面：自身重量和发动机性能。

在两种坦克自身重量方面：美国M1A2主战坦克战斗全重为62.5吨；

德国豹 II A6 主战坦克战斗全重也超过了 60 吨。

在发动机方面：德国豹 II A6 主战坦克采用了 1,500 马力 MB873Ka–501 型预燃室式增压中冷柴油机和 HSWL 345 型液力机械传动装置；美国 M1A2 主战坦克采用的是 1,500 马力 AGT–1500 燃气轮机和 X–1100–3B 全自动传动装置。

两种主战坦克的机动性：德国豹 II A6 主战坦克相对更突出，公路最大速度为 72 千米 / 小时，越野最大速度为 55 千米 / 小时，0 ~ 32 千米 / 小时加速时间为 6 秒，公路最大行程为 550 千米；美国 M1A2 主战坦克的公路最大速度为 67 千米 / 小时，越野最大速度为 48.3 千米 / 小时，0 ~ 32 千米 / 小时加速时间为 7 秒，公路最大行程为 465 千米。

对比可以看到，德国豹 II A6 主战坦克依靠优异的动力系统，机动性能更加突出。

表 7-6　当今世界主要主战坦克发动机性能的加权比较

坦克型号	发动机型号	排量	容积	重量	扭矩	燃油消耗	可靠性	综合得分
美国 M1A2	AGT1500	1	5	5	5	1	4	21
德国豹 II A6	MB873	2	2	1	2	2	4	13
日本 90 式	10ZG	4	1	2	1	4	4	16
法国勒克莱尔	V8X1500	5	3	4	3	3	2	20

四、动力系统性能的比较

从机动性对比可以看到，德国的豹 II 坦克采用柴油机，而美国的 M1 系列坦克采用燃气发动机。虽然两者都能提供 1,500 马力的动力，但两种发动机各有它的优点和不足：豹 II A6 坦克因采用柴油机而具有更高的燃油效率，因此公路最大行程达到了 550 千米，远优于采用燃气轮机的 M1A2 坦克；但 M1A2 坦克的燃气轮机在运行时非常安静，不但零件少，定期检修间隔时间长，而且冷却系统简单高效，排烟大为减少，冷启动性好，同时发动机体积小、重量轻、加速性好，还可使用多种燃料。此外，该机零部件保养简单，整机更换极快，不超过一个小时。但是燃气轮机也存在燃油消耗率高，初始成本偏高的缺点。燃气轮机与柴油机相比最大的优势是较低的红外信号值，有利于隐身。

争论两种发动机的优劣还为时过早，毕竟美国的 M1 系列坦克是世界上第一种采用燃气轮机的主战坦克。

坦克采用燃气轮机时也需要配套采用辅助发动机，它主要用于坦克发动机关闭时向全车电气设备供电，这样做不仅可以节约燃料，还能大大减少坦克的红外辐射，提高生存能力。

美国媒体评价称，燃气轮机使 M1 系列坦克更安静、信号值更小，因此没有先进红外线夜视系统的对手在晚上发现 M1 系列坦克将会非常困难。当一辆 M1 系列坦克在附近时，能带给敌方的唯一警告可能是当 M1 系列坦克送给他们一枚 120 毫米口径"糖果"的时候。M1 系列坦克采用独特的辅助动力单位，在防卫上是一个极大的优点，可以增强对抗红外传感器的能力，且更难被敌人发现。

五、近防御武器的比较

主战坦克除配备强大火力的主炮外，还需配备一些辅助武器用于近防。德国豹 II 坦克辅助武器为 1 挺与主炮并列安装的 7.62 毫米 MG3A1 式机枪和 1 挺安装在装填手舱盖环形支架上的 7.62 毫米 MG3A1 式高射防空机枪；美国 M1 系列坦克辅助武器是 1 挺与主炮并列安装的 7.62 毫米 M240 式机枪和 1 挺安装在炮塔顶装填手舱口处的 7.62 毫米 M240 式机枪，另外车长还有 1 挺 12.7 毫米勃朗宁 M2 机枪，位于 1 个电动的旋转平台上。但从 M1A2 开始，这个动力平台和观瞄设备被更大的车长转塔和 1 个手动机枪占据了位置，因此车长不得不打开舱盖，使用机枪的机械瞄准具瞄准目标。

从上面的介绍不难看到，德国的豹 II 主战坦克及其他国家的新型主战坦克都配备了 2 挺机枪作为辅助武器。美国为何在主战坦克上采用 3 挺机枪呢？美国媒体分析认为这是 M1 系列坦克所具有的优势之一：炮手操作火炮同轴机枪，指挥官和装填手分别各自操纵另外 2 挺机枪，每个人都能独立覆盖一个扇形区域。在近防御时，可以避免敌方步兵悄悄接近坦克。

六、乘员安全性的比较

西方坦克在设计时将乘员安全性放在了首位，但在设计上采用的方式也有所不同。

德国豹Ⅱ坦克在驾驶舱左边的空间和炮塔尾舱里储存炮弹；美国 M1
系列坦克的驾驶员两侧是用装甲板隔离的燃料箱和弹药，炮塔内弹药大都
放在炮塔尾舱内，采用了装甲隔离措施。一旦弹药仓被命中或着火爆炸，
气浪会先将炮塔顶部 3 块泄压板冲开，使乘员免受二次效应的伤害。M1
系列坦克车体的两侧各安装有 6 块装甲裙板，可向上翻转，既保护了悬挂
又可避免因车侧中弹引起二次效应。

德国豹Ⅱ坦克内部使用钢板材料作为内衬，当一枚脱壳穿甲弹或
HESH（高爆易碎头）弹打击坦克的时候，它能产生散裂碎片；而当一辆
M1 系列坦克遇到相同的情形时，它的火炮弹药保存在一个分离的隔舱中
并且有一个铝碎片内衬，可以减少意外事件的发生。

在"沙漠风暴"军事行动中，当一辆 M1 系列坦克在泥浆中连续作战
的时候，尽管被一辆伊军 T-72 坦克的主炮击中 3 次，仍然可以敏捷地调
度炮口摧毁这辆 T-72 坦克。

综合对比两种坦克的内部结构，美国的 M1 系列坦克明显优于德国的
豹Ⅱ坦克。

第四节
专为巷战的城市豹

德国豹Ⅱ是世界主战坦克的经典之作，但对于城市作战，它就显得有
些力不从心了。无论是豹ⅡA5 还是豹ⅡA6，都难以满足城市巷战的需要。
为此，德国克劳斯·玛菲·韦格曼公司开发了适合城市作战的"城市豹"
主战坦克。

在 2006 年 6 月的法国萨托利防务展上，克劳斯·玛菲·韦格曼公司
高调展出了其最新的研究成果——豹Ⅱ维和行动车（豹Ⅱ PSO）。依照传
统的命名习惯，德国陆军给它取了一个相当火爆的名字——"城市豹"。

因为豹ⅡA6 坦克主炮的身管较长（55 倍口径），在狭窄的街道上
转动炮塔不大方便。所以，"城市豹"采用了豹ⅡA5 坦克的主炮（身管
长为 44 倍口径），正好适应城市作战的需要。为了增强对建筑物内和掩

体内人员目标的杀伤能力，克劳斯·玛菲·韦格曼公司专门研制了新型的"120K"可编程空爆榴弹，由炮长通过火控系统设定起爆方式，能够做到穿透三层砖墙后起爆、空爆和触爆。车顶上安装有遥控武器站，同时配有1挺7.62毫米（或12.7毫米）机枪和1具40毫米自动榴弹发射器，能保持长时间准确而致命的火力。

　　"城市豹"以豹ⅡA5坦克为基础，同时大量应用了豹ⅡA6坦克上的一些成熟技术，增强了除正面弧形区之外的其余区域的防护水平。"城市豹"上安装了为豹Ⅱ坦克开发的新型防雷组件，该组件从车底一直延伸到车体两侧，能有效抵御反坦克地雷和爆炸成型穿甲弹的威胁。当反坦克地雷爆炸时，该组件能将爆炸威力进行分流，从而避免坦克底部被穿透。"城市豹"在前5个负重轮上部装备了新型、先进的被动反应装甲侧裙板，而炮塔上附加的侧装甲则可延伸至炮塔尾部。为了加强"城市豹"炮塔顶部的防护能力，还专门为它配备了特殊防护辅助单元（DDS）。DDS会在坦克遭到威胁时快速激活，在提醒坦克乘员的同时，红外干扰器通过不断发射编码脉冲信号，诱骗反坦克导弹的导引头，烟幕弹发射器能瞬间在坦克前方形成一道热成像仪难以完全穿透的烟幕墙，从而实现保护自己的目的。

正在清除路障的"城市豹"主战坦克

　　为了提高坦克的人—机工程，"城市豹"安装了空调装置，改善了乘员的乘坐环境。"城市豹"还选用了1,600马力欧洲动力机组，并配备有辅助动力装置，可保证在主发动机熄火后，车辆仍能缓慢地退出危险地带，

不致于成为敌方的活靶子。前部加装了液压控制的推土铲,这是 "城市豹" 的一大特色,可用于清除战场障碍物,确保己方部队迅速通过危险区域。

由于 "城市豹" 先进的设计理念以及精湛的制造工艺,使其成为了当今世界上顶尖的城市作战坦克。

目前,德国正在研制的下一代坦克是被誉为具有 "整体浴缸" 防护能力的 EGS 主战坦克。德国 EGS 坦克的研制目的是发展一种具有隐身功能和整体复合装甲防护概念的坦克,其具体做法是在豹 II 主战坦克的改进型车体上安装具有隐身功能的复合装甲,利用几乎覆盖整个车体和炮塔的隐身复合装甲来干扰敌人的先进雷达和红外探测,同时保护整个车体免受制导炸弹等武器的顶部攻击。

EGS 主战坦克将安装 140 毫米滑膛炮,集成在一起的侦察、搜索、目标捕获传感器,以及先进的 C4ISR 系统。该坦克的战斗全重为 48 吨,乘员 2 人,他们位于车体前部的防弹舱内。防弹舱将采用人—机工程学设计,以确保良好的舒适性。

第五节
德、荷合当拳击手

20 世纪 90 年代初,英国、法国和德国这三个欧洲工业、军事大国开始计划合作生产符合现代战争要求的多用途装甲车,以替代在本国服役多年的老旧装备。1995 年,法国因为某种原因而退出了这项合作计划,英、德两国继续合作,并于 2001 年迎来了荷兰的加入。德国称这项多功能装甲车计划为 GTK,荷兰称之为 PWV,英国称之为 MRAV。最后,三国将其统一命名为 "拳击手"。自此,欧洲最大的装甲车合作研制计划横空出世。

"拳击手" 计划的主合同商是总部位于德国慕尼黑的装甲车辆技术公司(ARTEC)。该公司由英国阿尔维斯·维克斯公司、荷兰斯托克公司、德国克劳斯·玛菲·韦格曼公司和莱茵金属地面系统公司组成。德国负责柴油机箱、动力传动系统和电力系统的研制,英国负责底盘和任务模块的研制,荷兰负责其他子系统的研制。多国联合研制的优势在于经济负担小、研制周期短,而且相同的装备便于多国协同作战。2003 年 7 月,英国因为陆军装备计划的变更而宣布退出"拳击手"项目，但该车的研制工作并没有因此而产生动摇。2003年10月，荷兰制造的第一辆拳击手装甲车（指挥车）驶下生产线，标志着"拳击手"计划进入了一个崭新的时期。

"拳击手"多用途装甲车能够满足军方对装甲战斗车辆的各种关键需求，包括德国与荷兰陆军对防护、机动性和载重等方面的要求，是战场上的多面手。

"拳击手"的车体为装甲钢板焊接结构，前部为动力舱，驾驶员席位位于前部左侧，中间为战斗舱，尾部为乘员。根据奔驰汽车公司公布的资料，该车的动力舱可以前置到车体前部右侧的预留空间，这就是为什么驾驶员席位没有设置在视野更好的前部中央位置的原因。车首呈楔形，前下装甲向内倾斜，前上装甲明显倾斜。车顶水平，发动机舱明显向上凸起，车尾上部竖直，下部向内下方倾斜。它具有坚固的叉形杆和1个上控制臂，其弹性元件采用螺旋弹簧和同轴油气弹簧构成。这种悬挂系统既具有油气弹簧行程较大、负荷能力强的特点，又具有螺旋弹簧的高可靠性，在下横向A字臂的两个横向牵引臂上各安装有一组螺旋弹簧，这样每一个驱动轴上都安装有4组螺旋弹簧元件，一方面提高了悬挂系统的可靠性，另一方面提高了车辆的载荷。

后来这种悬挂系统在法国和德国联合开展VBM/GTK项目时，被固执的德国人接受用在了ARGE样车上。其悬挂装置的动态特性在高低不平的地面上表现极佳，车辆在快速通过障碍物时，其反向扭转角会减小纵向和横向的加速度，使车体实际承受的载荷远低于其他车辆。轮式装甲车的实验样车在41号试验场进行了长达20,000千米的公路和越野试验，技术性能无可挑剔。

德国拳击手步兵战车最多可容纳11名人员，设计中以人为本，强调乘坐舒适性，按人机工程学原理来设计，使乘员能在艰苦的作战环境下长时间坚持作战。全密封的装甲结构，既为乘载人员提供了包括三防在内的全面防护，也便于安装大功率空调系统，适于在炎热地区长期作战。每个乘员座椅都配有安全带。优化设计的悬挂装置和减震系统，大大降低了车内噪声，实现"寂静"行驶。液压控制的跳板式后部车门，使乘员能迅速上下车。车内的有效容积达14立方米，提供了宽敞、舒适的车内生活和战斗环境。皮质座垫和靠背柔软舒适，座垫可折起，进一步增大载员室通道的空间。乘员的饮食和饮水装置也很考究。乘员的身高标准为1.56～2

米，而不是像苏联/俄罗斯的军队那样，对乘载人员的身高有严格限制。

参加展出的德国拳击手步兵战车

（1）坚固的防护能力：现代战场对装甲车的防护性能提出了更高的要求，"拳击手"在这方面表现得非常出色，被认为是该级别车辆中防护水平最高的。

"拳击手"的车体为多层高强度钢结构，采用了薄装甲板弯曲技术。车辆上装有被动反应装甲，战场生存能力得到大幅度提高，能够抵御来自攻顶炸弹、重机枪、迫击炮、炮弹碎片以及地雷的攻击。此外，还在研究安装附加装甲块，加装后，车辆便能够抵御来自火箭弹、大型反坦克地雷以及那些带有爆炸成型穿甲战斗部武器的攻击。"拳击手"的车底和侧部都可以抵御反人员、反坦克地雷的攻击，前弧部装甲可以防御中口径自动炮，甚至是RPG-7火箭弹的打击。全车可以在360°范围内防护各种炮弹破片和重机枪枪弹的攻击。这样的防护性能在同类车型中已经实属不易。

不仅如此，"拳击手"装甲车内还具有优化的人—机环境，在增加装甲车持久作战能力和快速战斗能力的同时，减小了车内乘员的物理负担。车内座椅不但可以减小地雷爆炸的冲击，降低乘员受伤的风险，还能有效缓解乘员疲劳。该车使雷达和红外信号特征达到最小化，并带有一体化的核、生、化防护系统。

此外，"拳击手"外形光滑，结构平整，有助于降低雷达信号强度，车上还有减低红外特征措施。

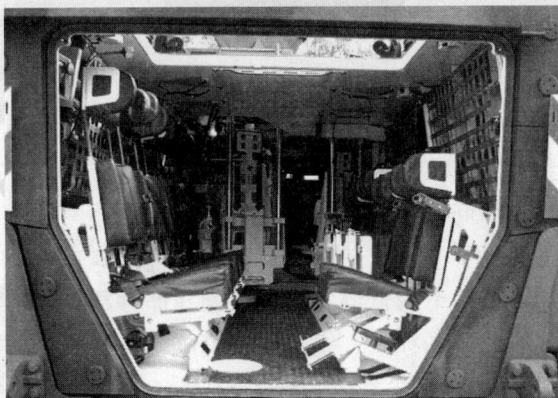

德国拳击手步兵战车的内部结构

（2）快速的机动性能：德国拳击手步兵战车以 8×8 驱动型式为主，尽管曾制成一辆 6×6 车型的样车，但试验表明，只有 8×8 车型可以均衡实现军方的要求。"拳击手"的自重为 25 吨，有效载荷 8 吨，战斗全重 33 吨，在轮式装甲车中算得上是"重量级"的了。单从这一点便可以看出，它的防护性一定不错。其车长为 7.88 米，车宽为 2.99 米，车高为 2.37 米，个头不小，车底距离高 0.5 米。

"拳击手"之所以力气大，跑得快，主要靠它的驾驶模组模块化设计。它装置有 MTU 公司的 8 缸机械增压柴油发动机，功率达 530 千瓦，比 T-54/55 坦克的发动机功率还要高出 44%；配装精密的艾利森自动变速箱和先进轮胎，备有两种悬挂和行走装置模块可供选择。因此，它战术机动能力很强，公路最大速度达 103 千米 / 小时，最大行程 1,000 千米。

与"拳击手"发动机相匹配的是"阿里逊"全自动传动装置。车辆为全轮驱动，装有独立悬挂装置（带有大的弹簧行程）和中央轮胎充气系统，驾驶员可根据地形的需要调节轮胎的压力。该车不仅在公路上有较好的机动能力，而且还具备极佳的越野能力，可跨越 2 米宽的壕沟，越过 0.8 米高的矮墙。即使是在极其恶劣的环境条件下，具备战斗全重的"拳击手"装甲车也能够满足机动性的需求。由于防护装置和传动装置的良好设计，即使车辆在遭受地雷攻击后还能保持较强的机动能力。

（3）模块化的结构：德国拳击手步兵战车最大的优点是不变的车体与模块化设计的结合，车体用高硬度装甲焊接，模块化设计包括驾驶模组和任务模组两大部分。它保持车体不变，后车厢则被分成一组一组的模块。后方空间有 14 立方米，也便于改造。根据需要，通过调整模块，可把原来的人员输送车变成装甲救护医疗车、后勤补给车或装甲指挥车，而更换后车厢模块仅用一个小时就能完成。目前，"拳击手"能变 10 种车型，显示了很突出的"组合速变、多用途性"优点。

模块由制式驱动模块和专用任务模块组成。前者可容纳驾驶员和动力部件，而后者则可安装专用武器、通信装置和储存部件。所有"拳击手"使用完全相同的制式驱动模块，主要是车辆的驾驶、驱动和行动部分。不同的专用任务模块安装在制式驱动模块上，就组成了可以执行不同作战任务的"拳击手"变型车。任务模块的安装非常便捷，在战场环境下，安装时间也不会超过 1 个小时。通用的制式驱动模块减小了后勤压力，提高了保养和维修的速度，增强了部队的持续作战能力。专用任务模块保证了作战部队可执行作战任务的多样性与灵活性。同时，客户可以根据自身需要选用，甚至研制各种其他专用任务模块。这种模块化设计不仅使"拳击手"的重量、成本、防护性能和机动能力实现了很好的平衡，而且也为车辆未来的升级提供了良好的平台。

（4）火力系统："拳击手"的主要武器是 1 挺 12.7 毫米机枪，机枪安装在可 360° 旋转的车长指挥塔顶部。车长和炮长都将装备热成像仪和战斗管理显示屏。当然，根据用户的要求，"拳击手"在未来也有可能选用中口径自动炮，或其他各式武器，甚至是 105 毫米无坐力炮（就像极具未来气息的"斯特瑞克"105 毫米火力支援车）。"拳击手"通过 C3I 控制系统和网络联通，可以进行实时信息互换，战斗管理显示屏可随时显示敌军和友军的位置，具备网络化的作战能力。

"拳击手"虽然目前还没有大量装备部队，但随着其不断的改进和完善，最终将成为各国陆军的宠儿。在未来几年，德国和荷兰将分别采购数百辆"拳击手"多用途装甲车。据称，欧洲的其他国家也非常关注它的发展，"拳击手"多用途装甲车将倚赖其自身的优势，在世界先进装甲车的行列中占据一席之地。

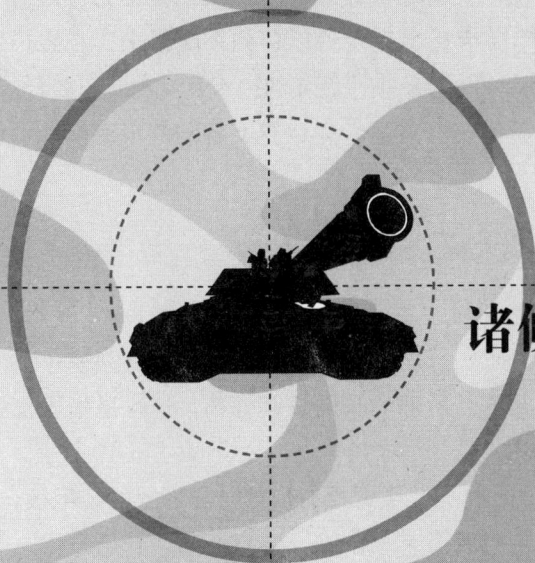

第八章

诸侯王者 雄霸一方

第一节
坦克载步兵，独此一家

以色列人设计的梅卡瓦主战坦克算得上是当今世界上最具活力、最有特色的主战坦克了。从 1978 年梅卡瓦坦克装备以色列军队以来，它经历了巴以爆发的多次冲突，而且在这期间，从梅卡瓦 1 到梅卡瓦 4 发展了四代。它独特的动力传动装置前置的总体布置方案，令世界上各国的坦克设计师们投以了惊异和怀疑的眼光。

一、总体布置

梅卡瓦 3 坦克的战斗全重为 60 吨左右，乘员 4 人（车长、炮长、驾驶员、装填手）。车体内部由前至后分别为：动力—传动舱（前左）、驾驶室（前右）、战斗室和车厢。通常情况下，后部的车厢只装弹药，这也是梅卡瓦坦克的弹药基数大得惊人的原因。

梅卡瓦坦克的车体是铸造的，前上装甲焊接有良好防弹形状的装甲板，右边比左边稍高。这一层铸造装甲后面有一空间，装有燃油，其后是另一层装甲，这种结构使该坦克有较好的防破甲弹和反坦克导弹的能力。

梅卡瓦坦克的车内布置与普通炮塔式坦克不同，战斗舱在车体的中部和后部，驾驶舱在车体前左，车体前右是动力舱。驾驶员有 1 个向左开启的单扇舱盖和 3 个潜望式观察镜，中央 1 个可换成被动式夜视镜。驾驶舱与战斗舱之间有 1 通道，驾驶椅向前折叠时，驾驶员可以通向战斗舱。车体后部可以储存炮弹，弹药装在特制的弹药箱内并放在可以拆除的弹架上，以便腾出空间乘坐一组指挥人员或者放 4 副担架，甚至可以载 10 名步兵。

车体后面开有 3 个门，左边一个是电瓶装卸门，右边一个是三防装置保养门，中间一个门有上下两扇，上扇向上翻，下扇向下翻，可以从车外开启，但车内设有闭锁装置。中间门主要供装卸炮弹和运送伤员，门上有 1 个容积为 60 升的饮用水箱。

二、武器火控系统

梅卡瓦 3 坦克的炮塔呈尖嘴状，正面面积小，中弹率较低。后部有个大尾舱，放有电台和液压件。车长位于火炮右侧，炮长在车长前下位置，装填手位于火炮左侧靠后的部位。梅卡瓦 3 坦克的主要武器从 1 门 105 毫米线膛炮改为 120 毫米滑膛炮，由以色列军事工业公司研制，可发射 M1A1 坦克和豹 II 坦克的炮弹，但后坐装置设计得更紧凑。该后坐装置为同心式，采用氮气作弹性介质，从而使该装置的直径比同类装置小 100 毫米；另一优点是可以从炮塔前部抽出火炮。炮弹仍储存在车体后部，该坦克的炮弹携带基数为 50 发。

正在进行野外训练的梅卡瓦 3 坦克

梅卡瓦 1 型坦克采用斗牛士（Matador）MK1 火控系统，它的数字式火控装置由埃尔比特计算机有限公司（Elbit Computers Limited）设计，激光测距仪由埃劳普公司制造，车长和炮长均可使用。该系统以中央处理装置为中心，包括操作装置、控制和反馈伺服回路以及传感器。操作装置包括车长、炮长和装填手 3 个操作装置。炮长操作装置是主操作装置，它为弹道计算机提供所需的人工输入信息。此外，车长操作装置提供系统显示器读数、射击距离和弹药输入信息，装填手操作装置提供弹药输入信息。

控制回路向火炮液压俯仰驱动装置传输计算机瞄准角数据，并向运动的十字线传输方向角数据。反馈回路可确保实际瞄准角及十字线方向角与计算数据一致，并对误差进行精确校正。

火控系统传感元件包括大气传感器、激光测距仪、炮塔倾角指标器和目标角速度传感器。当计算机出现故障时，炮长可使用方向机和高低机操纵火炮，车长可使用超越控制装置先于炮长控制火炮和实施射击。

火炮配有双向稳定器，稳定系统与美国卡迪拉克·盖奇（Cadillac Gage）公司的相同，由以色列 PML 精密机械有限公司（PML Precision Mechanism Ltd）特许生产。

车长有 1 个可 360° 旋转的瞄准镜，放大倍率为 4× 和 20×，车长潜望镜的可旋转头部通过 1 个反向旋转装置与炮塔方向驱协系统相连，以补偿炮塔旋转量。炮长潜望镜放大倍率为 1× 和 8×，与激光测距仪合为一体。

梅卡瓦 3 坦克装有斗牛士 MK3 型火控系统，主要改进是新型炮长瞄准镜有 12 倍放大倍率，可独立双向稳定，装有掺钕钇铝石榴石激光测距仪，备有昼夜观察通道。该镜连同弹道计算机和一套传感器构成指挥仪式火控系统，可简化目标捕捉进程，大大提高了行进间的命中率。

梅卡瓦 3 坦克还装有由阿姆科拉姆（Amcoram）公司发展的先进的威胁报警系统，3 个广角探测器分装在炮塔后部两侧和火炮防盾上，可全方位探测并将威胁预警显示在车长屏幕上。梅卡瓦 3 坦克的夜视设备是微光夜视系统，也可以选择热像式夜视系统。为提高生存力，还装有全电式炮塔旋转驱动和火炮俯仰驱动装置。

三、推进系统

（1）发动机：梅卡瓦 3 坦克采用了 AVDS-1790-9AR 型风冷柴油机，是前两种型号坦克发动机的改进型，功率从原来的 662 千瓦（900 马力）增高到 895 千瓦。功率提高的主要原因是采用了新型涡轮增压器和中冷器、新型连杆和活塞以及 10 孔喷油器等。

（2）传动装置：与上述柴油机相匹配的是美国底特律柴油机阿里逊（DDA）公司的 CD-850-6A 型传动装置，它有高档、低档和倒档各 1 个。

（3）行动装置：梅卡瓦 3 坦克的行动装置有 12 个弹性支撑在两个同心螺旋弹簧上的负重轮，每侧 6 个，其中 4 个有旋转式液压减振器，前后两个有液压限制器，悬挂总行程增至 600 毫米，其中行动程为 300 毫米。

履带为干式钢质单销式，每条履带有 110 块履带板。0 ~ 32 千米 / 小时加速时间为 10 秒。

（4）车长指挥控制系统：普通坦克车长与驾驶员的联系借助车内通话系统，但梅卡瓦坦克使用了车长指挥控制系统。该系统包括车长使用的转向手柄信号发生装置、电子设备和与车内通话器相连接的驾驶员用显示器。车长手柄信号发生装置安装在炮塔上，电子设备可随意布放，驾驶员用的显示器固定安装在驾驶员座位处，无论开窗与否，都易于驾驶员观察。车长转动转向手柄时，驾驶员可从耳机中听到待命信号，同时可从显示器上看到相应的待命符号。车长松开转向手柄时，转向手柄会自动回到中心位置，此时驾驶员可以从耳机中听到"驾驶员，好"的命令。

四、防护系统

鉴于梅卡瓦 3 坦克将防护性能置于三大性能之首，为此采取了如下措施：

（1）总体布置：为减少弹药爆炸引起的二次效应，车体前部和炮塔座圈以上部分不放置弹药。为保障乘员安全，尽可能使座位靠车体后部和相对较低的位置布置。用于保护乘员的装甲重量占坦克战斗全重的 70%，大大高于其他坦克。

（2）动力传动前置：该坦克与众不同之处是将动力传动装置前置，主要目的是提高了坦克正面防护能力，以保护乘员安全。

（3）重要部分采用间隙和（或）间隔装甲技术：该坦克在最容易受攻击的车体前上装甲、炮塔顶部和四周部位以及战斗舱顶部、后部和两侧重点保护部位，均采用了间隙和（或）间隔装甲结构。夹层空间有的储存燃料，有的存放机枪弹，以增强防护和防二次效应。

（4）附加防护：充分利用坦克部件和设备对乘员进行保护是该坦克设计的指导思想。例如将蓄电池、三防装置、液压动力元件、悬挂装置以及发动机和传动装置布置在乘员舱的周围，以增强对乘员的保护。

（5）弹药的特殊防护：为防止弹药引爆产生二次效应，该坦克特意将弹药放在了可耐高温的特制容器内，布放在不易受攻击的炮塔座圈以下的车体中后部。

机枪弹存放在间隙装甲的夹层空间里,同样可防枪弹爆炸对乘员的伤害。

（6）自动灭火抑爆装置：该坦克装有以色列斯佩克卓尼克斯（Spectronix）公司专门研制的自动灭火抑爆装置,可在60毫秒内抑制并扑灭油气混合气体的燃烧和爆炸。

（7）三防装置：该坦克装有集体防护式的三防装置,由中央增压系统在车内建立超压,从而可防止生物、毒气和放射性尘埃进入车内。

（8）瞄准镜的特殊保护：炮长瞄准镜使用防弹片和机枪弹的钢板加以保护。车前大灯安装在可伸缩的装置上,不使用时缩回,以提高防护性。炮塔前部右侧焊有若干小肋板,以防弹片和机枪弹击中车长瞄准镜和激光测距仪。

与前两种型号相比,梅卡瓦3坦克使用了更多更先进的复合装甲,尤其是在炮塔设计中采用了可更换的模块式复合装甲,这种装甲模块还可以被更先进的复合装甲模块所代替。

行进中的梅卡瓦3坦克

炮塔体不再是双层间隙钢板装甲,而是单层壳体结构。这种单层壳体既是基体钢装甲,又是炮塔正面和两侧安装复合装甲模块的基体。复合装甲模块是一个个钢装甲盒子,盒内装有复合装甲板组件,与炮塔基体相连接,用螺栓固定。

突出炮塔座圈的车体外壁上也采用这种模块装甲。在驾驶员前的前上装甲板上也用螺栓固定有模块装甲,以增强对付来自左侧的攻击。侧裙板也采用了以弹性连接方式连接的复合装甲裙板。

为尽量减小燃料着火的危险性，在两个后部燃料箱遭到攻击小面积破损时可迅速将燃料排掉，万一碰到大面积破损时可从顶部把燃料排掉。车体底板的夹层中不再储存燃油，但两层板的间隙对衰减地雷爆炸冲击波极为有利。底甲板的加厚也提高了防地雷能力。

三防装置位置移向炮塔尾舱，蓄电池位于炮塔座圈以外，从而达到了易维修和增强侧面防护双重目的。

性能数据如下表所列。

梅卡瓦 3 性能数据	
乘员：4 人	涉水深：2.4 米
战斗全重：61 吨	爬坡度：70%
车长（炮向前）：8.780 米	侧倾坡度：38%
车宽：3.700 米	攀垂直墙高：1 米
车高：2.760 米	越壕宽：3.5 米
车底距地面高：0.53 米	发动机：AVDS-1790-9AR
公路最大速度：55 千米 / 小时	弹药基数：120 毫米炮弹 50 发，7.62 毫米机枪弹 2,000 发
燃料储备：900 升	夜间瞄准具类型：微光像增强或热成像
公路最大行程：500 千米	—

第二节
梅卡瓦 4 安全系数世界第一

2002 年 6 月，以色列梅卡瓦家族的新成员——梅卡瓦 4 主战坦克，在一次仪式中终于在世人面前揭开了神秘的面纱。

它是以色列第四代经过战斗考验的梅卡瓦主战坦克，是具有新设计理念的主战坦克；尤其是它的生存能力与火力，堪称是当今世界最出色的。可以说，梅卡瓦 4 主战坦克在防护、火力、机动性和作战指挥等所有方面，都向前迈进了一步。

一、火力大为改进

梅卡瓦 4 主战坦克仍旧使用 1 门以色列自制的 120 毫米滑膛炮，口径与梅卡瓦 3 坦克相同。但该炮的弹道内压更高，故炮口出口初速更高，这是发射先进动能弹必不可少的前提条件。这种新型滑膛炮可以发射各种类型的 120 毫米炮弹，如尾翼稳定脱壳穿甲动能弹、反坦克榴弹、反器材／杀伤弹和以色列最新型的炮射激光寻的反坦克导弹等。该炮配有电动的半自动装弹机，其待发弹的选用是由一台微处理机来控制的。

在 20 世纪 90 年代中期以色列开始研制梅卡瓦 4 主战坦克的时候，曾考虑在其上安装威力更大的 140 毫米滑膛炮。可由于 120 毫米炮的威力足以对付以色列周边国家装备的坦克，而相比之下，大的携弹量比换装大口径坦克炮更为重要，于是以色列精打细算后，取消了在梅卡瓦 4 主战坦克上安装 140 毫米炮的计划。

训练中的以色列梅卡瓦 4 主战坦克

该炮口径虽然与梅卡瓦 3 坦克相同，弹药也通用，但火炮本身做了不少改进，采用了能承受更高膛压的新型炮管材料，能获得更高的炮弹初速和更强的穿甲威力，并为主炮配用了新型热护套。热护套的导热性更为均匀，炮管因温度变化而产生的形变更小，从而提高了火炮的射击精度。

梅卡瓦 4 主战坦克的火力不仅体现在火炮的口径大小和威力等硬指标上，火控系统等"软件"的升级更为重要。

从 20 世纪 90 年代中期开始，以色列就在梅卡瓦 3 坦克的某些生产批次上对火控系统进行了改进，从而为梅卡瓦 4 主战坦克更高性能的火控系统打下了良好的基础。与梅卡瓦 3 坦克相比，梅卡瓦 4 主战坦克安装了以色列研制的第二代热成像仪、改进型目标自动跟踪系统和更先进的火控计算机，使得该坦克的"猎—歼"模式作战能力更强。在复杂气象条件下，梅卡瓦 4 主战坦克的有效射程和命中率都有了大幅度提高。

梅卡瓦 4 主战坦克有一名装填手，并为装填手专门设置了一个能容纳 10 发炮弹的转轮式装填机构。该机构具有弹种选择功能，每发待发弹药均由防火隔层保护。一般在坦克装填炮弹时，最耗时费力的是选弹和将炮弹从储弹容器中取出这两个过程。这种装弹机构简单可靠，实现了自动选弹、人工上膛的半自动装填，能有效提高火炮射速，减轻了装填手负担，即使是身体条件较差的女兵，也可以担任梅卡瓦 4 主战坦克的装填手。

采用 60 毫米迫击炮作为辅助武器是梅卡瓦系列最大的特色。这种 60 毫米迫击炮可在车内从后膛装弹。该炮的弹道弯曲，在城市作战中可以杀伤隐蔽在建筑物后面的武装分子。以军梅卡瓦坦克上的 60 毫米迫击炮还有其他用途。在敌方单兵反坦克导弹武器来袭时，它能迅速发射一组发烟弹、照明弹或普通榴弹，在导弹的来袭方向形成大面积的干扰带，干扰反坦克导弹射手的视线，这是普通坦克上的并列机枪或高射机枪难以做到的。

梅卡瓦 4 主战坦克在这个方面的其他改进之处还有：炮长配备有双向稳定的瞄准镜，车长配备有双向稳定的周视瞄准镜，这两种瞄准镜的昼夜合一观察通道都装有先进的前视红外装置和电视屏，有助于提高首发命中率。因此，它的首发命中率超过了梅卡瓦 3 型主战坦克，而后者的首发命中率已经达到了了不起的水平。

正在进行弹药补充的以色列梅卡瓦 4 主战坦克

梅卡瓦 4 主战坦克装备的第二代自动跟踪系统能锁定距离几千米的目标，能自动跟踪地面活动目标和低空飞行的直升机目标。不管目标采取任何规避行动，炮长瞄准镜能在整个发射程序锁定其指定的目标。这种自动跟踪系统是以来自电视摄像机（昼间通道）或热成像摄像机（夜间通道）的视频输出为基础的。

梅卡瓦 4 主战坦克行进间射击是由 1 门超速火炮稳定炮塔电驱动系统来实现的。该系统能在高低不平的越野地形行驶时，锁定炮长瞄准镜，同时在炮塔的两侧都装有一个瞬间烟幕自动遮蔽系统。

二、使用新型弹药

炮射激光寻的反坦克导弹（LAHAT），是按照以色列装甲部队的使用要求由以色列航空工业公司设计和研制的。该反坦克导弹采用半主动激光寻的制导方法，可以由发射导弹的乘员或由车外观察人员（地面观察人员、乘车观察人员和机载观察人员）来指示目标。

发射这种激光寻的反坦克导弹时，发射人员在发射位置暴露的时间应尽可能短，当坦克处于隐蔽位置时，可以通过车长瞄准镜在导弹飞行时保持瞄准线对准目标来指引导弹飞向目标。导弹的弹道可以预选，或者选攻顶方式（对付坦克），或者选直接攻击方式（对付直升机）。该导弹采用串联式战斗部，因此，可以对付现代装甲板和反应式装甲板。

梅卡瓦 4 主战坦克采用的另一种弹药是反器材杀伤弹。装有 105 毫米主炮的早期梅卡瓦坦克已经使用了反器材杀伤弹，梅卡瓦 4 主战坦克所使用的弹药中也将包括 120 毫米滑膛炮使用的反器材杀伤弹。这种杀伤弹的用处越来越大，因为坦克特别是在城市街道巷战时，手持现代致命反坦克武器的对手可谓无处不在，不言而喻，他们对坦克构成的威胁越来越大。这种反器材杀伤弹采用的是久经战斗考验的、基于受控弹片散飞的杀伤弹原理。它每隔一定的时间间隔就会射出子弹药，因此，对软目标的杀伤面很宽。每块破片所制成的形状具有足够的动能，可穿透常规基体装甲或其他材料。

三、防护能力与生存能力

在坦克的三大性能当中，梅卡瓦系列坦克一向把防护放在第一位。梅卡瓦 4 主战坦克沿用了其发动机和变速箱前置的招牌设计，基本保留了一贯较小的正面轮廓。

经过长期的巴以冲突后，巴勒斯坦游击队员对以色列坦克非常熟悉，甚至熟知以色列坦克的每一个薄弱点。巴勒斯坦和黎巴嫩的各种游击队可能会隐藏在平民中，使用的地雷等反坦克武器对以军坦克的底甲板、两侧等薄弱部位构成致命的威胁。此外，未来的攻顶反坦克导弹等先进技术武器，使得坦克顶装甲也成了急待加强的薄弱环节。

与它的前辈相比，梅卡瓦 4 主战坦克的炮塔形象发生了很大变化。炮塔主装甲有一些类似梅卡瓦 3 坦克的设计，采用了可快速拆卸的模块化复合装甲组件，正面呈楔型，两侧装甲倾斜度明显增强，整个炮塔的外型呈现飞碟状。火炮的防盾改为整体式设计，防盾盖板随着火炮的俯仰而滑动，不管在哪个角度，都能保护到其内精密的电子设备和火炮俯仰装置不受损坏。

梅卡瓦 4 主战坦克是用于现代作战行动的，因此，其最优先要考虑的问题是提高对第三代或第四代反坦克制导武器的防护能力，特别是对末端制导攻顶导弹的防护能力。梅卡瓦坦克家族把动力装置前置的这种革命性设计理念一直延续至今。为了使梅卡瓦 4 主战坦克的上部炮塔具有尽可能大的防护能力，在该坦克的设计中去掉了装填手门，从而可以在炮塔顶充分装备模块式装甲防护组件。

梅卡瓦 4 主战坦克的正面前上装甲与梅卡瓦 3 坦克相比，较为平整厚实，驾驶员的前向视野得到了一定程度的改善。车体每侧的行动机构被数块裙板保护，裙板下缘为非金属材料制作，这样的设计能减弱坦克越野机动时的扬尘、避免裙板被障碍物刮掉。

梅卡瓦 4 主战坦克的战斗全重达到创记录的 65 吨，由此可以想象它的装甲防护增强到了何等水准。

梅卡瓦 4 主战坦克的炮塔有豹 II A6 的风格，比较臃肿，这是大幅度增加炮塔侧后装甲的结果。但与豹 II A6 相比，梅卡瓦 4 主战坦克会走得更远。包括梅卡瓦 3 坦克在内的许多坦克炮塔上均设计有两个舱口，分别供车长和装填手进出之用，而采用厚重顶装甲的梅卡瓦 4 主战坦克上只保留了一个车长舱口，炮塔内的其他乘员只能从车后的载员舱门进出坦克。

梅卡瓦 4 主战坦克的驾驶员观察窗 "深陷" 在类似于豹 II A5 ／ A6

风格的楔形炮塔之下，受到了严格的保护，一般的攻顶反坦克导弹或迫击炮弹很难直接命中。但这样一来，驾驶员也只能在火炮侧转一定角度后才能从舱口出入，或者通过车后乘员舱门出入坦克。

在一次巴勒斯坦游击队的袭击事件中，一辆梅卡瓦就是被埋设在公路上的 50 千克硝铵炸药彻底摧毁。梅卡瓦 4 主战坦克不仅增加了底部装甲厚度，使它的车底更加结实，而且通过改进车内设备的布置，即使在底板被炸穿的情况下，车内不会燃起无法控制的大火，弹药也不容易殉爆，乘员因而有较大的机会逃生。梅卡瓦 4 主战坦克沿用了梅卡瓦系列坦克独有的弹药隔仓，每发炮弹用独立的防火容器包装，自动灭火装置也是标准配置。

梅卡瓦 4 主战坦克还在最后一组裙板上采用了一种防护栅网设计。这种结构在老式坦克改进中常被用于增强炮塔的防护，而用在裙板上则是头一次看到。该防护栅网能有效防护空心装药破甲弹，降低破甲能力，甚至能使整枚弹头卡在栅网上，使压电引信失效无法爆炸。以色列技术人员这样设计，其主要考虑可能因为这一部位是坦克的载员舱和弹药储存部位，需要提供额外的保护。

梅卡瓦 4 主战坦克为了提供周边全方位防护，其上装有最新型、最先进的 AmcoramLWS-2 激光报警系统，它的传感器在来袭导弹发射后不久就能发现它的踪影。这种威胁报警显示器就装在坦克车长座处。

处于战斗间隙的以色列梅卡瓦 4 主战坦克

梅卡瓦 4 主战坦克采用的是全电动炮塔控制系统，因而炮塔控制系统内没有液压油，消灭了因液压油可能引起的火灾危险，提高了坦克的生存能力。此外，该坦克还装备有先进的自动灭火系统，在战斗室内装有中央高增压系统，从而使乘员具有三防能力。该坦克乘员还装备有个人用空调装置，供乘员在恶劣的气候条件下持续作战时使用。

梅卡瓦 4 主战坦克采用 Elbit 系统公司所设计的新型综合作战管理系统，该系统可为坦克作战指挥员与他的下属部队间迅速建立起通信网络。坦克作战指挥员凭借这种新型综合作战管理系统，可以拟定作战任务，进行导航，不断更新战况信息。

四、全方位观察的光学装置

梅卡瓦 4 主战坦克的观察系统是以色列独创的一种车用 CCD 摄像机，在车辆的四周方向上布置了若干组摄像头，使之能够覆盖乘员视野的死区。图像通过综合显示器传输给车长和驾驶员，能够在一定程度上弥补取消装填手舱盖给战场观察带来的损失。驾驶员甚至可以用这个系统来倒车。

梅卡瓦 3 坦克的电磁威胁告警系统的改进型也应用于梅卡瓦 4 主战坦克上，但各组告警装置在炮塔上的位置做了调整，使它的作用范围更为全面。

梅卡瓦 4 主战坦克的设计原则也是以战斗经验为基础的，其中包括在城市街巷环境中进行高风险近战的经验在内。因为城中街巷环境与开阔地的沙漠作战截然不同，在城市街巷环境中，如果坦克乘员从打开的舱门来观察目标的话，那是极端危险的，而这种做法在以色列装甲部队的作战条令中是传统的做法。因此，最先要考虑的是设计一个新的理念：无论近距离还是远距离，所有乘员都应该处于闭舱的条件下持续作战，而不影响到他们对周边全方位的观察。

Vcctop 坦克瞄准系统采用大量的电视摄像机，这些电视摄像机安装在坦克周围不同的位置上，使坦克乘员在坦克的周围没有"死角"。4 个一排的电视摄像机可以看到坦克的四周，坦克的上部，包括驾驶员可以监视坦克倒车而不影响观察。为了防护敌人的火力，所有外置的电视摄像机都置于坦克外部的装甲盒内。

梅卡瓦 4 主战坦克的每个乘员，在他的座位处都配有一个个人用平板彩色显示器,以显示与各个乘员所执行的具体任务有关的系统状况。坦克炮长和车长也可以监视他们各自显示器上的各自瞄准镜上的图像,作战指挥员可以利用他的地图显示器来导航、定位和控制下属部队。

这些光学装置利用一个用于全方位观察的周视瞄准镜为处在闭舱条件下工作的车长提供清晰的、全方位的观察条件。装在炮塔上的机枪,通过装在用于自动回转的圆形旋转环上,也可以在有装甲防护的条件下进行射击。当射击诸元连续不断地向两个方向传输的时候,车长瞄准镜可以取代炮长瞄准镜。所有瞄准镜都是昼夜合一的,稳定的,使车长具有"猎—歼"能力。

五、推进装置与机动性

梅卡瓦 4 主战坦克上安装了一台由美国通用动力公司生产的德国 MTU 公司研制的 GD883 柴油机,外型紧凑,最大输出功率达到了 1,500 马力,从而使梅卡瓦 4 主战坦克的功率比达到了 23 马力 / 吨,远远大于采用 1,200 马力柴油机的梅卡瓦 3 坦克。动力舱的尺寸和重量变化表现在整个车体前部的轮廓、车体重心位置的改变,为此还重新调整了负重轮的间距。

梅卡瓦 4 主战坦克的发动机是由与驾驶员仪表板和变速器系统相连的计算机来控制的,它曾在起伏地上进行过长距离的野外行驶试验,行驶里程在 1 万千米以上,试验很顺利。

梅卡瓦 4 主战坦克在静默警戒执勤时,为给蓄电池充电并进行夜间观察,主发动机熄火,各系统照常运转,这时就由一台辅助发动机来提供动力。

梅卡瓦坦克家族独特的优点之一是,它们凭借专门设计的悬挂系统而具有了不起的越野性能。

梅卡瓦 4 主战坦克负重轮径向的垂直行程最大到 600 毫米,乘员的乘坐更舒适,减轻了乘员的疲劳,可以满足在越野地以 60 千米 / 小时行驶的严格要求,减小了对乘员的碰撞力度。

在梅卡瓦 4 主战坦克上,动力系统得到了彻底的革新,履带、发动机和变速箱均有重大改进。

除大功率的柴油机外,梅卡瓦 4 主战坦克的变速箱也作了改进,采用德国伦克公司(豹 II 坦克变速箱承包商)的 RK325 自动变速箱,体积更小,传动效率更高，有 5 个前进挡，2 个倒挡（其他型号的梅卡瓦变速箱仅有 2 个前进挡和 1 个倒挡）。

　　以前的梅卡瓦系列坦克一直使用全钢单销履带，具有结构简单、性能可靠、重量较轻、行驶阻力较小等优点，适合在沙漠地带使用。但按照西方国家的经验，50 吨以上的重型车辆更适合使用结实的双销履带。梅卡瓦 4 主战坦克采用的双销履带在结构上与各国广泛采用的德国迪尔公司履带设计非常类似，显示出德国军火商与梅卡瓦 4 主战坦克项目的密切关系。

正在进行野外拉练的以色列梅卡瓦 4 主战坦克

　　梅卡瓦 4 主战坦克突出增强了机动性，尤其适合在戈兰高地这样的火山岩地形下展开机动作战；梅卡瓦 4 主战坦克的火力及其控制系统，尤其是特有的反直升机能力，则是专门针对叙利亚的，因为巴勒斯坦方面没有任何像样的空中武装力量，而叙利亚的 SA342L 和米 −24 武装直升机却曾经在黎巴嫩战争期间击毁了若干辆以军坦克。

　　由于大功率发动机改善了梅卡瓦的机动性，使其三大性能进一步走向均衡，梅卡瓦 4 主战坦克不再是以往那种剑走偏锋的"以色列特色"，而与世界主战坦克的主流设计思想十分接近。或许，这会使非洲或中东的一些国家相中梅卡瓦 4 主战坦克，从而结束 22 年来梅卡瓦坦克出口为零的历史。

　　梅卡瓦 4 主战坦克的亮相在中东地区引起了众多反响。它正式投产后，持续生产长达 12 年的梅卡瓦 3 坦克立即停止了生产。以色列计划在今后十几年内以年产60辆左右的速度生产上千辆全新的梅卡瓦4主战坦克，装备其最精锐的装甲部队，以最终替换目前仍然在使用的上千辆M60系列坦克。

在以色列国内，新坦克的研制给经济发展带来了很多机会，提供了数千个就业岗位，有两百多家以色列民营企业和国有企业参加了梅卡瓦4主战坦克的项目研制，其中包括埃尔比特、以色列工业公司、以色列飞机公司等军火公司。梅卡瓦4主战坦克相关领域的技术储备不但可用于技术输出，给以色列带来每年数千万美元的外汇收入，也能用于老式车辆的改进。例如，土耳其军方就决定，其现役的1,000多辆M60坦克的升级改造工作将交给梅卡瓦4主战坦克的承包商之一——以色列军事工业公司来完成。

六、城市巷战能力强

在巴以冲突和黎以冲突中，梅卡瓦4主战坦克经受住了城市巷战残酷的实战考验。

梅卡瓦4主战坦克主炮的反后坐装置已由螺旋弹簧改为压缩气体，这一改进不仅使反后坐装置的直径减小了约100毫米，而且使火炮能够在更大的膛压下发射弹丸，提高了弹丸的速度和穿透能力，能在城市作战中更好地对付藏身在坚固建筑物后方的敌人。

梅卡瓦4主战坦克的主炮除了可以发射包括尾翼稳定脱壳穿甲弹在内的所有西方120毫米炮弹以外，还可以发射炮射导弹；为了提高坦克巷战时杀伤软/硬目标的能力，还配备有专门的反人员/器材弹药，该炮弹内有6颗具有独立引信的子弹，每颗子弹内又装有大量用于增大杀伤力的成型钨制弹片。炮弹具有两种发射模式：打击大面积人员目标时，6颗子弹在目标上空相继引爆，形成弹片杀伤带；打击掩体、水泥建筑等目标或器材装备时，6颗子弹可同时引爆。

在辅助武器方面，梅卡瓦4主战坦克也是非常强悍，除了1挺并列机枪和由车长操控的外置7.62毫米机枪外，还有1门安装在炮塔内部由装填手操控、可在车内自动装填、射程达2,700米、备弹30发的60毫米迫击炮，这对于压制敌方步兵、延迟其推进速度，为其他车载武器展开火力有重要作用。

梅卡瓦 4 主战坦克强大的战场感知能力也使其非常适合城市作战。坦克上安装了四部监视器,坦克乘员可以在闭窗条件下,利用这些监视器提供的高清晰图像实时掌握坦克周边 360° 范围内(包括顶部)的目标情况。此外,梅卡瓦 4 主战坦克还有一部小型多功能摄像机,能在坦克观察镜被炮火或狙击手打坏的情况下为坦克乘员提供战场情况。为了提高监视器的生存能力,以色列人把它们嵌入了坦克外部的装甲护罩内。这样,不仅对方的狙击手难以破坏监视器,一般炮弹的破片也难以损伤到它们。

在城市作战中,坦克更容易受到地雷的威胁,防护能力超强是梅卡瓦系列坦克的特色之一,梅卡瓦 4 主战坦克依然坚持了以色列坦克"以防护为基础,保护乘员为中心"的传统设计理念。在研制过程中,梅卡瓦 4 主战坦克加强了底部的防护措施,采用了抗击能力较强的重型底盘,并在此基础上加装了专门的防地雷组件,实现坦克的立体防御。

除地雷外,在城市作战中各种反坦克导弹也对坦克的生存构成了严重的威胁。为了更好地对付反坦克导弹,梅卡瓦 4 主战坦克装备了"风衣"主动防护系统。这种主动防护系统配备的雷达可全方位监控敌方发射的反坦克导弹,一旦发现来袭目标,将迅速发射导弹对其实施拦截。

由于梅卡瓦 4 主战坦克技术"底子"过硬,并运用了许多先进技术进行城市化升级,因此其城市作战能力相当可观。

七、在中东地区并非绝对无敌

曾几何时,梅卡瓦坦克几乎是以色列陆军装甲部队的代名词。自梅卡瓦 1 在第五次中东战争中击败 T−72 后,从梅卡瓦 1 到梅卡瓦 4,一直是"世界上最安全的坦克""乘员伤亡最小的坦克"等光环的拥有者。在 2001 年之前,梅卡瓦还保持着"车内乘员无一伤亡"这一难以置信的记录。自从梅卡瓦 2 出现至今,以色列与周边国家之间再未爆发过坦克战。以军的梅卡瓦系列坦克时常参与到对黎巴嫩及巴勒斯坦武装人员的打击中,显示着这种厚重且火力强大的钢铁巨兽在中东这片土地上的统治地位。

然而自从 2002 年以后,情况出现了一些变化。先是在 2002 年上半年,两辆当时最先进的梅卡瓦 3(梅卡瓦 4 那时尚未成建制服役)先后被巴勒斯坦武装人员用"在陷阱中埋设 150 千克以上的炸药"这种看似变态却非常"管用"的方式炸毁，车内人员一次仅一人幸存，另一次全部死亡，"车内乘员无一伤亡"的金身就此告破。而在 2006 年以色列对黎巴嫩"真主党"武装采取的军事打击行动中，包括最新型的梅卡瓦 4 在内的以色列所有型号坦克，都有被"真主党"武装人员使用装有串联战斗部的 RPG-7 改进型火箭筒和发展自 AT-3 和"陶"式改进型反坦克导弹击毁的情况，车内乘员伤亡惨重。

被黎巴嫩真主党武装摧毁的以色列梅卡瓦 4 主战坦克

客观地讲，不能因为这些损失就认为梅卡瓦的防护水平不高。相反，梅卡瓦能把这些"安全记录"保持到 21 世纪已经很不容易了。迄今为止，所有为传统野战条件下坦克战为主要目的设计的坦克，在面对以城镇巷战为主要模式的现代条件下低强度冲突——"治安战"中，都有些力不从心。无论是俄军两次车臣平叛作战中的 T-80，还是美军在伊拉克战争中的 M1A1 改进型和 M1A2，概莫能外。虽然一些国家开发了"城市战专用坦克"，但它们并没有经历过实战的考验，甚至没有与所在国军队一起前往阿富汗和伊拉克"维护治安"。因为在当今世界形势下，即使盘踞在城镇内的全部或绝大多数人员都是敌方武装人员，也几乎没有一支军队敢于实施"将城镇夷为平地"的作战模式。这就要求在城镇巷战中，双方必须在不大量破坏城镇建筑物的前提下，进行逐条街道、逐幢建筑物的争夺。此时，传统装甲机械化部队的火力难以得到发扬，机动性则受到城镇街道的限制，而主战坦克的炮塔顶部、侧面以及尾部等薄弱部位很容易遭到 RPG-7 之类步兵反坦克武器的袭击。

相比之下，梅卡瓦 3/4 已然是比较侧重于应付低强度冲突、尤其是城镇作战的坦克了，无论是前置发动机，还是炮塔和车体两侧及后方的附加装甲，以及作为辅助武器的 60 毫米追击炮都是明证。但即使如此，作为一种以打击对方坦克为首要目的设计的坦克，梅卡瓦依然不是城镇作战的最佳选择：120 毫米主炮不能发扬火力，形同鸡肋；辅助武器不足，射击死角较多；车体加上炮塔显得太过高大，容易遭受攻击。而且，重金打造的梅卡瓦 3/4 整天用来对付"折腾个没完"的武装分子，当然很不划算，如果有损失的话，那就亏得更大了。

第三节
防护系统玩铁拳

提起主动防护系统（APS），人们马上会联想到苏联/俄罗斯研制的"鸫""窗帘"和"竞技场"。但近年来，西方国家在这个领域也赶了上来，推出了一系列性能先进的主动防护系统。比如以色列军事工业公司（IMI）研制的"铁拳"主动防护系统，就是其中的一个新成员。

一、研发概况

包括以色列在内的绝大多数国家，起初对主动防护系统并没怎么看上眼，总认为坦克和装甲车辆只要有坚厚的装甲就能有效抵御反坦克武器的打击。但俄罗斯军队在第一次车臣战争中的巷战表现令西方非常震惊——在狭窄的街道和密集的建筑物包围下，视野和机动能力有限的坦克装甲车辆，只靠装甲招架四面八方射来的反坦克武器显然有些捉襟见肘。

于是，西方在故意贬低俄罗斯坦克装甲车辆防护能力孱弱的同时，却在暗地里认真审视俄罗斯发展的主动防护系统——尽管它未在第一次车臣战争中发挥多大作用，但其所具有的巨大发展潜力却毋庸置疑。因为主动防护系统的出现，让坦克装甲车辆告别了靠皮糙肉厚抗揍的被动局面，可以主动对抗反坦克武器的攻击。俄罗斯 20 世纪 90 年代的主动防护系统使用效果不好是因为技术不成熟,而不是发展思路有什么错误。只要解决好了技术问题,主动防护系统必定会大放异彩。

实际上,以色列、法国、德国等国家研制主动防护系统的时间并不比苏联落后多少,大约是从 20 世纪 80 年代中后期就开始陆续着手研制。但是在近十年时间内,这些国家的研制速度并不快,因为它们并没有多大的紧迫感。而在第一次车臣战争、特别是在 2003 年伊拉克战争后,看到美军坦克装甲车辆、高机动车等在伊拉克被反美武装的 RPG 火箭筒、路边炸弹折腾得狼狈不堪,以、法、德等国迅速提高了研发主动防护系统的速度。不仅如此,就连长期不属于此的美国也火急火燎地上马了多个主动防护系统研发项目。可以这样说,在伊拉克战争后,西方国家的主动防护系统研制才真正步入佳境。而这也再次验证了一条真理——战争永远是武器装备发展最好的催化剂。

以色列研制的主动防护系统有两种:拉法尔公司的"战利品"和以色列军事工业公司的"铁拳"。但它们在设计上的侧重点有所不同——"战利品"以装备坦克为主(特别是以军自己的梅卡瓦坦克),轻型装甲车辆为辅;"铁拳"则正好与"战利品"相反。

对于"铁拳"主动防护系统来说,以军对其提出的主要技战术要求是:系统采用模块化设计,以便于安装在不同平台上;体积要小、重量要轻;能够 360° 全方位防御近程反坦克武器,并能防御攻顶弹药的打击;必要时可配置两种探测传感器,以增加探测的可靠性;能够适应野外开阔地形及城市街巷等多种作战环境;拦截精度要高、拦截成本要低。

从研制时间上讲,"铁拳"与"战利品"主动防护系统几乎同时起步,但后者发展速度比前者略快——当"战利品"于 2005 年进入作战测试时,"铁拳"才刚进入工程拦截试验。在当年的试验过程中,以军将 2 套试验型"铁拳"系统分别装在 1 辆 M113 装甲车和 1 辆由 M60 坦克升级的"萨布拉"坦克上进行了 150 多次试验,分别拦截了反坦克火箭弹、反坦克导弹、聚能装药的反坦克侧甲雷和穿甲弹等多种反坦克武器。据 IMI 总裁阿维·费尔德说:"在大多数测试中,反坦克武器都未能伤害到参试车辆。只有极少数情况下,参试车辆轻微受损,主要是由于拦截距离太近,被拦截的反坦克导弹偏离时以尾部撞击所致。"2006 年,IMI 将"铁拳"主动防护系统送到了法国萨托利防务展上，首次正式对外亮相，引起了很大轰动。从 2007 年年中开始，"铁拳"系统进入以色列国防军进行作战测试。

需要说明的是，由于以色列国防军对采购"铁拳"系统的兴趣不是很大，所以 IMI 将主要精力放在了对外推销上。

二、系统组成

"铁拳"主动防护系统采用了模块化结构，可以根据不同战术需求灵活搭配各个组件。最基本的"铁拳"系统是装在轻型装甲车辆上的，系统组成包括主控制单元、探测雷达、发射装置和拦截弹等 4 个组件。

主控制单元由 IMI 研制，作用是计算威胁的预定弹道，并决定是否发射拦截弹以及何时发射拦截弹。

探测雷达由以色列飞机工业公司（IAI）旗下的埃尔塔（Elta）公司研制，是一种脉冲多普勒体制的小型凝视雷达，作用是探测和跟踪来袭的运动目标。该雷达技术先进，探测和跟踪精度非常高，能提供给主控制单元来袭弹药的距离和弹道，为保证 360° 全方位覆盖，在车辆右前、左后和两侧各布置了 1 部方形雷达天线。

发射装置为可旋转的双联装形式，分别布置在轻型装甲车辆的左前和右后。每座发射装置可涵盖 270° 范围，拦截弹发射完后由人工进行再填装。

拦截弹由 IMI 设计，外形与小型迫击炮弹相似。与一般主动防护系统靠直接撞击或破片来拦截来袭反装甲武器的机理不同，"铁拳"是通过拦截弹战斗部爆炸产生的冲击波效应，通过破坏聚能装药弹中较软的部件或使飞行中的反坦克导弹、动能穿甲弹的弹芯偏移和失稳来达到拦截效果。具体来说，在对付采用聚能装药的火箭弹或反坦克导弹时，拦截弹会在掠过来袭弹药的战斗部之后，在其中段位置引爆，利用冲击波炸断来袭弹药的弹体并将来袭弹药的战斗部向下震离；在对付尾翼稳定长杆式脱壳穿甲弹时，拦截弹会在高速飞来的长杆弹芯前方引爆，使之向下偏离，大幅降低其穿甲能力。

由于靠冲击波效应实现拦截效果，所以"铁拳"系统的拦截弹弹体没有采用像普通拦截弹那样的金属弹体，而是采用易燃材料制成，在爆炸时能够完全燃尽，不会产生爆炸破片，从而大大减小了附带损伤，这对坦克装甲车辆在城市环境中作战极为有利。为防止拦截弹被轻武器或炮弹破片击中殉爆，以色列人特意将拦截弹的战斗部装药设计为钝感炸药。拦截弹所配的无线电近炸引信技术先进、冗余程度高，并有自动防故障装置，可充分保证发火的可靠性。

如果要进一步增强探测和跟踪能力，"铁拳"系统还可以再增加由埃尔比特（Elbit）公司旗下 Elisra 公司研制的红外探测装置。该装置主要用于昼夜全向探测和跟踪，不但具有反应灵敏、可靠性高、探测能力强等特点，而且能够提供来袭弹药的图像。

除基本型"铁拳"系统外，IMI 还研制了用于高机动车、卡车等无装甲防护车辆的改进型"铁拳"系统。与基本型相比，改进型"铁拳"系统进一步减小了体积和重量，如主控制单元更小巧、探测雷达只装 2 部、发射装置只装 1 座（稳定旋转装置重量也有很大程度减小）等。目前，美国、英国等都对这种改进型"铁拳"系统表示出了浓厚兴趣，希望采购或联合发展，以装备给"悍马"及各型卡车，大幅提升这些车辆的防护能力。

三、战时使用

"铁拳"主动防护系统的作战过程比较简单：雷达将探测到的目标信息通过数据传输系统传给主控制单元，然后主控制单元计算好射击诸元，并自动选择和操作发射装置发射拦截弹。需要指出的是，"铁拳"主动防护系统不是一发现反装甲弹药来袭就进行拦截，而是在坦克装甲车辆的"软杀伤"系统交战之后才实施拦截，即作为坦克装甲车辆的最后一道防线，对那些经"软杀伤"系统在较远距离拦截后的"漏网之鱼"进行末端拦截（在试验中的拦截距离为 2 米左右），而这也是拦截弹发射装置只采用双联装的重要原因。

"铁拳"主动防护系统不但自成体系，而且还可与坦克装甲车辆本身的传感器、火控计算机、C4I 系统、拦截攻击系统（如武器站）等综合在一起，组成无缝的攻防作战系统。

"铁拳"系统在使用上还有一项独特之处，就是各个组件可以分开装备，独立承担不同的任务。如只装备"铁拳"系统的雷达和主控制单元，用以进行地面监视、侦察、预警以及对机动目标进行探测和分类；只装备发射装置，通过装填不同弹种（非致命弹、榴弹、烟幕弹或照明弹）来执行不同的作战任务；只装备红外探测装置，用以执行昼夜观察、监视等任务。

四、未来发展

IMI 公司现在一方面游说以色列国防军采购"铁拳"，一方面积极向外推销。由于世界各国大都对以色列武器装备有好感（主要是认为以军武器装备是根据实战经验设计的，使用起来比较踏实），所以外销前景还是不错的。除美、英等国之外，不少第三世界国家（例如印度）也表达了采购"铁拳"系统的意向。可以说，即使以军不采购"铁拳"系统，IMI 公司的努力也不会白费。而为了进一步吸引国外客户的眼球，IMI 还提出今后将继续对"铁拳"系统进行改进，使其适用范围能够扩展到水面舰艇和空中作战平台（主要装备对象是直升机）上。

第四节
盾牌较量：竞技场 VS 战利品

坦克与反坦克武器的矛盾之争由来已久，但目前似乎坦克的防护能力略占上风，俄罗斯"竞技场"系统的出现，使得全世界的反坦克武器设计师们又面临新课题。目前，能与"竞技场"主动防护系统相媲美的只有以色列的"战利品"主动防护系统。以色列拉法尔武器发展局和以色列航空工业公司系统集团携手，穷十年之功，于 2005 年 3 月 8 日在以色列特拉维夫的第 2 届国际低强度冲突装备展览会上第一次展出了"战利品"主动防护系统。

一、发展过程

苏联机械设计局早在 20 世纪 80 年代前期就开始研制主动防护系统，苏联军方发现，苏制主战坦克在正面防护上没有问题，但其他方向的防护能力却远远不足。在当时的局部战争中，轻型反坦克武器从侧面和后部等部位击毁新型主战坦克的战例屡屡发生。两伊战争中，伊拉克共和国卫队配备了当时世界上最先进的 T-72 主战坦克，但在城市战中却不敌伊朗的

RPG 反坦克火箭筒，大多数 T–72 坦克是被伊朗的 RPG 从侧面与后部击毁的。而在阿富汗，山区的复杂地形也让苏联主战坦克的弱点暴露无遗。占领制高点的抵抗力量用各种轻型反坦克武器直接威胁苏联坦克装甲薄弱的顶部与侧面。这些战例对苏联的触动很大，他们认为需要用新方法来提高主战坦克的防护水平，特别是提高对反坦克导弹和其他便携式反坦克武器的防护水平。主动防护系统从此粉墨登场。

苏联军方提出的主动防护系统性能包括：自动发挥作用、在距保护对象最小允许安全距离上对来袭威胁实施拦截、系统反应时间短、精度和命中概率较高、全面考虑被保护目标的具体特点和作战环境，与被保护目标完全融为一体。

机械设计局针对上述要求，计划设计一种超近反导系统，在车辆四周的安全距离上构成一个主动防护区。第一代的"鸫"主动防护系统便应运而生，但它的试验效果并不理想，改进型"鸫"2 也没有彻底解决原有的问题。于是机械设计局不得不从头开始，在经历了苏联解体的大混乱之后，于 1996 年推出了全新一代的"竞技场"E 主动防护系统。

现在再来看一下以色列研制主动防护系统的初衷。以色列自建国之后战争不断，在战争中英勇善战的以色列装甲兵面对城市战也是一脸无奈。在第四次中东战争后期，在进攻埃及重镇苏伊士城的时候，装甲部队深入城市，结果遭到了埃军单兵反坦克武器的痛击，投入战斗的以军 70 辆坦克被击毁 48 辆，其他被击伤后也成为了埃军的战利品（20 年后，车臣战争中俄罗斯装甲部队攻入格罗兹尼几乎是这场战斗的翻版）。但由于以色列取得了第四次中东战争的胜利，就对这次失利很快淡忘了。1982 年 6 月，以色列入侵黎巴嫩，城市战再次爆发，结果以军装甲部队再吃苦头。一名 15 岁的巴解小战士，用手里的 RPG 反坦克火箭筒连续击毁了 3 辆经过装甲强化的以军 M60 坦克。这令以色列军界大跌眼镜，不得不责成有关科研机构为坦克研制新一代防护系统。

以色列国防军对新一代防护系统的要求包括：保持装甲战车的机动性能，在封闭地形、城区地形和所有天气条件下打击近程威胁，能够打击从各个方向同时到达的数个威胁。但因为整个系统技术难度相当大，受当时技术水平与科研水平的限制，以色列主动防护系统的研制工作几起几落。

当俄罗斯于 20 世纪 90 年代中期推出"竞技场"E 主动防护系统之后，以色列相关的研制工作才奋起直追，经过不懈的努力，最终在 2005 年推出了"战利品"主动防护系统。

二、系统组成与运用

"战利品"是一种可快速探测、跟踪并摧毁多种反坦克导弹威胁的先进系统，属于"硬杀伤"主动防护系统，可摧毁反坦克火箭弹和反坦克导弹。

"战利品"包括两个主要部件，一个部件为一套由 4 根平板雷达天线组成的探测系统，天线可布置在车辆或炮塔四周，从而形成半球形的雷达探测区域，用于探测和跟踪各种来袭威胁。另一个部件为 2 具可再装填的发射器。每具发射器可覆盖 210° 弧形区域。发射器的瞄准通过 4 个分布在平台四周的雷达系统完成。发射器可发射多种弹药，包括用于引爆或衰减聚能弹药威力的碎片弹药和用于使穿甲弹发生偏转的爆炸弹药等。"战利品"启用时主要有 3 个工作阶段，威胁探测、威胁跟踪、激活硬杀伤装置，最后消除威胁。系统工作时，监视雷达开始进行环形扫描，一旦雷达发现来袭弹药时，立即对其进行跟踪。当来袭弹药进入系统警戒区时，系统的拦截弹药发射器马上发射 2 发拦截弹药，形成对车辆的保护。

"竞技场"E 主动防护系统也是由多用途雷达和拦截弹药组成。多用途雷达用来连续扫描整个防御区，高定向性、反应极快的拦截弹药用来攻击和摧毁来袭导弹和枪榴弹等威胁。在战场条件下，雷达进行连续不断的搜索来发现逼近坦克的威胁。一旦发现并确定来袭威胁突破 50 米这个"临界线"，雷达立即转换到跟踪模式，在跟踪过程中，雷达收集有关来袭目标的运动参数，计算机自动确定需要发射哪些弹药，以及发射弹药的精确时间。

在以色列推出"战利品"之后，军火市场马上活跃了起来，许多潜在的买家开始评估俄、以两种主动防护系统的优劣。

（1）适用性："战利品"主动防护系统包括雷达和拦截弹药发射器在内总重量仅有 454 千克，对车辆机动性的影响几乎可以忽略不计。而"竞技场"E 主动防护系统的总重量为 1,000 ~ 1,100 千克（视防御弹药的数量而定），主战坦克和步兵战车完全可以配备，对战术与机动性能没有太大影响。但是 1 吨的重量对于轮式战车来说，其影响还是明显的，这使得其适用性不如"战利品"。电子系统的落后导致了俄制"竞技场"E过重，不过随着电子技术的进步，减重对俄罗斯军工系统来说也并不是很难的事。

（2）拦截能力：从防御敌方的武器种类来看，以色列的"战利品"可以防御当今世界上所有的反坦克导弹与火箭弹的攻击，除了安装串联空心装药战斗部的反坦克导弹与炮弹，还可以拦截穿甲弹。

俄罗斯"竞技场"E防护系统也能拦截当今世界上几乎全部的反坦克导弹与火箭弹，但近期内还不具备拦截穿甲弹的能力。因此从拦截能力上看，"战利品"要强于"竞技场"E。

（3）防御范围："战利品"主动防护系统拥有360°的防护范围，系统中配备的"埃尔塔"搜索雷达和布置在车体两侧的硬杀伤系统可为平台提供360°的防护能力，这对坦克进行激烈的巷战非常重要。"竞技场"E的防护范围只有270°，在炮塔的后部有一小块盲区，不过其防护范围可以随着炮塔的旋转而转动，但防护范围内有"照顾不到"的地方毕竟不是好事。

（4）自动化程度：两种防护系统都是配备了高效计算机与小型雷达，以此来自动探测和分析来袭威胁，并对目标自动跟踪、评估与危险分类，最后自动发射拦截弹药。如"竞技场"E只需要车长打开控制面板上的开关，其他一切都由系统自动完成，而且两种防护系统都可以在任何地形与气候环境下使用。唯一不同的是，"竞技场"E只拥有在同一时间同一方向截获多个目标的能力，而"战利品"系统则拥有在同一时间在多个方向拦截多个目标的能力。和俄罗斯其他武器系统一样，"竞技场"E也有手动模式，在紧急情况下可由车长手动发射弹药，用来攻击距离平台很近的敌方步兵。

（5）实战性能：俄罗斯已把"竞技场"E主动防护系统运用在多次局部冲突中，特别是在第二次车臣战争中，将"竞技场"E主动防护系统投入了战场，具体效果很不错，来袭的敌方反坦克武器无一漏网。俄罗斯严格的仿真试验表明，"竞技场"E的效果是让人满意的，俄罗斯新一代反坦克武器，都能被其拦截下来。

"竞技场"面世已有十多年的时间了，最近并没有更新的和更成熟的后续型号出现，有消息称是资金的原因导致研制部门无力推出新一代"竞技场"系统，联想到俄罗斯军工企业因资金严重不足并大吃老本的现状，这种解释也是可以理解的。

和以色列"战利品"系统相比,"竞技场"E也有其优势,那就是价格。"竞技场"E要比以色列的"战利品"系统便宜得多,这对经济不宽裕的发展中国家来讲是必须会考虑的因素。以色列"战利品"防护系统目前还没有投入战场,但由于以色列装甲部队处于严峻的环境之中,估计不久就会将"战利品"投入战场。而现在深陷在伊拉克和阿富汗的美军,就急需一种主动防护系统来抵御单兵反坦克火箭筒的打击,优先考虑的便是以色列"战利品"主动防护系统。

三、其他关注点

除了上述两种主动防护系统外,乌克兰的"拦截式"和美国的"综合陆军"也颇值得关注。

"拦截式"主动防护系统:乌克兰新研制的"拦截式"主动防护系统,体积小、重量轻,采用模块化设计,可以为停止和行进间的车辆提供抵御所有反坦克武器攻击的能力。该系统又称"掩体"主动防护系统,由一系列包含传感器和杀伤装置的自动化模块组成,可根据所需的防护等级,安装在装甲车辆上抵御反坦克火箭、导弹和脱壳穿甲弹的攻击。

"拦截式"主动防护系统包括一个威胁侦察雷达、控制面板和一些防御模块,引爆这些模块就可以摧毁来袭威胁。"拦截式"系统的雷达传感器可以探测到逼近的威胁目标,当来袭弹药距被防护坦克装甲车辆约2米时,防御模块便可发射榴弹至来袭弹药,瞬时爆炸形成防御"盾牌",产生大量的预制破片,在距被防护坦克装甲车辆20厘米外,将来袭弹药摧毁。

"拦截式"主动防护系统的雷达传感器在水平方向的覆盖范围是$150°\sim180°$,高低方向的覆盖范围是$-6°\sim+20°$。整套系统的重量依所需要的防护等级而定,在$50\sim130$千克之间。该系统最大功率消耗是200瓦,它的早期型可以拦截末段速度为$70\sim1,200$米/秒的目标;装备型可以拦截$1,800\sim2,000$米/秒的来袭目标,防护力十分优异。

"综合陆军"主动防护系统:美国联合防务公司推出的"综合陆军"主动防护系统,目的是保护美国陆军"未来战斗系统"中有人驾驶车辆免受各种反坦克武器的威胁,包括反坦克导弹和反坦克火箭。它的被动式传感器系统发现来袭目标后将提示计算机,由其对目标进行分类,而后选择是用"软杀伤"（干扰）方式、"硬杀伤"（拦截弹）方式或同时采用以上两种方式打击目标。该系统通过急促发射小型低速弹丸来摧毁来袭高爆弹药。同时，这种防护系统不会伤害附近的己方部队，可以安装在各种类型的地面战斗车辆上，而且还成功地进行了行进间对付多目标的射击试验。

该系统的研制工作由美国陆军坦克机动车局研究发展与工程中心负责。2003年，中心对系统进行了一系列试验，其中包括成功地保护了一辆速度为32千米/小时的"布雷德利"战车免受多个来袭目标的打击。除了保护装有该系统的车辆外，它还可以为车辆四周有限范围的区域提供保护。

美国的主动防护系统综合采用了光电干扰式和拦截式两种主动防护系统，可谓"软硬兼施"。

第五节
退役型号的超级利用

以色列民族是一个富于创新的民族，从以色列国防军把老式坦克改装成重型步兵战车的漫长历程，就能清楚地看到这一点。

在有史以来最大的两栖作战行动——诺曼底登陆发起之前，一位名为霍伯特的英国将军带领他的助手们，利用退居二线的坦克，改造出一系列专门用于两栖作战的另类战车。然而大多数盟军将官并不喜欢这些怪异的战车，称其为"霍伯特的怪物"或"霍伯特的马戏团"。可正是这些"马戏团战车"，在诺曼底登陆行动中有效减少了从登陆舰到滩头这段"生死时速"中盟军士兵的伤亡，并在滩头上提供火力支援。无独有偶，以色列自2009年1月3日开始针对加沙地区哈马斯武装的"铸铅"军事行动地面作战中，也是一群用老式坦克和装甲车辆改装的奇特战车成为了以军装甲部队的主角。

一、"纳格马科恩"步兵战车

以色列是最早采用坦克底盘改装步兵战车的国家之一，"纳格马科恩"（Nagmachon）和"纳克帕唐"（Nakpadon）步兵战车就是实例，当时可以说比外国任何类型的步兵战车都更能满足部队具体的战术需要。

"纳格马科恩"和"纳克帕唐"步兵战车是由拆去炮塔的"百人队长"

坦克改装而成的。这两种步兵战车用在了威胁性很大的反暴乱作战环境之中，是对付路侧地带的炸弹和地雷最为理想的装备之一。

"纳格马科恩"和"纳克帕唐"步兵战车的由来可以追溯到1982年的黎巴嫩战争，当时以色列国防军就意识到，在隐蔽的地方，M113装甲人员输送车极易受到步兵反坦克武器的袭击。

当时以色列人发现，比M113装甲人员输送车的生存能力更强的装甲人员输送车，就是借用坦克改装的重型装甲人员输送车。在最初的试验中，借用的是一个排的梅卡瓦1主战坦克，试验很成功。结果证明，这种发动机前置方案的坦克，对改装成装甲人员输送车来说是很理想的。然而这样改装的成本太高，所以把梅卡瓦1主战坦克改装成装甲人员输送车的计划只得作罢。作为一个权宜之计，当时就把老式的"百人队长"坦克的车体改装成装甲人员输送车。这样改装的车辆，称为"纳格马肖特"（Nagmashot），是在20世纪80年代初开始服役的。

"纳格马科恩"是"纳格马肖特"基型车的一种改进型车辆，而以色列最新型的"纳克帕唐"重型步兵战车则是现有"百人队长"坦克车体的一种新的改进型。"纳克帕唐"车上的战斗室上采用的是被动式装甲模块，而不是"纳克马科恩"车上的那种爆炸反应装甲块。

"纳格马科恩"步兵战车保留了"百人队长"坦克的主体结构，因此其防护性能优良，能适应高强度的城市作战行动。除了主装甲外，还在侧裙板上安装了反应装甲。而且其前四对负重轮都在厚重的侧裙板的覆盖之下，有效提高了抗击能力。"纳格马科恩"后侧还有重量较轻的侧裙板，可用来保护下车作战的步兵。其后甲板上装有一根粗大的天线，主要是用来对付路边炸弹。其原理是发出无线电信号提前引爆路边炸弹，或者阻断敌方发出的用以触发炸弹的无线电信号。

除了防护性能超群以外，其火力也相当强大，最多可安装4挺7.62毫米机枪，1门60毫米顶置迫击炮。这些武器在城市作战中对付敌方的有生力量已经绰绰有余。"纳格马科恩"的所有机枪都装在简易的枢轴式枪架上，安装和拆卸都比较方便。其动力强劲，主要采用功率强大的改进型AVDS柴油机。悬挂装置是混合式的，以老式"百人队长"的悬挂装置为基础，但是在缓冲限制器上作了改进。

与"纳克马科恩"一样,"纳克帕唐"在厚实的、隆起的侧裙板上装有反应装甲。在这两种车上,前四对负重轮由上述这些厚重的侧裙板所覆盖,重量较轻的一段侧裙板保护的是最后一对负重轮。这些侧裙板是铰接安装的,当最后一段侧裙板这样竖起时,可用来保护从载员舱下车作战的机械化步兵。

"纳格马科恩"和"纳克帕唐"的后甲板上,装有一根粗大的天线,它的结构设置是用来对付路侧地带炸弹的,能提前引爆路侧地带的炸弹,或者阻断所发出的用以触发饵雷的信号。

公开亮相的以色列"纳格马科恩"步兵战车

二、"阿奇扎里特"步兵战车

"阿奇扎里特"是以色列利用在中东战争中缴获以及后来"廉价收购"的大量 T-54 / 55 坦克底盘为基础,改装而成的重型装甲步兵战车,用于在快速多兵种作战中运送突击步兵的。

用"百人队长"坦克底盘改造重型装甲步兵战车的成功,深深地影响到了以色列军方高层。于是在他们的直接推动下,以色列开发了"阿奇扎里特"重型装甲步兵战车,也是世界上第一种批量生产的重型装甲步兵战车。

追求最高防护力是"阿奇扎里特"的最大特点,它的前部和两侧安装了模块化复合装甲，发动机后部安装了"袍褂"网眼状装甲。T–54/55 坦克在卸去动力传动部件和炮塔以后只有 27 吨，而经过改装后的"阿奇扎里特"重量竟达 44 吨，足见其对防护性能的重视。车顶除了驾驶员、车长和高射机枪窗口外，仅仅设置了 2 个较大型的角型窗口。除上述人员外，乘员还包括 7 ～ 8 名步兵。"阿奇扎里特"安装了 625 马力（约 467 千瓦）底特律 8V–71 TTA 型柴油机和阿里森 XTG–411–4 型自动变速箱，整个动力传动部件的体积比较小，动力舱余下的 1/3 空间被设计成为供乘员上下车的专用走廊。

　　早期型号的"阿奇扎里特"安装有 4 挺 FN–M240 型 7.62 毫米通用机枪、1 门 60 毫米迫击炮和多具 IS–6 型烟幕弹发射器。不过从以色列最近公布的照片上看，至少有一部分"阿奇扎里特"在车顶上安装了可以选装 40 毫米榴弹发射器或 12.7 毫米机枪的遥控武器站，以及一个由防弹玻璃和装甲构成的小型观察 / 射击堡，以替代 7.62 毫米通用机枪。还有部分"阿奇扎里特"不再安装固定武器，代之以一个大型观察 / 射击堡。

　　"阿奇扎里特"重型装甲步兵战车参加了包括 2006 年黎以冲突在内的历次军事行动，其中有相当多城镇巷战，经受了实战的考验。在"铸铅行动"中，"阿奇扎里特"及其已知的两个改进型号如数登场，安装遥控武器站和小型观察 / 射击堡的改进型，可以说是上镜率最高的以色列战车。这不仅因为"阿奇扎里特"是以军目前装备数量最多的重型装甲步兵战车，也证明了以色列陆军对于这种坚固可靠的重型装甲步兵战车在反游击作战、尤其是在城镇条件下的反游击作战中的表现所给予的高度信任。

以色列阿奇扎里特步兵战车大队

三、"亚美尔"步兵战车

"阿奇扎里特"虽然性能出色，但毕竟 T–54/55 坦克底盘也是"外来装备"，难以有效保证来源。2008 年 6 月，以色列陆军迎来了新一代重型装甲步兵战车——"亚美尔（雌虎）"，它是目前为止全世界性能最强的重型装甲步兵战车之一。

"亚美尔"是在以军退居二线的梅卡瓦 1/2 型坦克底盘的基础上改造而成，改装内容包括：拆除炮塔和车体顶部，代之以新的焊接上层装甲结构，安装新的尾部舱门/跳板，去掉驾驶员舱盖，乘员舱加附加装甲等。"亚美尔"可载 11 名乘员：车长、驾驶员、炮长和 8 名载员。该车还配备了一个担架设备，从而保证车辆在 8 名载员之外还可以搭载 1 名伤员。

"亚美尔"全身（包括车顶）都披挂了附加装甲，看上去似乎与"阿奇扎里特"及 M113 改进型的附加装甲型号相同，是一种模块化的复合装甲。为了应对地雷的威胁，"亚美尔"还在车底部安装了 V 形"特殊装甲系统"，并重新设计了车内乘员与载员的悬置座椅。此外，还计划装备"战利品"主动防护系统。以色列方面称："'亚美尔'是世界上防护力最强的步兵战车……"。

"亚美尔"的电子系统也十分先进，装备了与梅卡瓦 4 主战坦克相同的战斗管理和火控系统、非冷却热成像电视和昼/夜观察设备。车体外部安装有 4 台摄像机，3 个在前，1 个在后，载员顶观察瞄具替换为平板监视器，从而使车内乘员在闭舱作战时具有良好的视野，提高了态势感知能力。另外，根据以国防军的作战经验，步兵战车乘员经常需要在车内持续待上 24 小时，因此"亚美尔"还配备了卫生设备。

"亚美尔"的武器系统包括 1 部可选装 40 毫米榴弹发射器或 12.7 毫米机枪的遥控武器站、1 门 60 毫米迫击炮和 1 挺 FN–M240 型 7.62 毫米通用机枪。车顶唯一的舱盖位于车长顶部，在车辆的左侧，从而使车长能够操纵 7.62 毫米机枪。

以色列军方计划第一阶段采购 50 辆"亚美尔"重型装甲步兵战车，用来替换即将退役的"纳格玛肖特""纳格帕登"和"美洲狮"。部分"亚美尔"已经参加了"铸铅行动"，成群"雌虎"驰骋在中东的土地上只是时间问题，从"纳格帕登"到"阿奇扎里特"，再到"亚美尔"，均显示了以色列人的精明与创意。

重型装甲步兵战车最主要的优点是能够为进攻一方的步兵提供足够的防护能力，在现代条件下的城镇巷战中还能有效抵御反坦克武器的打击。其次，重型装甲步兵战车具备足够的载重量，车上可以搭载包括榴弹发射器、机枪和各种遥控武器站在内的多种武器，在城镇巷战中为步兵部队提供必要的火力支援。而且，重型装甲步兵战车采用坦克底盘，在维修、保养和战时抢修等方面能够减轻后勤支援部队的压力。另外，利用坦克底盘改装成重型装甲步兵战车，还为即将和已经退役的坦克找到继续存在的理由。

事实上，以色列开创的用退役坦克底盘改造重型装甲步兵战车的做法，已经被数个国家所借鉴：约旦将"百人队长"坦克底盘改造成 ABI4"鳄鱼"重型装甲步兵战车，俄罗斯以 T-55 坦克底盘改造出火力强大的 BTR-T 重型装甲步兵战车和另一款重型装甲人员输送车。

参加展出的以色列猛虎步兵战车

四、其他动向

没有装甲力量协同作战的步兵，在现代条件下的城镇巷战中处境异常艰险。在 2006 年以军对黎巴嫩真主党武装采取的军事行动中，其轻步兵分队的伤亡占以军伤亡的大多数，甚至有以军步兵班在巷战中被真主党武装全歼的记录。从一些公开的照片资料看，巴勒斯坦武装人员不仅有名声在外的 RPG-7 反坦克火箭，还自制了一种外形与"二战"中德国"铁拳"有些相似的简易反坦克火箭，另外还制造了不同口径的追击炮、掷弹筒和与之匹配的弹药。虽然这些用钢管（很多为没有军用价值的无缝钢管）和消防栓拼凑的"山寨武器"设计、制作都十分粗糙，却足够对以军轻型车辆和轻步兵构成威胁。在迫击炮和掷弹筒的火力下，坦克内的乘员也无法露身车外进行观察，仅凭车长和炮长观瞄仪，视野又显得过于狭窄。

针对在以黎、以巴冲突中出现的新情况，以色列陆军高层曾经在 2007 年间，对以色列陆军的未来发展进行了探讨。其中有意见认为，以色列应当学习欧美国家，研制或引进类似"斯特瑞克""拳击手"一类的轮式装甲战斗车辆，建立"轻型化陆军"；也有意见认为，以色列应当研制或引进类似"布雷德利""美洲狮"一类的履带式步兵战车，使现有装甲部队的构成更加完善。从目前情况看，以色列高层似乎没有采纳上述提议中的任何一个，而是另辟蹊径，将一群更加另类的战车推向了前台。在最近一次巴以冲突的地面作战中，梅卡瓦只被部署到城镇外围，作为 120 毫米平射炮和 60 毫米追击炮的活动炮台提供火力支援。运载以色列军队进入城区并为士兵提供最直接火力和防护支持的，却是一群让人觉得似曾相识却又有些陌生的奇特战车。

以色列几乎没有销毁退役武器装备的习惯，他们总是能够把那些看起来已经毫无使用价值的武器加以有效地翻新和改造，将其重新投入使用或销往国外。在此次"铸铅行动"中担当主角的另类战车，也是在那些已经退居二线甚至退役的坦克、装甲车辆的基础上，通过合理改造而成的，使得久经沙场的老兵迎来了第二个春天。

M113 装甲车是世界装甲车辆中的一代元老，其分布范围遍及五大洲：澳大利亚和马来西亚在其车顶上加装类似"布雷德利""武士"或"美洲狮"步兵战车的炮塔，土耳其甚至给仿制的 M113 改进型装上俄制 BMP-3 步兵战车的炮塔，生产出各种简易步兵战车。M113 也曾经是以色列陆军的主力装甲运兵车，在"铸铅行动"中，这位一度很少活动的"老兵"重新披挂上阵，但已是旧貌换新颜了。

目前能看到的以色列改进型 M113 有两个型号，其中一个型号对主装甲进行一定的加强，在主装甲和履带外侧加装大量的格栅装甲，车顶加装一个由防弹玻璃和装甲构成的大型观察／射击堡。格栅装甲对于RPG-7一类的聚能装药武器有一定的防御效果，观察／射击堡则可使乘员在面对敌方迫击炮和掷弹筒的火力威胁下，仍然可以露出车体（至少是探出头）进行视野较好的全向观察。

与这个相对简单的改进型相比，另一个M113的改进型号则要更加精致和完善，不仅在主装甲外侧加装了模块式附加装甲（从外形特征上看应该是复合装甲）、履带外侧加装了格栅装甲，还在车顶安装了一部以12.7毫米机枪为主要火力的遥控武器站，以及由防弹玻璃和装甲构成的小型观察堡。此外，还在车顶上安装了烟幕弹发射装置。从上述各个特点来看，这两款M113改进型都是以城镇作战为主要目的开发的，它们都参加了这次"铸铅行动"并深入加沙城区，只是分工有所不同，前者主要负责人员运输，后者则更侧重于火力压制和步兵随车战斗。

第九章

后起之秀　攻防俱佳

第一节
电脑坦克勒克莱尔

在世界先进主战坦克的行列里，法国的勒克莱尔算得上是后起之秀。法国人称它为超级坦克、电脑坦克、世界上最先进的主战坦克。

勒克莱尔主战坦克的命名是为了纪念法国装甲兵元勋勒克莱尔将军。勒克莱尔·德·奥特克罗克将军生于 1902 年 11 月 29 日，毕业于著名的圣西尔和索米尔军事学院。1939 年时他任步兵上尉，第二次世界大战中，参加了戴高乐将军组建的自由法兰西军队，并很快晋升为上校。他平步青云，在打了几个大胜仗后，被戴高乐提升为将军。1944 年 6 月，他率领法军第 2 装甲师参加了诺曼底登陆和解放法国本土的作战。他作战勇敢，指挥有方，善于穿插和大范围机动，战功卓著，深得盟军将士的尊重。1944 年 8 月 26 日，他和戴高乐将军一道胜利进入巴黎凯旋门，巴黎全城鼎沸。"二战"后，勒克莱尔先后担任法军驻远东的司令官和法国海外非洲军总监。不幸的是，他于 1947 年 11 月 28 日因飞机失事而遇难，而第二天就将是他的 45 岁生日。1952 年，勒克莱尔被追认为法国元帅，以勒克莱尔元帅来命名法国的一种新式主战坦克，自然是再恰当不过的了。

一、十年铸剑功

人们常用唐代诗人贾岛"十年磨一剑"的诗句，来形容执著的追求和事业的艰辛。勒克莱尔主战坦克从 1975 年立项，到 1991 年开始列装，前后历经了 16 个春秋，其反复试验和改进、精雕细刻的精神，可见一斑。

1977 年，法国陆军参谋部确定了"未来坦克"概念研究的军方目标，法国的地面武器工业集团（Giat）接受了概念研究的委托，从此，新型主战坦克的研究工作步入了实质性阶段。1977 年 9 月至 1978 年 5 月，Giat 的研究小组先后提出了 TC3、TC2、AS12、AS22、AS31、AS40 共 6 种概念方案，包括 3 人乘员组、装自动装弹机、4 人乘员组、发动机前置、发动机后置、3 名乘员均布置在车体内、弹匣供弹、炮塔吊篮结构等多种型式的组合，随即向陆军参谋部汇报。论证的结果是决定以 3 人乘员组、装自动装弹机、发动机后置方案为基础，继续进行研究和试制；同时确定以 Giat 所属的塔布制造厂的副厂长利卡·梅寿为项目负责人。

1985 年，Giat 的武器制造厂制造出两辆完整的试验台架，用于进行底盘性能试验。1986 年初，正式定名为勒克莱尔主战坦克。1986 年秋，法国有影响的《费加罗报》以"超级坦克"为题，披露了勒克莱尔主战坦克的主要性能。1987 年，在法国萨托利陆军武器装备展览会上，展出了勒克莱尔主战坦克的样车，并进行了机动性表演。从此，勒克莱尔主战坦克才为世人所知。

1988 年，Giat 所属的武器制造厂制成了第一轮 6 辆样车，并进行了广泛的试验。第一辆样车的炮塔扁平，外形很像豹 II 主战坦克。而 1990 年制成的第二轮样车，即正样车，外形上又有了很大的变化，如炮塔和车体两侧加装了附加装甲，显得更"丰满"些，战斗全重也由第一轮样车的 53 吨增加到 54.6 吨。1991 年 10 月 8 日，第一批勒克莱尔主战坦克交付法军第 2 装甲师。

训练中的勒克莱尔主战坦克

二、各项性能

20 世纪 70 年代，法国军方对主战坦克在未来战争中的作用问题进行了一场大的辩论，起因是由于反坦克导弹的崛起。在 1973 年的第四次中东战争中，反坦克导弹出尽了风头，令一些军事家对主战坦克的未来打上了一个大大的问号。法国军方辩论的结果认为，尽管反坦克导弹的射程比坦克炮的射程要远得多，破甲能力很强，但导弹也有明显的弱点，如飞行速度慢，需要跟踪制导，对各种干扰比较敏感，射速有限等。虽说武装直升机（直升机加上反坦克导弹组成的武器系统）在和坦克的较量中处于明显上风，但武装直升机的防护能力相对较弱、持续作战的能力不强等弱点也十分突出。法国军方还认为，面对来自东方的威胁，面对华约对北约坦克数量 3∶1 的优势，法军的武器装备不能留下空白。另外，在整个作战系统中，如果取消了与导弹、装甲车和支援武器紧密结合的坦克环节，就等于取消了遏制敌人强大装甲集团推进的能力。结论很明显，法国军队拥有新型主战坦克是完全必要的。新型主战坦克除了要考虑火力、机动性、防护力综合平衡外，还要充分考虑通信和指挥能力。

1. 编制和作战使用

勒克莱尔主战坦克未参加过大规模实战，但它的编制体制无疑是按实战要求来考虑的。特别是在 1990—1991 年的海湾战争中，参战的法军"幼鹿"师的第 4 骑兵团，尽管装备的是 AMX–30B2 主战坦克，但都是按勒克莱尔主战坦克预计的编制来实施的，即 RC40（40 坦克团）编制。实战表明这种编制是合理的，它的特点是放弃了传统的自上而下的三三制编制，建立一种以小分队（编制 2 辆坦克）为基础的结构，小分队代表着一种基本的、不可分割的战术单位。也就是说一辆坦克不宜单独作战，每个坦克排有 2 个小分队，共 4 辆坦克。每个坦克连有 3 个坦克排，加上连长指挥车，共有 13 辆坦克，坦克连还包括装备 VBL 装甲指挥车的指挥排和一个有 3 辆装甲输送车的防护排。3 个坦克连，再加上团长指挥车，构成有 40 辆坦克的 40 坦克团，实际上相当于别的国家坦克营的规模，指挥官是中校。两个 40 坦克团，构成一个 80 坦克团，有 80 辆勒克莱尔主战坦克，指挥官是上校。法国陆军的装甲师编有 2 个 80 坦克团，共 160 辆勒克莱尔主战坦克。

2. 总体布置

勒克莱尔主战坦克的驾驶舱在车体左前部，车体右前部储存炮弹，车体中部是战斗舱，动力传动舱在车体后部。炮塔带有尾舱，安装在车体中部上方。

勒克莱尔主战坦克允许身材高大的欧洲人担任坦克乘员，乘员座位附近较宽敞，高速越野行驶时的振动很小。在乘坐舒适性上，勒克莱尔主战坦克居于西方各型主战坦克的前列，乘员在坦克内连续作战的能力大大提高。

勒克莱尔主战坦克的战斗全重为54.6吨，乘员3人，是西方率先采用3人乘员组的主战坦克，其总体布置仍采用传统的炮塔式坦克布置方式。车体前部为驾驶室，中部为战斗室，后部为动力—传动部分。由于勒克莱尔主战坦克走的是独立设计的道路，采用了法国制造的120毫米滑膛炮和自动装弹机，因此无论从内部布置上，还是外观上，勒克莱尔主战坦克和其他各国的主战坦克相比都有明显的区别，不难识别。其突出的外部特征是，扁平而"丰满"的炮塔形状，突出的车长周视瞄准镜，厚厚的侧裙板，每侧6个负重轮，长长的炮管和平滑的身管热护套，等等。

性能数据如下表所列。

勒克莱尔主战坦克性能数据	
战斗全重：54.6吨	越野最大速度：60千米/小时
乘员：3人	公路最大行程（有附加油箱）：720千米
车长（炮向前）：9.871米	油箱容量：1,255升
车宽（带侧裙板）：3.71米	附加油箱容量：400升
车宽（不带侧裙板）：3.31米	最大爬坡度：60%
车高（至炮塔顶）：2.532米	最大侧倾坡度：30%
车底距地高：0.5米	越壕宽：3米
履带接地长：4.318米	涉水深（有准备）：2.3米
公路最大速度：71千米/小时	最大潜渡深：4米

3. 机动性

法国军方有重视坦克机动性的传统，"二战"后的AMX-13轻型坦克和AMX-30主战坦克，机动性都相当不错。在设计勒克莱尔主战坦克时，对坦克的机动性也相当重视：首先是设计了1台相当先进的超高增压柴油机，最大功率达1,500马力（1,100千瓦）；再就是大胆选用了液气弹簧悬挂装置，不仅保证坦克有极高的越野行驶速度，也使坦克的行驶非常平稳。勒克莱尔主战坦克最大速度为71千米/小时，越野行驶的最大速度为50～60千米/小时，在当代主战坦克中名列前茅。

行进中的法国勒克莱尔主战坦克

勒克莱尔主战坦克出色的机动性，得益于它有一台世界上独一无二的超高增压柴油机，具有高增压比、低压缩比、采用旁通补燃系统等特点；它由法国联合柴油机公司（UD 公司）研制，型号为 UDV8X–1500 型，是一种 4 冲程 V 型水冷超高增压柴油机。它的增压比高达 7.5，而豹 Ⅱ 主战坦克的增压柴油机的增压比仅为 2.5，这表明勒克莱尔主战坦克的发动机比豹 Ⅱ 的更先进。打一个形象的比喻，增压就好比让一个人吃几个人的饭，干几个人的活。当然，随着增压比和工作强度的增加，发动机的热负荷也成倍增加，发动机的材料和制造工艺也要跟得上去。

勒克莱尔主战坦克的电气系统包括：主发电机、辅助电力装置、蓄电池、耗电装置及全车电路等。主发电机为既无集电极又无电刷的三级交流—整流发电机，可提供 28 伏、20 千瓦的电力，由发动机经液力耦合器带动。辅助发电机由发动机的涡轮压气机带动，可作为应急发电机使用，最大功率 9 千瓦。蓄电池组由 8 个铅酸蓄电池串并联而成，单个蓄电池的工作电压为 12 伏，系统电压为 24 伏。耗电装置包括起动电动机、计算机、各种电驱动装置、照明灯等。

勒克莱尔主战坦克不具备空中机动性，但可以海上运输。陆地远距离运输，可以用坦克运输车或铁路平板车，其宽度和高度适于铁路运输。

4. 防护性

习惯来说，法国的坦克设计师似乎更重视坦克的机动性，而不太重视坦克的装甲防护性，因此法国坦克普遍比同一时代其他国家的坦克要轻些。

但到了设计勒克莱尔主战坦克时，情况有了很大的变化，在重视坦克机动性的同时，对坦克的防护性也给予了更多的关注。比较勒克莱尔的第二轮样车和第一轮样车可以看出，外观上发生了很大的变化。第二轮样车的炮塔装甲厚度明显加强，战斗全重增加了 1.6 吨。同时，勒克莱尔主战坦克上还采用了标准组件式复合装甲。将来一旦有性能更先进的装甲出现，便可以随时以旧换新，也便于坦克战损时更换装甲块。

勒克莱尔主战坦克的外形轮廓要比豹Ⅱ、M1 小，再加上采用了降低热辐射特征信号的技术、激光报警装置、能发射诱饵弹的 Galix 干扰系统、三防装置和灭火抑爆装置等，使勒克莱尔主战坦克的综合防护能力达到了相当高的水平。法国军方人士宣称，豹Ⅱ和 M1 主战坦克要达到勒克莱尔的防护水平，至少要增加 5 吨的装甲重量，勒克莱尔主战坦克的防护力，足以抵御现代威力最大的反坦克弹药的攻击。

法国军方人士认为，勒克莱尔主战坦克在火力和战术机动性上优于其他主战坦克，而且在防护性方面也是无可争议的。首先是因为勒克莱尔主战坦克采用了 3 人乘员组、结构紧凑的发动机，使整个坦克车体缩短了 1 米。勒克莱尔主战坦克的车内容积为 37.5 立方米，比豹Ⅱ和 M1 主战坦克要减少 20% 左右。

勒克莱尔主战坦克采用了模块式的、可更换的复合装甲。这种复合装甲包括高硬度钢装甲、高韧性钢装甲和"凯芙拉"陶瓷层的多层复合结构，而且对坦克的正面、侧面、顶部和底部的装甲，都进行了精心的强化。从目前勒克莱尔主战坦克未装爆炸反应装甲可以看出，军方对勒克莱尔主战坦克的主装甲还是充满信心的。车体前部侧面有 6 个附加装甲箱体，它比单层的装甲侧裙板有更强的防护力。

除了以主装甲为主要防护手段外，勒克莱尔主战坦克的辅助防护手段也有许多独到之处。紧凑的外形、巧妙的伪装、新型迷彩、降低热特征和电磁特征等措施，使得勒克莱尔成为了一个难以探测的目标。新型防红外迷彩，使得敌方的红外观瞄仪器难以发现勒克莱尔主战坦克。采用特制箱式侧裙板，加上控制发动机排气管排出的废气温度不超过 370℃，大大地降低了坦克的热特征。采用高速调频电台，有效地降低了坦克的电磁特征。而兼有火力和防护性能的 Galix 系统，可以发射红外诱饵弹，使敌方来袭导弹的控制失灵。此外，坦克上还装有 Dallas 激光预警探测器，当发现敌方的激光照射时，可以迅速实施规避。

行驶在公路上的法国勒克莱尔主战坦克

勒克莱尔主战坦克上的三防装置为集体和个人混合式，既可以在坦克舱室内形成超压，每个乘员又有一套三防及防火工作服（防护服）。此外，车内的自动灭火抑爆装置可以在 0.4 秒内消除车内的火险，防止弹药诱爆和油箱起火。燃油箱采用自动堵塞式，这对于降低火险也很有好处。整车采取隔舱化布置，安装了战斗室爆炸气浪排放板，装药采用不敏感装药，火炮和炮塔驱动装置为全电式驱动装置，这些措施对于增强整车的防护性能都大有裨益。

5. 武器

"二战"以后的法国坦克，对火力性能相当重视，到了勒克莱尔主战坦克时，对火炮、弹药、战斗室布置等进行了全面的革新与提高。在勒克莱尔主战坦克武器系统的设计上，设计师们首先考虑了两个问题，一个是要不要搞炮射导弹，另一个是要不要采用自动装弹机。反复论证的结果是，炮射导弹虽然有射程远等诸多优点，但弹道性能不如直射的坦克炮弹；另一方面，25 千克重的炮弹不仅极大地消耗装填手的体力，也使装填手在行进间装弹几乎不可能。最终军方决定选择 52 倍口径的 120 毫米滑膛炮，符合北约标准，可发射北约标准弹药。勒克莱尔主战坦克的主炮比豹 II 和 M1A1 主战坦克上的 44 倍 120 毫米火炮身管长出近 1 米，因而炮弹的初速也更大些，射程更远些。身管内表面镀铬，并采用了自紧工艺，提高了身管的强度和耐磨性。

勒克莱尔主战坦克的炮管上没有通常的炮膛抽烟装置，这是它的火炮的一个特点。法国的坦克设计师们专门设计并安装了一台微型压气机，火炮射击后，压气机立即向炮管内吹入 400 个大气压的高压气体，将残余火药燃气吹出炮管。

勒克莱尔主战坦克是西方第一种采用自动装弹机的主战坦克，这使它的射击速度达到 6 发 / 分钟。从指标上看，并不比豹 II 和 M1 主战坦克的射速高，但实际射击间隔时间不大于 6 秒，远高于豹 II 和 M1 主战坦克。

自动装弹机位于炮塔尾舱，由弹舱、输弹机和推弹机组成。弹舱为长方形，储待发弹 22 发。补充弹药时，可将不同弹种的弹药任意放置，自动装弹机专用的 68,000 型计算机会记忆每发弹的位置；需要装弹时，它会自动选取离炮尾最近的该型炮弹。补充弹药时，可由车内乘员将车体内的备用弹药装至自动装弹机的弹舱，也可由炮塔后部的小舱门处来补充。弹舱的体积相当紧凑，只有 2.4 米 ×1.4 米 ×0.5 米，净重只有 500 千克。每次射击后，炮管自动返回到 – 1.8° 的俯角位置，定角度装弹。自动装弹机出现故障时，可由乘员人工装弹。火炮及炮塔驱动装置为全电式，安全性极高。炮塔旋转 180°，只需要 5 秒钟。

辅助武器包括 M2HB–QCB 型 12.7 毫米并列机枪、F1 型 7.62 毫米高射机枪和 Galix 多用途烟幕弹 / 榴弹发射器。M2HB–QCB 型 12.7 毫米并列机枪的有效射程达 2,000 米，射速 450 ~ 635 发 / 分钟，有普通机枪弹和穿甲弹共 800 发。枪管可在几秒钟内迅速更换。F1 型 7.62 毫米高射机枪用于自卫和对空射击，可高平两用，射速 700 发 / 分钟，弹药基数 2,000 发，由车长或炮长遥控射击。

Galix 多用途烟幕弹 / 榴弹发射器也是勒克莱尔主战坦克的一大特色。它虽然隶属于武器系统，但主要是用于防御。它装在一个特制的护罩内，由多功能箱、综合发射器及 80 毫米弹药组成，炮塔两侧各有一套。炮塔每侧的综合发射箱装有 4 发烟幕弹、3 发杀伤弹和 2 发红外诱饵弹。发射烟幕弹时，可在坦克的前方形成长 40 米的烟幕带，持续时间超过 30 秒。近距离杀伤弹的有效射程为 30 米，每枚弹可产生近千块重 0.2 克的碎片，在坦克周围 20 ~ 30 米的距离内，对人员的杀伤概率几乎达到 100%。红外诱饵弹能干扰和诱惑敌方红外制导的反坦克导弹，改变导弹的弹道，使导弹射手的控制失灵，其持续作用时间超过 10 秒。Galix 系统的反应时间大于 1 秒钟，可以认为它已具有主动防护系统的雏形。

6. 弹药

勒克莱尔主战坦克上的 120 毫米滑膛炮配用了两种弹药：尾翼稳定脱壳穿甲弹和多用途弹，弹药基数 41 发。其中，炮塔内装 23 发，车体内（驾驶员右侧）装 18 发。

尾翼稳定脱壳穿甲弹即长杆弹，弹全重 20 千克，采用半可燃药筒和钨合金弹芯，长径比为 20:1，由于火炮的身管长，炮口初速高达 1750 米/秒，炮口动能达到 11 兆焦，超过了豹 II 和 M1A1 主战坦克炮动能弹的动能，因而穿甲威力极大。此外，勒克莱尔主战坦克火炮身管寿命超过了 1,000 发，而苏联的坦克炮身管寿命一般只有 500 发左右。

多用途弹兼有破甲弹和杀伤爆破弹的双重作用，简化了弹种。弹全重 25 千克，能击穿北约三层重型坦克靶，还可杀伤人员及破坏土木工事。弹丸的初速为 1170 米/秒。

另外还有两种新式炮弹正在研制中，一种是贫铀穿甲弹，估计目前已经交付给法国陆军使用；另一种为 "波利尼格"（Polynege）炮射导弹，目前已完成概念研究，弹长 984 毫米，全重 28 千克，弹头重 20 千克，炮口初速 800 米/秒，射出后 2 片前翼和 6 片尾翼展开，具有短暂火箭助推，导弹有 2 种攻击模式，直接瞄准射击时，导弹保持于瞄准线上飞行，向目标进行攻击；间接瞄准射击时，导弹以较高抛物线飞进目标区，并以寻的器锁定目标，攻击目标顶部，最大射程约 7,000 米，并可攻击地下掩体、直升机或无人机等。

7. 火控系统

勒克莱尔坦克的火控系统为指挥仪/猎歼式火控系统，包括热像仪、激光测距仪、车长及炮长瞄准镜、火炮稳定器、传感器和 3 台计算机。其中计算机的中央处理器就有 30 多个，因此，法国人将勒克莱尔坦克称为 "电脑坦克"。

（1）炮塔伺服计算机：简称伺服计算机，也称为伺服处理机，用来控制炮塔的旋转和火炮的俯仰，具有 500MB 的随机存取存储器和 500MB 的只读存储器，必要时存储容量还可以扩大。伺服计算机通过传感器、乘员的按钮、键盘控制来获取指令和工作方式，使火炮和炮塔电机按指令来运动，可以保证高速旋转炮塔和火炮精确瞄准。

（2）火控计算机：用来进行弹道诸元计算，其容量与伺服计算机相同。它汇总来自控制台的指令、传感器的信息及控制手柄的信号，经计算后，得出精确的方位提前角和火炮正确的仰角（或俯角），在伺服计算机的实时控制下，共同完成火炮或并列机枪射击的一系列动作。火炮计算机和伺服计算机都有"冗余度"，也就是说当一台计算机出现故障时，另一台计算机可以基本上完成它的工作。勒克莱尔主战坦克使用的是分层计算机系统，这两台计算机相当于中央计算机，控制着下层的大约30台计算机。说勒克莱尔主战坦克是"电脑坦克"，看来是名不虚传。

（3）炮长瞄准镜：为稳像式单目三合一瞄准镜，堪称是火控系统的核心部件。它包括弱漂移双稳陀螺仪、高精度数字式角度传感器、数字式处理机、激光测距仪、热像仪、目标搜索装置、电子箱等。昼视通道的光瞳直径为70毫米，热像仪通道的光瞳直径为150毫米，炮长瞄准镜的稳定精度是现役主战坦克中精度最高的。

（4）车长瞄准镜：车长用的HL70顶置周视瞄准镜可360°旋转，并有厚实装甲罩防护，镜座有双向稳定装置，其昼间光学瞄准镜有2.5倍及10倍两种倍率，视野20°和5°，约4,000米处即可辨别目标，2,500米外确认目标，夜间用的被动式夜视镜为2.5倍倍率（视野13°），并可换装效能更佳的热像仪。车长和炮长均有1个15厘米VDU电视屏幕，可彼此监看对方瞄准镜内昼/夜间图像。车长从HL70搜寻标定目标后只须按下方向按钮，火炮便自动转向HL60瞄准镜对正目标，由炮长接替测距—瞄准—射击，这时车长即可旋转HL70瞄准镜搜寻其他目标，车长的7具周视镜也有类似功能，只要按下任一周视镜上的方向钮，炮塔就会自动对正该周视镜的视野方向。据试验，"勒克莱尔"坦克曾于行进间摧毁6个移动及静止目标，仅需时35秒。炮塔旋转与火炮俯仰伺服器都用防燃电动机，最大旋转速度40°/秒，最大俯仰速度30°/秒，火炮俯仰角–8°～+15°，紧急时炮长有1套手动炮塔控制系统作为备用。

8. 通信和指挥

勒克莱尔主战坦克上的指挥和通信系统，是法国人引为骄傲的资本。

它主要包括两大设备（系统）：一个是用于通信的第4代PR4G电台，另一个是用于辅助指挥的装甲武器与装甲部队团级信息系统。

（1）PR4G电台：为甚高频（VHF）战术电台，由汤姆逊通用无电线公司制造。它的工作波段在30～88兆赫，拥有2,320个间隔25千赫的信道，电台的管理由一台68,000计算机控制，跳频速度可达每秒钟几百次。该电台有密钥管理系统、密钥复制系统和原始数据分配系统，具有不可侵犯性，抗干扰、防探测、防侦听、抗核电磁脉冲的能力相当强。

（2）装甲武器与装甲部队团级信息系统（SIR-ABC）：该系统是设在团一级的真正的指挥通信站。通过这套系统，将团前线指挥所、团预备指挥所、指挥和后勤连和3个作战连指挥所控制的装甲车辆紧密联系在一起，做到上情下达、下情上达、实时指挥、信息共享，可以传输加密的命令、数据、数字化图表、作战地图等。分队指挥员每时每刻通过车载信息系统的简单询问，即可了解下属坦克通过瞄准镜、热像仪等获得的外部图像等信息，了解下属坦克的后勤状况（燃料剩余量、弹药剩余量等）和坦克的故障、战损及人员战伤情况等。有了SIR-ABC系统，使得各级坦克指挥员的指挥轻松自如，不至于手忙脚乱，无所适从。

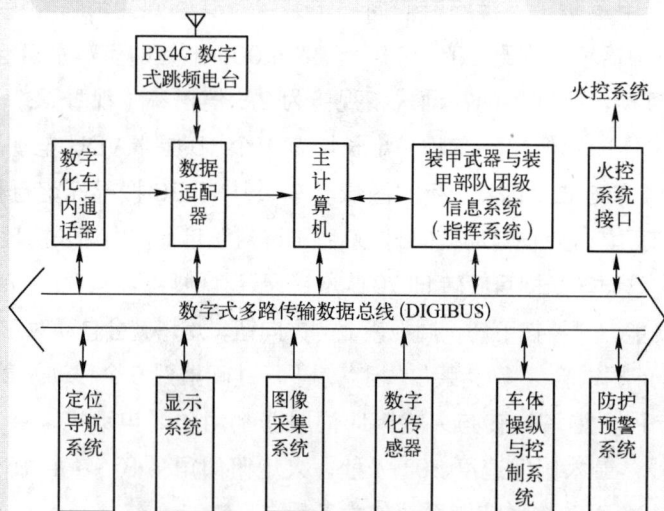

"勒克莱尔"坦克的车内信息系统组成基本原理图

9. 训练和教学

勒克莱尔主战坦克设计完成之时，与它配套的训练模拟器材也同时研制出来，这在其他主战坦克上是很少见到的。法军在卡尔皮亚涅建立了一个庞大的坦克培训中心，所有勒克莱尔主战坦克乘员在接车前，都要先在这里进行为期5周的连续培训，从了解坦克的构造使用，到训练模拟器使用，再到实车驾驶、实弹射击。只有路考和实弹射击合格，才能成为勒克莱尔主战坦克的乘员。

炮塔技术训练模拟器用来训练炮长、车长全面掌握射击技术。一个教官可以通过多部显示器，同时监控6个学员完成射击模拟训练。该系统可以模拟坦克振动、声响环境、爆炸火光、命中显示、烟雾效果等，十分逼真。计算机生成的地形场景纵深可达3,500米、宽800米，可模拟出各种复杂的地形。

驾驶训练模拟器和乘员训练模拟器用于对驾驶员进行初步训练。乘员训练模拟器用于全车的合练，如行进间射击等，它由一个炮塔式乘员舱和驾驶员舱组成。这两种模拟器均有场景图像生成系统、振动模拟系统、监控和评分系统等。只有通过模拟器训练合格的乘员，才能进一步进行实车驾驶和射击训练，从而可以节约大量的摩托小时和炮弹。

三、勒克莱尔—城区行动坦克

在2006年的法国萨托利防务展上，法国GIAT公司展出的勒克莱尔—城区行动主战坦克（AZUR）同样光彩四射，吸引了众多参观者驻足观看。与德国"城市豹"一样，勒克莱尔—城区行动主战坦克也是一款专业的城市作战坦克，它由GIAT公司独立投资研制，其间得到了法国陆军的技术支持，2006年底开始交付法国陆军进行评估。该坦克保留了勒克莱尔坦克的120毫米52倍口径滑膛坦克炮，以及安装在尾舱的自动装弹机。主炮可发射多种弹药，比如尾翼稳定脱壳穿甲弹以及采用不完全燃烧弹壳的碎甲弹。为了更好地适应城市作战的需要，GIAT公司与法国防务采购局专门合作研制了一种新型榴弹——120 HE F1，目前已经开始投产。

勒克莱尔—城区行动坦克顶部安装有1挺7.62毫米机枪。与大多数城市作战坦克一样，勒克莱尔—城区行动主战坦克的机枪是遥控操作的，因此乘员可在车内瞄准和射击。这样，坦克的辅助武器在对付坦克主炮射界之外的临时目标时，使用更加灵活，射手也更加安全。此外，该坦克还安装有新型全景式光学观瞄系统，使车长可以进行360°的观察，提高了坦克的战场感知能力。

勒克莱尔—城区行动主战坦克的防护能力值得称道，尤其是在防护装置的设计上，更多地考虑到了城市作战的特殊需要，除对正面加强防护外，其侧面与后部的一些薄弱部位的防护也得到了加强。勒克莱尔—城区行动坦克配装了改进的防护组件，车体两侧和尾部都安装了附加装甲。坦克的侧裙板则用一种先进的复合材料制成，覆在乘员舱的侧面。车体尾部周围安装有格栅装甲，可以抵御火箭弹攻击。动力舱是坦克身上的弱点，在城市作战中，容易遭到汽油弹的攻击。为此，勒克莱尔—城区行动坦克加装了附加装甲以保护后置发动机舱。

城市作战中，坦克乘员有时需要下车投入战斗。为了适应这一需要，勒克莱尔—城区行动坦克安装了近距离通信系统，这样就能够与下车步兵保持顺畅的通信联络。考虑到城市作战的特殊性，该坦克在车尾还配备有两个可拆卸的补给箱，既能为坦克提供必要的补给，又能在需要时将其拆卸。

参加展出的法国勒克莱尔—城区行动主战坦克

四、勒克莱尔 2015 研究计划

曾在 2005 年举办的阿布扎比国际防务展上展出的法国勒克莱尔 2015

坦克实车模型，被一些国际坦克专家评价为世界上第一种信息化战场坦克。从其名称上不难看出，勒克莱尔 2015 研究计划是在其勒克莱尔主战坦克的基础上升级改进而来的法国新一代主战坦克。当世界其他国家新一代坦克还在论证阶段踱步的时候，勒克莱尔 2015 就以适应未来信息化战场需要的新一代坦克形象亮相于世界。

阿布扎比防务展上展出的"勒克莱尔"2015 坦克模型

"勒克莱尔"2015 坦克将是为面向未来信息化战场需要，按照网络中心战思想设计的，通过"改中升代"的途径实现的新一代主战坦克。"勒克莱尔"2015 坦克将在"勒克莱尔"坦克原有的信息化作战能力基础上进行进一步的升级改进，进一步增强信息化水平，提高远距离探测能力、信息传输能力以及与其他作战平台的协同作战能力。

"勒克莱尔"2015 坦克将在侦察无人机、武装直升机、其他支援装甲协同作战。在这个空地一体化作战系统内，作战单位和作战平台面临全维空间打击威胁，为抵御或降低这种威胁，战斗编组必须具备信息共享能力、全方位打击能力和防护能力，要加强各作战单位和作战平台的互补性，实现互联互通，并高效发挥各自的功能。

"勒克莱尔"2015 坦克将在各个性能领域进行升级改进，包括机动性、杀伤力、生存力、指挥、控制、通信、情报和保障等。网络化联合作战能力、生存力和杀伤力是改进的重要内容。

在提高杀伤力方面，战车和 C^4ISR 系统配合下实施网络化，勒克莱尔

2015 型主战坦克将配用 140 毫米滑膛炮，还将重新设计自动装弹机。其 140 毫米滑膛炮发射穿甲弹时可穿透 1,000 米外约 1,000 毫米厚的垂直均质装甲，并可采用"波利尼格"炮射导弹进行视距外攻击。

在生存力方面，"勒克莱尔"2015 坦克将采用多层次主动/被动相结合的综合防护概念。第一级防护将采用隐身技术，地面武器工业公司将利用在 AMX-3082 坦克上展示过的隐身技术为勒克莱尔 2015 主战坦克研制一套多效能隐形组件，兼有视觉迷彩、抑制电磁波和红外线反射等功能。据实验报告，在战场上即使使用 8~12 微米波段工作的热像仪、雷达以及毫米波探测系统，也很难探测到"勒克莱尔"2015 的踪影。它的红外隐形令人称奇。既有抑制发动机排气温度的措施，也有在内部夹层注入冷水气使车体降温的新招，还有车体迷彩的奇妙涂饰。例如根据中东地区热带与植被稀少的地形环境而采用的高低可视混合三色迷彩涂装，深褐、乳白和浅褐三色精巧交杂，恰当与地貌色彩相融，即使坦克的热对比度变得模糊，也降低了可见光探测装置发现概率。第二级防护为软杀伤防护系统，该系统基本上和安装在 AMX-10RC 装甲侦察车上的红外线干扰机类似，不过还另加一套自动探测及反应的辅助防护设备，以干扰敌方导弹或火炮的瞄准与制导。第三种为"斯帕腾"（Spatem）主动防护系统技术，该系统由电磁波和红外线探测器、指挥与控制系统和榴弹发射器组成，能探测出在 50～70 米处的来袭目标，自动发射榴弹，在 5 米外拦截来袭目标。此外，勒克莱尔 2015 型坦克还将采用更重型的钛合金复合装甲。

总之，勒克莱尔 2015 是在继承和发扬数字化坦克勒克莱尔许多优点的基础上进一步发展起来的新一代主战坦克，采用了新型图像信息系统、新一代热像仪和新型敌我识别系统等，从而使其车际信息系统和全车的电子设备都发生了质的改变，构成了电子信息系统的新一代组合。为了确保坦克自身具备高效的远距离探测能力，勒克莱尔 2015 还配备了由坦克乘员操控的微型无人机。这种世界独创的坦克携带式无人机可在坦克前方数十千米处低空巡航，居高临下地探测附近地域内的敌情变动情况，尤其是实施了隐蔽手段的目标。

第二节
法国人的得意作品

法国人似乎对轮式装甲车情有独钟，单就型号来说，有 VBR、VCR、VBL、M3、EBR、AML-90、AMX-10RC、ACMAT、VXB-170 等，不下十多种，令人目不暇接，世界上没有哪个国家能超过它。近年来，法国军方又推出中型和重型轮式步兵战车，VBCI 轮式步兵战车就是其中的佼佼者。

一、亮相阿布扎比和萨托利

2001 年的阿布扎比武器装备展览会上，一辆崭新的 8×8 轮式战车的样车，令参观者驻足，它就是法国 VBCI 轮式步兵战车。2002 年的法国萨托利武器装备展览会上，VBCI 再次亮相。这一回，法国人是在本土展示自己的"得意作品"，自然更是十分卖力。他们占据了黄金的位置，为 VBCI 步兵战车布置了豪华的场地，自然更能吸引人们的眼球。那么，VBCI 战车是怎样产生的呢？

早在 20 世纪 90 年代初期，法国陆军就提出了研制模块式装甲战车（VBM）的计划，目的是为现装备的 AMX-10P 步兵战车寻求替代产品。2000 年 3 月，法国军队总装备部经过广泛协商，选定了地面武器工业集团（GIAT）和雷诺公司，让他们合作研制法国新一代轮式步兵战车，暂定名为 VBCI 步兵战车，其实 VBCI 就是法文"步兵战车"的意思。

两家法国的大牌公司议定，由 GIAT 公司负责防护、内部布置、指挥系统、通信和观瞄系统、武器系统以及整车的最后组装；雷诺公司负责推进系统（包括发动机、变速箱、悬挂装置及轮系等）以及电气系统和驾驶舱。可以认为，这个分工很好地发挥了两家公司各自的强项，是名副其实的强强联合。按照萨托利军用车辆公司和法国军方签订的合同，公司将于 2006 年正式生产。军方计划采购 700 辆 VBCI 步兵战车，第一批采购 65 辆（54 辆为步兵战车，11 辆为指挥车型），剩余的 635 辆将于 2009—2013 年间供货，其中的 496 辆为步兵战车型，139 辆为指挥车型。

参加展出的法国 VBCI 步兵战车

二、总体布置

VBCI 步兵战车采用 8×8 高机动性轮式底盘,机动性好,战场可部署能力强,可以空运、海运、铁路运输和用公路平板车运输。车体由前至后分别是:驾驶室和动力舱、战斗舱和载员室。车体前部左侧为驾驶室,这是一个独立的舱室,有隔板和动力舱隔开,又有通道和后部相连通。驾驶舱盖向右打开,其前方有 3 具潜望镜,中间的 1 具可换为夜视镜,驾驶员的坐席可调。动力舱位于右侧,前部是发动机和变速箱,稍后是水散热器,发动机排气管的布置很巧妙,可降低车辆的红外热特征;动力舱的上部有一个尺寸很大的检查窗,便于维修保养和整体更换发动机和变速箱。包括炮塔和武器在内的战斗室也是独立的,用筒状格网和其他部分隔开,战斗室的位置稍稍偏右,其左侧留出通道。后部的载员舱较宽敞,整个容积达13 立方米,载员的坐席是独立的,两排载员面对面而坐。车体的最后是宽大的跳板式尾门,可用液压装置向下打开,尾门上还有一个向右开启的小门。引人注意的是,VBCI 步兵战车上没有开射击孔,这是当前的"国际流行色",也是安装了附加装甲后不得不采取的措施。可以认为,VBCI步兵战车上的载员是以下车战斗为主的。

整车的净重不超过 18 吨,载重量为 10 吨,战斗全重控制在 26 吨以内。车长 7.8 米,车宽 2.98 米,车高 2.26 米。乘员 2 人(车长和驾驶员),载员 9 人,这 11 人组成 1 个步兵班。

三、机动性能配置

从上面介绍的重量指标看，净重 18 吨，载重 10 吨，战斗全重应该是 28 吨，怎么会只有 26 吨呢？原因有二：一是北约要求用 A400M 和 C-17 运输机空运时的搭载重量不应超过 26 吨，车宽不应超过 2.75 米；二是研制方在这方面预留了 2 吨的承载潜力，也就是说预留了武器升级和装甲加厚的潜力。同时还可以看出，VBCI 步兵战车上飞机前先要"减肥瘦身"，把两侧的附加装甲卸下，这也是不得已而为之的措施。

动力装置为雷诺公司的直列 6 缸增压柴油机，这是一款民用发动机的改进型，最大功率 500 马力。传动装置为全自动变速箱，带有 4 个中央差速器。转向机构为动力辅助转向，最小转向半径：正常值为 11 米，制动转向时最小可达 8.6 米。悬挂装置为液压、机械混合式。后 4 轮为驱动轮，前 4 轮为转向轮，通过前加力，可使前 4 轮也成为驱动轮，成为 8×8 的驱动形式。轮胎为 395/90R22 型低压防弹轮胎，有中央轮胎压力调节系统。

VBCI 步兵战车的最大速度为 100 千米 / 小时，最大行程达 750 千米，过垂直墙高 0.7 米，涉水深：无准备时 1.2 米，有准备时 1.5 米，无浮渡能力，最大爬坡度为 31°，最大侧倾坡度为 17°。从以上数据可以看出，VBCI 步兵战车的机动性相当不错。

法国 VBCI 步兵战车结构图

四、武器系统配置

VBCI 步兵战车的武器系统是它的另一个亮点。炮塔为久负盛名的"龙"式单人炮塔，炮长坐在特制的战斗室内，观看着各种彩色显示屏和仪表板，适时地操纵机关炮射击。其主要武器为 1 门 M811 型 25 毫米机关炮，身管长 1.37 米，为 55 倍口径，双向供弹，发射速度为 125 发/分和 400 发/分两种，还可以单发、3 连发和 10 连发。在 1,000 米射击距离上，发射夜光尾翼稳定脱壳穿甲弹时，可击穿 85 毫米厚的均质钢装甲。作为比较，著名的 M2 "布雷德利"步兵战车上的 M242 大毒蛇 25 毫米机关炮，在 1,000 米的射击距离上，发射夜光脱壳穿甲弹时的穿甲威力为 66 毫米。也就是说，M811 型机关炮的威力和大毒蛇 25 毫米机关炮不相上下。辅助武器是 1 挺 7.62 毫米并列机枪，位于 25 毫米机关炮的右侧。火控系统包括：炮长稳像式瞄准镜、激光测距仪和热像仪等。总体性能达到或接近当代主战坦克火控系统的水平。

总体看来，VBCI 步兵战车的火力，达到了 20 世纪 80 年代先进的履带式步兵战车的水平，火控系统的性能则要更先进些，对付敌方的步兵战车或装甲输送车等一类轻型装甲目标，应该是绰绰有余。

五、防护性能

VBCI 步兵战车的防护性能也很出色，采取了多项的综合防护措施，各方面的考虑相当缜密。

VBCI 步兵战车的车体采用铝合金焊接结构，在实现轻量化的同时，增强了整车的装甲防护力。在原装甲的基础上，还全方位地加装了附加装甲和采取反地雷措施。一般的装甲战车往往只在车体正面和侧面加装附加装甲，而 VBCI 步兵战车在车体的前后左右及顶部全面加上了附加装甲，车体底部更采用了强化钛合金模块化装甲重点加强，既能防炸履带地雷，也能防炸车底地雷，抗弹能力极强。在车体内部，加装了防护层，能有效防止破片的伤害。整车采用隐身化设计，能有效降低车辆的红外和雷达特征。全车还采用了三防装置和灭火抑爆装置。

在防护性上，值得一提的还有两点：一是采用了 GALIX 多用途烟幕弹／榴弹发射器，这可是勒克莱尔主战坦克上的"绝活"，已具有主动防护系统的雏形；二是乘员用的潜望镜加装了激光防护装置，当敌方的激光致盲武器照射时，能瞬间起作用，防止乘员的眼睛被激光伤害，这是 VBCI 上特有的新玩意儿。

由于采取了一系列综合措施，使得 VBCI 步兵战车的防护性能要优于一般的轮式或履带式步兵战车。

整车在人体工程学方面的考虑也相当缜密，从乘载员的坐席，到车内的降噪措施和温度控制，都有周全的考虑，为乘载员提供了一个舒适的战斗和生活环境。

VBCI 堪称是数字化步兵战车，其核心是数字化战场管理系统（FINDER）。这套系统是勒克莱尔坦克上的成熟技术，可以迅速、准确、清晰地知道我在哪里、友军在哪里、敌人在哪里、我的任务是什么以及车上还有多少燃料和弹药等。有了这套系统，可以为上级指挥官和本车乘员提供最新战场态势及本车的战术和技术状况，使得车长指挥战斗跟玩电脑游戏一样简单。

VBCI 步兵战车是为了替代 AMX-10P 而研制的，用于在未来的战斗中和勒克莱尔主战坦克配合作战。它表明在未来的步兵战斗车辆中，法国陆军将逐步完成从履带式向轮式的转变，由此可以看出 VBCI 步兵战车在未来法国陆军中的地位和作用。

未来法国陆军的机械化步兵营包括：48 辆 VBCI 步兵战车、14 辆 CPV 装甲指挥车和 16 辆勒克莱尔主战坦克。到 2013 年，将组建 10 支这种机械化步兵营，成为法军的一支快速机动突击力量和重要的维和生力军。

第十章

东西合璧　混血造就

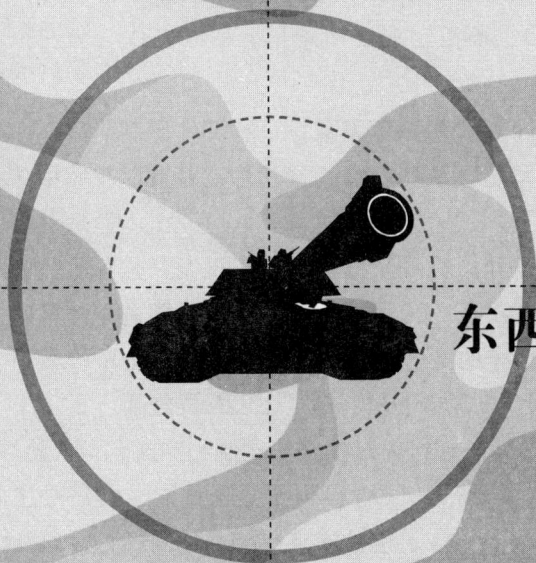

第一节
最贵不等于最好的 90 式

日本军方在 74 式坦克列装之后，便立即着手新型坦克的研制工作，主要由防卫厅技术研究本部和三菱重工业公司承担。研制工作分为三个阶段：

第一阶段，从 1975—1981 年，为总体方案论证和部件研制阶段，即系统研究、试制火炮、试制发动机、试制传动装置和悬挂装置以及装甲结构计算等。

第二阶段，从 1982—1985 年，完成了第一次整车试制和样车的行驶试验。这期间试制了 2 辆样车和 2 门 120 毫米滑膛炮。技术研究本部第四研究所于 1985 年 6 月开始了样车的试验，包括行驶试验和射击试验以及寒区行驶试验。2 辆样车共跑了 11,000 千米，打了 1,220 发炮弹。

第三阶段，从 1985—1989 年，进行第二次整车试制和完成定型试验。这期间共试制了 4 辆样车，完成了行驶试验和实弹射击试验，共行驶了 20,500 千米，发射了 3,100 多发炮弹。试验的重点是装备的可行性、可靠性、耐久性、可操作性以及生产工艺等。

按照计划，新坦克应于 1988 年定型，并按照日本人的习惯定名为 88 式战车。后来，由于定型过程中遇到了一些麻烦，定型时间推迟到 1989 年，改为 89 式战车。可是，定型会议直到 1989 年 12 月才召开，获得同意后，才于 1990 年 8 月正式定型，定名为 90 式主战坦克，前后历时达 15 年之久。

一、东西合璧的产物

日本 90 式主战坦克号称是世界上最贵的坦克，这主要是对它的采购价格而言。它的研制经费也相当可观，高达 350 亿日元。尽管只相当于美国 M1 主战坦克研制经费的一半，但对日本军方来说，投入这么多经费来研制一种陆军常规装备，还是头一次。

90 式主战坦克第一批的采购单价高达 850 万美元。1 亿美元才能买 12 辆 90 式主战坦克，实在是太贵了点。价格贵的主要原因是采用了大量先进的电子设备和采购数量低。从年采购数量来看，最多的年份也只有30辆，最少的年份才15辆。生产线开工不足，价格自然高。

1990—2004年间，日本陆上自卫队共装备了292辆90式主战坦克，主要配属给了驻北海道的第7装甲师。

如果说法国的勒克莱尔主战坦克有点像德国的豹Ⅱ，那90式主战坦克就更像豹Ⅱ了，这充分说明了90式主战坦克的设计广泛吸取了豹Ⅱ主战坦克的特长，同时也吸取了苏联坦克结构紧凑、外形低矮等优点。可以说，90式主战坦克是东西合壁的产物。

不过，90式主战坦克也自有它的外部识别特征：从侧面看，每侧有6个负重轮，侧裙板的下摆平直，仔细观察可发现侧裙板上有便于上下车的脚蹬孔，有6具烟幕弹发射器；而豹Ⅱ主战坦克则为每侧7个负重轮，侧裙板下摆呈折线，有8具烟幕弹发射器。从顶部看，位于左侧的炮塔门（炮长用）是方形的，车体后部的长方形进气百叶窗和豹Ⅱ主战坦克的圆形进气口形成明显对照。

正在野外拉练的日本90式主战坦克

二、三人乘员组，小车扛大炮

90式主战坦克战斗全重50.2吨，乘员为3人：车长、炮长和驾驶员。驾驶员在车体前部偏左的位置上，车长和炮长分列火炮两侧，车长在炮塔内右侧，炮长在左侧。

在总体布置上，90 式主战坦克的最大特点就是"三人乘员组，小车扛大炮"了。在主战坦克上采用自动装弹机，首推瑞典的 S 坦克和苏联的 T-72 坦克。但 S 坦克是无炮塔的固定火炮，易于实现自动装弹。而装自动装弹机的勒克莱尔坦克于 1991 年才定型。如果把日本算作"西方"国家的话，那么，90 式便是"西方"最早实现 3 人乘员组的主战坦克。日本研制自动装弹机历史悠久，早在 61 式和 74 式坦克研制阶段，就试制过自动装弹机，有丰富的经验，因此在 90 式主战坦克上采用自动装弹机，自然是轻车熟路。

90 式主战坦克的自动装弹机采用带式供弹方式，有选择弹种的功能，方形弹舱在炮塔尾部，弹舱装弹数为 19 发。这种自动装弹机的优点是装弹的运动轨迹较简单，结构紧凑，安全性较好；缺点是弹舱的装弹数受到限制，火炮必须回到固定的装填角才能装弹。

90 式主战坦克在总体性能上的另一个特点是"小车扛大炮"，它的战斗全重比豹 II 和 M1A1 要轻 10 吨左右，但火炮威力却是相同的。从这一点看，90 式主战坦克吸收了苏联／俄罗斯 T 系列主战坦克的先进设计思想。在 90 式主战坦克试制阶段，日本防卫厅规定的战斗全重为 43 吨，后来一再突破，直到 50 吨大关。这主要是增强防护力所造成的。

三、120 炮一波三折

在 90 式主战坦克的研制过程中，最大的争论焦点就是其 120 毫米滑膛炮。问题在于是引进 120 毫米滑膛炮，还是自己研制。当时，联邦德国豹 II 主战坦克上的 120 毫米滑膛炮已经定型和装车多年，在加拿大"陆军杯"坦克射击大赛中多次夺魁，表现十分抢眼。引进联邦德国的 Rh120 型 120 毫米滑膛炮自然可以大大缩短研制周期，但日本是经济和科技大国，技术力量雄厚，工艺水平先进，出于民族自尊心等方面的考虑，日本防卫厅果断决定独立研制国产的 120 毫米滑膛炮。他们采取"分段研制，逐步提高"的稳妥办法，先试制 105 毫米滑膛炮，再试制 120 毫米滑膛炮。试制的两种样炮在弹丸初速、膛压等方面均达到了设计要求，但在穿甲厚度和身管寿命上比 Rh120 型 120 毫米滑膛炮要略逊一筹。由于 90 式主战坦克的定型时间一拖再拖，不能等火炮完全达到指标要求后再定型，只好回过头来先引进联邦德国莱茵金属公司的 120 毫米滑膛炮和炮弹，由日本制钢所特许生产。

前面已经提到，Rhl20 型 120 毫米滑膛炮是莱茵金属公司的名牌产品，炮全长 5,800 毫米，身管长为 5,300 毫米，为 44 倍口径，身管材料为专为重型武器研制的镍铬钼真空重熔钢。它发射 120 毫米动能弹时的炮口动能达到近 10 兆焦，比 105 毫米线膛炮的相应数值提高了 60%。因此，Rhl20 型 120 毫米滑膛炮，成了豹 II、M1A1 和 90 式主战坦克上的一只重拳。

90 式坦克火炮的高低射界为 −7°～ +10°，加上利用车体的液气悬挂装置俯仰 ±5° 的结果，火炮的高低射界可达到 −12°～ + 15°，这在当代主战坦克中是屈指可数的。火炮的俯仰速度为 4°／秒，炮塔的旋转速度为 30°／秒。

行进中的日本 90 式主战坦克

火炮的弹药基数为 40 发左右，位于自动装弹机弹舱中的待发弹为 19 发。所用的弹种包括：JM33 型夜光尾翼稳定脱壳穿甲弹（APFSDS-T）和 JM12A1 型夜光多用途弹（HEAT-MP-T）。需要注意的是，引进的这两种弹在德国的编号为 DM 型，到了日本就成了 JM 型了。

JM33 型动能弹为钨合金长杆弹，弹芯直径 25 毫米，长径比约为 20，初速为 1,650 米／秒，炮口动能达到了 9.9 兆焦，在 1,000 米的射击距离上，初速为 1,573 米 / 秒时，可以击穿 499 毫米厚的均质钢装甲；在 2,000 米的射击距离上，初速为 1,498 米 / 秒时，可以击穿 460 毫米厚的均质钢装甲。JM12A1 型多用途弹的弹头重量为 13.5 千克，可兼有破甲弹和杀伤爆破弹的功能，初速为 1,150 米 / 秒，用来攻击装甲目标，可以击穿 600 ~ 700 毫米厚的均质钢装甲；在对付非装甲目标时，杀伤半径可达 15 ~ 23 米（视射击距离而不同）。不过，多用途弹的后效远远不如尾翼稳定脱壳穿甲弹。目前，各国主战坦克的主要弹种为尾翼稳定脱壳穿甲弹。

此外，日本还独立研制了一种 00 式训练弹，弹道性能与 JM33 弹相同，其最大特点是具有很高的安全性。日本的土地寸土寸金，演习场的场地很珍贵，而尾翼稳定脱壳穿甲弹的最大射程（注意不是有效射程）相当大，有时甚至能达到 50 ~ 100 千米（美军曾记录到弹芯飞到 98.7 千米以外的情景）。一旦弹芯飞到演习场外，将造成极大的安全隐患。所以，日本军方一向规定坦克射击训练时不允许行进间射击。00 式训练弹的特点是，弹体的顶端为低熔点合金制造，在空气阻力作用下能熔化并和弹芯脱离，使弹芯的动能迅速减小，起不到伤害作用。

90 式主战坦克的辅助武器包括：1 挺 74 式 7.62 毫米并列机枪和 1 挺 12.7 毫米高射机枪，弹药基数分别为 4,500 发和 600 发。

四、火控系统"弹无虚发"

90 式主战坦克的火控系统一直是日本军方自夸的资本，宣称是世界上第一流的火控系统，可以做到"弹无虚发"，能在 3,000 米外首发命中 1 个汽油桶。实际情况又是如何呢？

如果用一句话来概括，那就是 90 式主战坦克采用稳像式（指挥仪式）火控系统，全电式炮塔驱动，具有行进间对运动目标射击和夜间作战的能力。整个系统包括：火控计算机、炮长单稳潜望式瞄准镜、车长双稳潜望式瞄准镜、激光测距仪、热像仪、炮长辅助瞄准镜、火炮双向稳定器、全电式炮控系统以及多种传感器等。

火控计算机是整个系统的核心，在自动和手动输入各种参数之后，便可以计算出火炮的射击提前角。火控计算机具有使用、辅助瞄准、维护和装弹四种工况。在通常的使用工况下，车长和炮长可以同时对付多个目标，并具有"猎—歼"功能，车长为"猎手"，炮长为"射手"。火控计算机具有6种弹种的计算和记忆功能。

炮长主瞄准镜为高低向稳定的三合一潜望式瞄准镜，稳定精度为2密位，左侧细长的通道为光学观察系统和激光测距仪公用通道，右侧正方形通道为热像仪通道，放大倍率为10倍，观察窗口为1倍。当系统出现故障时，炮长可以利用辅助瞄准镜（倍率为12倍，视场角4°）来瞄准射击。

激光测距仪安装在炮长主瞄准镜前部，测距范围为300~5,000米，误差为10米。热像仪为富士通公司的产品，由红外热探测器、控制器、图像处理器、制冷器、车长监视器、炮长监视器等组成，具有广视野、窄视野和扩大窄视野3种倍率，并具有自动跟踪系统，这是90式主战坦克火控系统的一大特色。目前世界上的主战坦克中，只有日本的90式和以色列的梅卡瓦3/4主战坦克上有此功能。在使用自动跟踪系统时，炮长/车长只需在目标进入瞄准框后，立即按下跟踪按钮锁定目标即可。此时，即使目标移动到遮蔽物后面，瞄准镜仍然可以以同样的速度继续跟踪目标。当目标再次出现时，炮长只需要作微小瞄准修正，即可按下射击按钮。

有了自动跟踪系统，即使目标坦克采取规避机动，也能够自动跟踪目标，提高射击速度和命中概率。如果自动跟踪系统的智能化程度进一步提高，将为车长和炮长"合二为一"创造条件。这也是"双人坦克"实现的条件之一，尽管目前世界上的一些国家正在积极进行研究，但距完全应用还有相当的路程要走。

火控系统的传感器包括：大气温度和横风传感器、炮耳轴倾斜和车体倾斜传感器、药温传感器和炮膛磨损量传感器等。其中，除倾斜传感器的数值自动输入至计算机外，其余的数值由炮长手动输入。整个火控系统具有自检功能。

根据实弹射击的统计资料，尾翼稳定脱壳穿甲弹对静置标靶（1.6米×1.6米）射击时，在1,000米的射击距离上，命中率几乎达到100%；在2,000米的射击距离上，也达到了95%。无疑，90式主战坦克的火控系统是很先进的，具有全天候"动VS动"的作战能力。不过，像日本军事记者3,000米开外首发命中汽油桶的报道，恐怕只是演习场上"静VS静"射击的情况而已。

前进中的日本90式主战坦克

日本的一些专家认为，90式主战坦克的火控系统相当先进，如90式和M1A2一对一对抗，二者之间相差不多；但如果是坦克群之间的对抗，则90式明显处于下风。

五、二冲程发动机——日本特色

世界各国的坦克发动机，多为四冲程柴油机。采用二冲程柴油机的除日本外，还有英国和瑞典。不过瑞典的S坦克上用的是英国的二冲程多燃料发动机。英国在"酋长"坦克上采用了二冲程对置活塞发动机，但到了"挑战者"坦克上，又反过来采用四冲程柴油机。这样，坚持在主战坦克上采用二冲程发动机的，就只剩下日本了。

日本研制二冲程发动机由来已久。早在"二战"末期，日本人就为其鱼雷快艇设计了ZC型二冲程水冷直流扫气式发动机。20世纪70年代，日本人又在74式主战坦克上采用了ZF型二冲程风冷复合增压式柴油机。到了20世纪90年代，日本军方仍然坚持采用二冲程发动机（ZG型），不过由于功率增大了1倍，达到了1,103千瓦（1,500马力，2,400转/分钟）时，热负荷更大，而不得不采用水冷式。但是，二冲程发动机固有的油耗高的缺点尚未完全克服。

90式坦克的发动机由日本三菱重工业公司研制，型号为10ZG32WG型，这是一种V型90°夹角10缸二级涡轮增压水冷柴油机，带扫气用的罗茨泵，全长1,814毫米，全宽1,830毫米，高1,118毫米，净重 2,565 千克，缸径为 135 毫米，行程为 150 毫米，汽缸排量为 21.5 升，其缸径、行程以及汽缸排量和 74 式的相同，而最大功率却提高了 1 倍，说明其强化程度相当高。最大扭矩高达 450 千克力·米（4,410 牛·米）。

90 式坦克的 MT1500 型变速—转向机也是三菱重工的产品，具有变速、转向、制动三位一体的功能。全长 1,094 毫米，全宽 1,460 毫米，全高 1,065 毫米，净重 1,940 千克。它有 4 个前进挡和 2 个倒挡，可实现自动变速、无级转向和中枢转向（即中心转向）。制动部分采用液冷、盘式制动器；操纵装置采用电子控制的液压操纵装置，驾驶员利用手柄可以轻松驾驶车辆，和汽车的方向盘一样，比 T 系列坦克的操纵杆要方便得多。变速箱中的离合器为湿式、多片式，功率损失小，磨损小，寿命长。

由于采用的是自动变速箱，起步时，驾驶员即可挂上"4"挡，这时，坦克会自动地从 2 挡起步，再跳到 3 挡，最后跳到 4 挡，无需驾驶员介入。但在这种情况下，坦克加速的时间要长些，驾驶员可根据路面情况，先选择"3"挡或"2"挡。由于没有离合器踏板，驾驶员只需操纵油门踏板、制动器踏板和转向手柄即可，比老式 T 系列坦克的操纵要轻松得多。驾驶员和车长都可以操纵坦克的车体姿势（前后俯仰或倾斜），但驾驶员有优先权，而且只用一个手柄便可以实现操纵。

90 式主战坦克的行动装置由悬挂装置和履带推进装置组成。悬挂装置为混合式，第 1、2、5、6 负重轮处为液气悬挂装置，第 3、4 负重轮处为扭杆式悬挂装置。由于液气悬挂装置的可调性，使得车体前后有 ±5° 的调节范围，车高在 −255~+170 毫米范围内可调。履带推进部分包括：每侧 6 个负重轮、3 个托带轮、主动轮、诱导轮、履带等。其履带为双销、销耳挂胶、端部连接的钢质履带，宽 620 毫米，冬季冰雪地行驶时可加装防滑齿。履带着地长为 4.55 米，整个履带着地面积为 5.624 平方米。侧裙板可以算成是防护系统的，也可以算成是行动装置的部件；每侧有 7 块侧裙板，厚度为 8 毫米，有的侧裙板上有登车孔。

90 式主战坦克的最大速度高达 70 千米/小时，最大行程为 320 千米（燃油箱的容量为 1,272 升）。比较一下各国主战坦克的机动性可以看出，90 式坦克的最大速度要稍高于 M1A2 和豹 II A6 坦克，而和勒克莱尔坦克差不多。在加速性上，0 ~ 32 千米/小时的加速时间，M1A2、豹 II A6 和勒克莱尔分别为 7.2 秒、6 ~ 7 秒和 5.5 秒，日本军方用 0 ~ 200 米距离的加速时间来衡量加速性，90 式为 20 秒，M1A2 和豹 II A6 分别为 29 秒和 23.5 秒。由此看来，90 式坦克在加速性上也要优于 M1A2 和豹 II A6 坦克，和勒克莱尔差不多。

90 式主战坦克上还有辅助起动装置，它由燃料分配器、燃烧炉和喷嘴等组成，用于冬季起动。它相当于 T 系列坦克上的加温器。电气系统有 48 伏和 24 伏两套系统，有 12 伏防水蓄电池 6 个，串并联连接。其中的 2 个电瓶，平常向火控系统供电。

六、复合装甲——地道的东洋货

90 式主战坦克的车体为钢装甲全焊接的箱型结构，车体和炮塔的正面及炮塔前部两侧加装了模块式复合装甲，用装甲盖板封住。日本人在研制 74 式坦克时，就研制出了称为 G 装甲的复合装甲，使其复合装甲技术接近成熟。90 式坦克采用的是先进的约束型陶瓷复合装甲，就是对 G 装甲加以改进后的复合装甲。

车体和炮塔正面部位。在想定的射击距离上，被自身的 120 毫米弹垂直命中，即使中 4 发弹，坦克也不会失去战斗力。

炮塔侧面部位。在 1,000 米的射击距离上，被 35 毫米机关炮动能弹垂直命中或 30° 角命中，即使中弹多发也不会丧失战斗力。

车体侧面部位。在近距离不被 14.5 毫米重机枪的穿甲弹击穿。

车体和炮塔顶部。155 毫米榴弹在 10 米的上空爆炸时，不被其破片击穿。

横向对比来看，在当今世界各国的主流主战坦克中，90 式主战坦克的装甲面密度数值偏小，说明其装甲防护力整体上稍显弱。具体地讲，90 式坦克的正面防护力和其他几种主战坦克相比基本相当，而侧面装甲防护则明显逊于其他几种主战坦克。

90 式主战坦克的其他防护措施包括：个体式三防装置、自动灭火装置、炮塔尾部的弹药舱和车体后部的发动机舱的隔舱化布置、炮塔顶部泄压板、自动开闭式舱门和激光探测器加自动烟幕对抗系统等。

七、训练模拟器

在 90 式主战坦克设计阶段，训练模拟器便同步进行设计，并于 1989 年进行了实用试验，1991 年制成了正式的一号机，设置在富士学校的机甲科，1994 年制成了二号机，设置在驻北海道的第 7 装甲师，只制成了 2 台。这种训练模拟器的价格也高得吓人，1 台约为 8 亿 5,000 万日元，模拟训练教室的建设费用为 2 亿 4,000 万日元，加在一起高达 10 亿 9,000 万日元。不过，利用这种训练模拟器一年可以训练 2,000 名乘员，每个车长和炮长至少要在训练模拟器上训练 12 个小时。

日本 90 式主战坦克冬季训练编队

这种射击训练模拟器外观上比一架钢琴要大些，其宽度和炮塔宽度几乎相同。它可以模拟坦克射击训练的所有科目，火炮的射击指挥和实施，包括：车长和炮长的协同、炮长操纵炮塔和火炮等；还可以模拟坦克行驶时的振动、噪声、火炮的后坐、射击时的火光和烟尘以及命中显示等，十分逼真。整台模拟器包括炮塔部分和控制台两大部分，其大小和实车一样，车长在右侧，炮长在左侧。但它没有模拟的自动装弹机，省去了炮尾部分，其优点是使总体布置比较简洁，而模拟装弹过程只能靠操纵按钮来实现了。其实，射击模拟器和当今的计算机大型 3D 游戏，在本质上是一样的，只不过前者规模更大、关卡更多，情况更复杂而已。由于设计年代的限制，90 式坦克的射击模拟器显示场景的画面还缺乏立体感。

八、存在的问题

90式主战坦克服役近20年来，尽管总体评价不错，但也暴露了不少问题，概括起来有以下几个方面：

（1）设计上的问题。90式主战坦克采用3人乘员组总体布置方案，虽有种种优点，但也存在先天性的不足。在多数场合或战场上忽略了人体工程学方面的问题，3人乘员组的工作负担要比4～5人乘员组大不少。在战场上，主战坦克往往需要步兵战车与其协同作战，如果坦克乘员为5名，近距离作战时自身的防护能力会得到增强，这样就有效地运用了士兵，从而也可以节约大量用于伴随坦克的步兵战车，以色列梅卡瓦主战坦克的设计就体现了这种思想。步兵与坦克的协同问题，在3名乘员的90式主战坦克中几乎没有得到解决。

90式主战坦克的造价很贵，因此在设计过程中特别重视生存力的提高。可90式主战坦克的维修性在设计过程中考虑得并不充分，这是非常不利的。例如，在第3次中东战争的11次战斗中，坦克的平均毁伤率，失败一方约为46%，获胜一方约为20%。平均每日的战斗中，胜方在战场上对损伤坦克的抢修、修好率约为35%，败方则几乎为零。

（2）观察系统的问题。90式主战坦克处于进攻作战时，车长需要把脑袋伸出车长门外，以观察了解敌情、地形、友邻坦克的状况及战场的态势等。炮长瞄准镜向外凸起，使车长所处位置的左前方成了一片观察盲区。而且，12.7毫米重机枪的枢轴是固定的，也妨碍了观察。因为乘员只有3名，炮长就得用1倍的潜望镜观察，观察范围至时针10时所指的方向。坦克前进时，为了使车长和炮长获得左右均等的视界，必须使火炮朝向时针10时至11时所指的方向。

1993年在伦敦召开的世界装甲兵年会上，在海湾战争中从最左翼突进的英军第7装甲旅旅长说："进攻一旦开始，英军坦克驾驶员们就关闭舱口，完全依靠夜视装置操纵。因为阵地上尘土飞扬，仅靠肉眼是无法驾驶坦克的。第1天，没有坦克陷落进地沟、弹坑里；到了第2天，总有坦克不小心掉进弹坑里；第3天，这种情况越来越多；战争结束前的第4天，驾驶员几乎丧失了驾驶能力。研究发现，因为夜视装置靠单色的浓淡来显示场景，长时间观看，会使人处于一种紧张状态，进而使人的判断失误。对坦克设计人员来说，人体工程学也是不可或缺的，否则的话，可能发生自家人互相攻击的惨剧。"

美 / 英主战坦克的热像仪以绿底白画面来显示，日本的则为黑底白画面，长时间观察，人眼同样感到疲劳。90 式坦克的驾驶员用的是微光夜视装置，虽然是绿底白画面，但白天也不能使用。即使在白天的尘土中，也需要穿透能力强的观察仪器。

（3）机动系统的问题。在现代战场上，机动作战是坦克部队的最大优势，因此对坦克机动性的要求也会随之发生根本性变化。对坦克来说，单位压力非常关键，单位压力过高，将使坦克在松软地带的通行能力大大受限。90 式主战坦克的机动能力不佳是其致命弱点，使其可能机动的地域变窄。不用说驾驶员，车长在选择前进路线时就要分散掉一些精力，从而妨碍对敌情、对自己状况的把握。

90 式主战坦克在机动性方面的另一个不足是没有潜渡装置，涉水深为 2 米。日本的河流较多，但多是短而急的河流，河岸多陡峭，不利于坦克机动。所以，单就日本国内的使用条件来说，没必要安装潜渡装置。但如果出国作战，克服水障碍的能力就显得不足。

履带方面，越野行驶时用钢质履带行驶；公路行驶时，应加上橡胶衬垫，以防止破坏路面。但这时履带很容易打滑，特别是容易横向滑移。这一点，74 式坦克的钢质履带要好一些。

90 式坦克的驾驶、操作性一点也不简单，特别是夜间，驾驶员眼睛紧盯住微光夜视仪驾驶坦克，需要经过相当的训练才能完成。

（4）射击系统的问题。90 式坦克炮长瞄准作业非常难，因为没有装填手，没人分担他的工作。大多数人习惯以右手为主工作，以往炮弹依靠人工装填时，因为要用右手将炮弹推入药室，装填手必然要占炮塔左侧的位置。这样，为了创造装填手的活动空间，车长席就只能在炮塔的右侧了。

战斗激烈时，炮弹的爆炸声常常会干扰甚至掩盖车内通话声。在这种情况下，车长要通过火控系统向炮长显示射击目标的命令。假若发生故障，如潜望镜不能用了，车长就得踩着炮长的肩膀下达命令。90式主战坦克虽说乘员变成3名，但没有找到变更炮长位置的合理方案。车长和炮长的配置，也许一前一后更好。

自动装弹机的可靠性问题，一直是各国坦克设计师们关注的焦点。装自动装弹机的坦克，其战术技术性能的提高是毋庸置疑的；不过一旦在战场上自动装弹机出现故障，坦克的作战性能就要大打折扣，这也是多数西方国家迟迟不在主战坦克上装自动装弹机的原因之一。

T系列的T-72主战坦克的自动装弹机故障较多是出了名的，在阿富汗战场上，T-72主战坦克上的自动装弹机就故障频发，装填手不得不用人工装弹，致使射速降低到2发/分钟。日本90式主战坦克的情况要稍好些，但故障率仍然较高。日本的一位退休将军曾在《朝日新闻》上撰文指出：1998年在富士山脚下举行的综合火力演习中，参加的4辆90式主战坦克中，有3辆的自动装弹机出现了故障，使射击无法进行，这种情况在战时就相当危险。

由于自动装弹机上的运动件较多，有的机件是多自由度运动，加上运动中的坦克颠簸激烈，想让自动装弹机的可靠度达到100%，几乎是不可能的。如果可靠度只有90%，就意味着每发射10发炮弹，便有1发要出毛病，坦克乘员就会叫苦连天。90式主战坦克自动装弹机的可靠度实际水平为95%，已经不算低。但即使如此，也意味着平均每打20发炮弹就要出一次故障。而让自动装弹机的可靠度达到98%~99%以上，在技术上相当不容易。

90式主战坦克的火控系统是非常先进的，但使用上有些不太方便。炮长如果不按顺序操作各种开关就不能射击，眼睛不离瞄准镜，边观察目标边按顺序摸索开关进行操作难度不小。要达到这种操作水平，需要接受相当长时间的训练。90式坦克开关的排序和操作顺序没有明显的规律，新手如果不看着，就难以操作。

总之，90式主战坦克确实存在着一些问题，但它仍是具有世界水准的优秀战车，如能进一步加以改造，它将在日本军队中继续服役相当长的时间。

正在进行射击训练的日本90式主战坦克

第二节
TK-X 能力几何无定论

2008 年 2 月 13 日，日本陆上自卫队在相模原市的技术研究本部——陆上装备研究所，展出了本国全新研制的 TK-X 新型主战坦克的样车。

一、研制初衷

日本的 90 式主战坦克在研制阶段也称为 TK-X 坦克，但后来被命名为 90 式主战坦克，到 2009 年大概只能装备 341 辆左右，远远落在各军事大国之后。另一方面，90 式主战坦克问世以来一直未能进行改进，而在这期间，德国的豹Ⅱ、美国的 M1 主战坦克等先后研制出多种改进型。和改进型的豹Ⅱ A6 坦克及 M1A2 坦克相比，90 式坦克的性能已显落后，特别是在指挥控制性能方面。在这种背景下，日本研制一种新的主战坦克，便是顺理成章的事。

日本军方于 2002 年开始试制新坦克的第一号样车。几年来，先后制成了 4 辆样车，并开始了性能试验。日本军方能在 2008 年初对外公示新的 TK-X 坦克，说明它的基本性能已经达到了预期的技术指标，剩下的就是一些小的改进和生产工艺性的完善配套问题。和90式相比，TK-X坦克性能的提高，主要表现在4个方面：

（1）具备高超的信息技术。TK-X坦克的最大特点是具有高科技的信息共享系统，己方坦克之间能瞬间完成信息交换，还可实现与其他军种的信息传递。坦克内部装有供车长用的观测监视器和视频显示器，设计的信息传输速度和容量都超过了美国M1A2 SEP的车载信息系统。

（2）进攻火力得到了提升。TK-X坦克特别强调"火力优先"的原则，采用了比90式更先进的新一代数字式火控系统，命中精度更高；其主炮是44倍口径的改进型120毫米滑膛炮，其炮弹射速比90式更快，威力更大，可击穿现役世界先进坦克最厚的前装甲。此外，还可以通过改进弹药的性能进一步提高火力。另外，TK-X坦克还采用了类似于法国勒克莱尔坦克的炮塔后舱式自动装弹机，从而提高火炮发射速度。

（3）机动能力进一步增强。TK-X坦克在设计中力求轻型化，车重控制在44吨左右，车体长9.42米，宽3.24米，比90式坦克要小一圈，与74式坦克相当，适合在各种地形上使用；其主要部件可以快速地组合和分解，可以空运，最大速度不低于70千米/小时。总之，其战略机动能力和战术机动能力均不错。

正在野外拉练的日本TK-X坦克

（4）防护能力强。TK-X 坦克采用了由新型复合材料制造的模块化装甲，包括高强度玻璃纤维和工程塑料及新型轻质合金等材料，从而在增强了防护能力的同时又极大地减轻了坦克的自身重量。

日本军方在决定研制新型的 TK-X 坦克时还有一种考虑：究竟是研制90 改坦克，还是研制一种新坦克？在经过仔细的经济核算后，他们认为一辆90 式坦克的采购单价为 7.9 亿日元，加上改装的费用，将达到 10 亿日元。而新研制的 TK-X 坦克的采购单价将控制在 7 亿日元以内，也就是说研制TK-X 坦克在经济上更划得来。

二、外部特征

从外观上看，TK-X 坦克的车长较短，与法国的勒克莱尔主战坦克相近。炮塔前端为楔型结构，左右两侧各以外挂方式装有 6 块模块化装甲板，炮塔显得有些低平而且有些往前倾斜，有些像以色列的梅卡瓦 3 主战坦克。

车体两侧的侧裙板和 90 式坦克的相比有明显变化，覆盖的面积更广。车体后部为动力舱，与车体中部的战斗室相比，动力舱的顶部高度有所增加。与现有 90 式坦克和 74 式坦克相比，TK-X 坦克的车长明显缩短，这为车辆小型化提供了一定的保障。

就行动部分而言，车体两侧有 5 对负重轮，比 90 式坦克少 1 对负重轮。看似连成一体的液气悬挂系统可以实现前后和左右的车高调整，这可能是考虑到了日本东北部地区以南的复杂地形条件。全新设计的悬挂系统引入了主动悬挂控制功能。这样，可以预先计算出主炮发射时所产生的冲量，然后根据这一数据来调节悬挂系统的液压，从而控制主炮发射时车辆产生的震动。

就炮塔的配置而言，从正面看，主炮基座的左侧设有炮长直接瞄准镜，主炮基座的上面装有激光测距仪，斜后方左侧装有炮长昼夜稳定观察装置，左下方凹陷部位装有激光探测器（炮塔共设有 4 个激光探测器，炮塔前半部的左右两侧和炮塔后部左右两端各设有 1 个）。一旦探测到敌方的激光照射，与激光探测器相连的烟幕弹发射器就会根据需要发射烟幕弹。炮塔顶前部右侧设有车长指挥塔和舱盖，与炮长舱盖并排布置。

TK-X 坦克配置 3 名乘员，驾驶员位于车体前部的驾驶室内，车长和炮长位于战斗室/炮塔内。炮塔尾舱内装有火炮自动装填系统，有主炮待发弹（目前为 14 发）。

从总体上讲，小型化是 TK-X 坦克的最大特点。根据日本防卫厅技术研究本部的资料，TK-X 坦克是作为现役坦克的后继车型而研制的一种既适用于常规作战也适用于非对称作战的新型坦克。

三、武器系统

火控系统方面，当年 90 式的指挥仪式火控系统凭借其可以说是革命性的 "自动跟踪功能" 摘得了 "世界最先进火控系统" 的桂冠，也是 90 式一度被评为 "世界最先进主战坦克" 的最主要理由。十多年过去了，已经有很多国家的坦克火控系统经过升级改进具备了类似的能力，甚至超过了 90 式的水平。

不过这些年来，日本在电子信息领域始终处于世界领先地位，为新型坦克量身订做一套先进的火控系统应该是顺理成章的事情。TK-X 坦克采用了当今世界最流行的 "猎—歼" 式火控系统，它的人机界面十分先进，采用了大屏幕彩色液晶显示器取代了传统的瞄准镜和单色显像管显示器，各种开关也排列得简洁而有序。这些开关大多布置在液晶显示器旁边，乘员不再需要像操作 90 式坦克那样一边眼睛不离瞄准镜或很小的单色显像管显示器，一边按顺序摸索开关进行操作，而可以同时看到液晶显示器的图像和开关，从容地进行操作。

友好的人机界面可以使驾驶和操作新型坦克更加方便和舒适，日本新型坦克的人机界面已经达到可与美国 F-35 战斗机的电子游戏机媲美的水平，基本实现了 "受训三日即可上战场" 的高水平。新型坦克的驾驶员夜视装置为热成像仪，要比 90 式的微光夜视装置穿透能力更强，也更符合人体工程学。另外从采用大屏幕彩色液晶显示器上看，TK-X 坦克装备有数字化的车际信息系统，指挥能力相比 90 式有很大提高。

火力方面，日本 TK-X 坦克采用的是国产 44 倍口径 120 毫米滑膛炮，与 90 式的德国莱茵金属公司 Rh-120 型 44 倍口径 120 毫米滑膛炮有所不同，是一种新型号的，外观上看排烟装置比 90 式坦克的要小。值得关注的是，它是日本制钢所的国产化产品。目前世界上能够研制主战坦克主炮的厂家为数不多，在西方国家中，可以说德国的莱茵金属公司和英国的 BAE 系统公司几乎占据了整个火炮市场。而此次日本在坦克炮上实现国产化，得到了德国莱茵金属公司的技术支持。

参加展出的日本 TK-X 坦克

需要说明的是，在 TK-X 坦克的炮塔和底盘的设计中，考虑到了与未来更先进火炮的兼容性，保留了安装 55 倍口径身管火炮的可能性。同时还可以在车体内向自动装弹机弹舱补充弹药，而不会像 90 式那样需要所有乘员都来到车外装弹。

TK-X 坦克的辅助武器为 1 挺 7.62 毫米并列机枪和 1 挺安装在车长指挥塔门上的 12.7 毫米机枪，后者既可用于近距离防御也可用于防空，但乘员必须从车内探出身来操纵 12.7 毫米机枪。就防空而言，这种武器的防空效果相当有限，但就城市战和游击战而言，由于近距离作战的机会越来越多，这挺机枪则具有重要的作用。

TK-X 坦克安装在火炮防盾上方的带圆形盖板的装置是检测火炮身管偏斜度和弯曲度的激光炮口校对装置。据说主炮的最前端装有用于校对的激光反射镜，但也有人对此说明心存疑问，这种安装手段多少让人觉得有点临时凑合的感觉。90 式坦克的炮口校对也采用了激光装置，但却是从炮长瞄准具发射激光束，没有特意在外部安设用于炮口校对的激光装置。不过这是一种近距离作战用的辅助瞄准装置。因为在平直段的弹道上，激光光束如果对准目标，主炮当即发射，即会命中目标。而由于近距离作战多发生在城市战中，因此，这种装置被视为一种非常便利的瞄准装备。这种方法与以色列梅卡瓦 3/4 坦克上采用的方法相似，梅卡瓦坦克上的 7.62 毫米并列机枪在近距离作战时，可作为测距机枪使用。但是，当射击距离超过 1,000 米时，弹道呈抛物线形，与激光束不一致，因而不能借助这种辅助瞄准装置来进行瞄准。

90 式坦克等坦克上使用的旧型激光探测器，带有指向 3 个方向的传感器的探测装置只有一个采用外露安装方式。而 TK-X 坦克的激光探测器的结构与之完全不同，上面 2 个的传感器明显是以集成电路为基础，但具体性能没有公布，说不定 3 个传感器中的某一个还具有干扰敌方反坦克导弹的激光制导波束的功能。

在 90 式坦克上，车长观察仪器还没有脱离"潜望镜"的层面，观察也不是周视式的。而且，车长观察装置的左侧设有机枪架和炮长观察装置，左侧的视界有些受到妨碍。虽然 90 式坦克具备"猎—歼"功能，但对于周围的观察，仍然是重视从指挥塔进行直接目视观察的方式。而 TK-X 坦克上，则采用的是能够完全实现周视观察的布置形式，而且也装有激光测距仪和夜视装置。车长位置的监视器可以在全天候条件下"监视"车辆四周的情况，车长可通过操纵杆实现简便的操作。

炮长位置设有监视器和与 90 式坦克相同的炮长操纵手柄，在火炮指向目标之前的重要操作是用手柄来完成的；而目标锁定之后的微调，则通过计算机发出的信号自动进行。从操纵手柄看上去，TK-X 坦克从锁定目标开始一直到射击的操作程序与 90 式坦克的大致相同。此外，TK-X 坦克的射击操作也可以在监视器的触摸屏上来完成。

无论观察装置多么先进，在地面战中，要完全取代肉眼观察是不太可能的。地面战的战场环境极其复杂，不仅需要视觉，甚至需要听觉、嗅觉等 5 个感官的总动员。如果对手是特种部队或游击队的时候，更是如此。

在观察仪器方面，TK-X 坦克上驾驶员用的电视摄像机是昼夜两用型的，夜间使用时，估计为被动红外式，比主动红外式要先进些。此外，车体后部也装有电视摄像机，这样，驾驶员倒车时就可以更从容了。

四、推进系统

在推进系统上，TK-X 坦克的最大改进处是装上了新型动力装置和悬挂装置。

在动力装置上，TK-X 坦克上装的是四冲程、V 型 8 缸、涡轮增压、水冷柴油机，最大功率 1,200 马力（882 千瓦）。而 90 式坦克上，装的是二冲程、V 型 10 缸、涡轮增压、水冷柴油机，最大功率 1,500 马力（1,103 千瓦）。两者相比较可以看出有两大变化。一条是从二冲程改为四冲程，另一条是从 V 型 10 缸改为 V 型 8 缸。改变的结果是：缩短了发动机的长度，降低了最大功率，而对整车的单位功率影响不大；降低了燃料消耗率；降低了排气污染和排气噪声；在发动机的体积指标上有所降低。总的看来，新发动机的总体性能要高于 90 式坦克上的发动机。

TK–X 坦克取消了液力变矩器，代之以静液传动和静液转向的全自动行星变速箱，在技术水平上又前进了一大步。

在悬挂装置的比较上，90 式坦克采用的是混合式悬挂装置，第 1、第 2、第 5 和第 6 负重轮处采用的是可调式液气悬挂装置，而第 3、第 4 负重轮处采用了扭杆式悬挂装置；而 TK–X 坦克上采用的是全液气悬挂装置。由于日本坦克上已经有 30 多年的液气悬挂装置的应用实践，估计在液气悬挂装置的结构上会有若干改进，可靠性会更高。TK–X 坦克的悬挂装置的另一个亮点是，系统中融入了主动悬挂分系统的功能，其好处是可以最大限度地吸收火炮射击时对车体的冲击。

TK–X 坦克有 5 对负重轮，大致为等距排列。TK–X 坦克的履带与 90 式坦克的履带相类似，但属于新研制的端部连接、双销型履带。74 式坦克和 90 式坦克的主动轮的链轮有 2 个，分别啮合在履带外侧的孔穴中；而 TK–X 坦克的主动轮只有 1 个链轮和履带中的孔穴相啮合。这样做可以使主动轮的厚度降低，履带不易脱落。

TK–X 坦克的最大速度为 70 千米/小时，和 90 式坦克相同。

五、防护系统

在防护能力方面，与 90 式相比，TK–X 坦克在不降低防护能力的情况下，采用了更轻型的复合装甲。同时，TK–X 坦克还摒弃了 90 式坦克的内装式装甲。它采用的是可快速拆卸的外装式模块化复合装甲，符合未来装甲模块化发展的趋势，方便坦克根据不同的作战任务换用不同类型装甲，也大大简化了装甲升级和战略输送。

TK–X 坦克加装了两套系统：一套是主动防护系统，另一套是"板条

装甲"（SlatArmor）系统。对于主动防护系统，大家早已非常熟悉，就不用再多述了。而所谓"板条装甲"，则是一种外挂的附加装甲，也就是所谓的格栅装甲。美军根据伊拉克战争的经验教训，在 M1 主战坦克的薄弱部位加装了"板条装甲"，以防反美武装用火箭筒和反坦克导弹袭击。

展出中的日本 TK–X 坦克

六、指挥控制系统

TK–X 坦克不仅引入了音频无线通信系统和基干团级指挥控制系统（ReCS），还可以实现坦克之间的数字信息交换和信息实时显示，具备了初步的 C^4I 功能。

坦克炮塔内的车长位置，正面和右侧共有 2 个监视器：一台监视器用来显示带有夜视功能的观察装置捕获到的图像，另一台监视器则用来显示与己车同属一个坦克排的其他坦克的位置（一个坦克排配备 4 辆坦克）。现正在考虑建立与侦察直升机和攻击直升机之间的信息网络，通过这个信息网络，可以构筑地空三维信息网。

基干团级指挥控制系统（ReCS）是 2007 年开始引入日本陆军的，其发展目标是战场管理系统（BMS）。这种系统在法国的勒克莱尔坦克和美国的 M1 坦克上被分别称之为"车辆电子系统"和"车际信息系统"（IVIS），可以说这是属于"三代半"主战坦克的装备。

通过与指挥部、航空部队和炮兵部队等最多 58 个点相连的数据网络链，美国的 IVIS 可以共享己方坦克的位置信息和己方坦克已确认的有关敌军信息。说起来这种系统当初是为了避免在海湾战争中己方坦克发生的"误射"事件再度重演而安装的，不过，现在的系统性能有了进一步提高，各坦克的车长可以从视觉上实时把握敌我双方的位置关系，从而可显著提高指挥和控制的准确性和及时性。特别是在敌我双方纠缠在一起，战场形势犬牙交错的城市战和游击战中，这种系统非常有效。在阿富汗、伊拉克战争中，美军就使用了这种系统。

七、意欲何为

从上述性能指标上看，日本 TK-X 坦克与当今世界第三代主战坦克相比，虽说较为先进，但也并不突出，和 90 式坦克相比也没有质的飞跃。尤其是新型坦克尺寸过小，给防护和火力都带来了一定的不利影响。换句话说，日本为什么不把新型坦克的战斗全重提高到 50 吨，使其具有更好的防护性能呢？

较短的长度可能也是其只能采用 44 倍口径主炮的原因，相比周边国家新一代坦克装备的长身管滑膛炮（如 52 倍口径 125 毫米滑膛炮和 55 倍口径 120 毫米滑膛炮），日本新型坦克在火力上占不到便宜，反而处于劣势，这在坦克战当中是相当"忌讳"的。而对于所谓的"重量轻、尺寸小可以进行空运，方便海运"的说法，也无法让人赞同。因为日本新型坦克的尺寸和吨位远没有小到可以用 C-17 一级的运输机进行空运的程度。举个很简单的例子，吨位与日本新型坦克相近、甚至比它更轻的 T-80 和 T-90，也不能用安 -124 以下的任何一种苏 / 俄运输机来空运。

事实证明，地面战斗平台想要具备有效的空中运输能力，其重量就要降低到 30 吨以下，要达到俄罗斯"章鱼"空降突击炮或瑞典 CV90-120T 轻型坦克的程度才行。在电磁 / 电热炮、电磁装甲等"明天的技术"能够真正投入实用之前，只能基本放弃装甲防护，依靠火力和机动性来换取战场生存能力。从海上运输的角度考虑也是一样，目前已知的高速两栖输送平台也就是气垫船，凡是能运日本 TK-X 坦克的，运 60 多吨的 M1A2 和豹 II A6 也不是问题。反过来，凡是不能运 M1A2 和豹 II A6 这一级坦克的，也没法运这种日本新型坦克。

那么，日本研制这样一种牺牲了火力和防护的新型主战坦克，又是为了什么呢？

日本 TK-X 坦克应该是以城市作战为主要目的而开发的，一个重要的理由就是其采用了几乎能够将负重轮完全"盖起来"的侧裙板和十分重视炮塔侧面防护。在野战条件下，这样的侧裙板对于坦克可以说是弊大于利，薄薄的侧裙板对于穿甲弹来说和豆腐没什么区别；相反，如果坦克在泥泞的道路上行进，几乎覆盖负重轮的侧裙板还会将泥浆卷入负重轮甚至托带轮内，容易造成故障。这也是一些部队在野战中将坦克侧裙板全部拆除，将履带和负重轮完全裸露在外的原因。事实上，在野战条件下的坦克战当中，如果被对方的炮口对着自己的侧面，那就只有听天由命了，因为目前世界上任何一种坦克的炮塔侧装甲，都经受不住哪怕是 105 毫米坦克炮在 2,000 米上的一击，日本 TK-X 坦克也不可能例外。

在增强防护能力方面，大多数国家首要考虑的正面防护，在传统野战条件下的坦克战中，很少能有射击敌坦克侧面的机会。任何一个车组只要不是活得不耐烦了，就会尽全力避免将侧面暴露给对方坦克，所以侧面防护一般是次要考虑的。但日本 TK-X 坦克却将炮塔侧面防护甚至是履带防护上升到一个很高的重视程度，这显然不是为了对付坦克炮发射的穿甲弹，而是抵御火箭筒、轻型反坦克导弹等步兵武器，而坦克最容易遭遇这些武器的场合正是城市作战。

在最近几场现代条件下的城市作战,如车臣战争和伊拉克战争后期的"治安战"中，原本以野战条件下坦克战为主要目的设计的主战坦克，如 T-80 和 M1A2 都显得有些"水土不服"，多次被武装分子用火箭筒、轻型反坦克导弹甚至大威力土造地雷、"路边炸弹"等"低成本"武器击毁。但在现代条件下的城市作战中，没有坦克的火力和装甲保护，则很容易使己方步兵成为任由敌方隐蔽火力屠杀的对象。这使得很多国家转而开发或改装以城市作战为主要目的的坦克，例如豹 II A6 的改进型"城市豹"和"勒克莱尔—城区行动型"。这些型号的共同特征就是强化炮塔侧面的装甲防护并采用几乎完全覆盖负重轮的侧裙板，保护炮塔侧面和履带免受火箭筒和轻型反坦克导弹之类武器的攻击，日本 TK-X 坦克也具备了这些"城市战坦克"的典型特征。

如果按照这个思路往下推，那么日本 TK-X 坦克的"短"和"窄"也正是为了能更好地在城市中较狭窄的道路上行进和转弯，重量的减轻也使其能够通过更多的城市桥梁。在城市作战中，如果要作为步兵的直接火力支援平台，那么44倍口径主炮显然是绰绰有余。即使在城市中遭遇对方坦克，由于建筑物的阻挡，也很难在远距离上射击目标，因此长身管主炮的作用并不明显（这也是苏联红军在解放维也纳的战斗中，苏军的美援"谢尔曼"坦克轻松地击毁多辆德军"黑豹"、自身却无一损失的原因。这在野战条件下几乎是不可能的）。因此，日本TK-X坦克选用44倍口径主炮并不担心火力不足。事实上，在日本防卫省的宣传资料中，也着力宣传了日本新型坦克的"反游击能力"。

从目前情况看，90式坦克的性能即使再过十年，在世界范围内都是比较先进的。加上现在日本又没有现实的陆上威胁，所以90式坦克并不用急于"退休"。因此，日本TK-X坦克未必会用来替代90式坦克，而更可能用来替换中央和西南方面队（近似于军区）目前仍在使用的74式坦克。TK-X坦克的重量和尺寸与74式更接近，也更适合原先装备74式坦克的部队换装。近来日本陆上自卫队还积极地着手组建了"可以用于海外行动"的"高机动旅团"，这些旅团也有可能装备TK-X坦克。

日本TK-X坦克和90式坦克的主要性能数据如下表。

名　称	TK-X坦克	90式坦克
战斗全重/吨	44（基型40，最大48）	50
乘员配置/人	3	3
车辆全长/米	9.42	9.80
车宽/米	3.24	3.40
车高/米	2.3	2.3
履带接地长/米	4.4	4.55
单位功率/（马力/吨）	27	30
传动装置类型	自动变速箱	自动变速箱
悬挂系统类型	液气	液气＋扭杆
发动机	水冷四冲程8缸涡轮增压柴油机	水冷二冲程10缸涡轮增压柴油机
主要武器	120毫米滑膛炮44倍口径身管	120毫米滑膛炮44倍口径身管
烟幕弹发射器/具	8	8
最大速度/（千米/小时）	70	70

第三节
老爷车有新传

　　自第二次世界大战后，日本已发展了三代履带式装甲战车。60 式装甲输送车为第一代，73 式装甲输送车为第二代，89 式步兵战车为第三代。日本发达的科学技术也使其军事技术走在世界前列，日本人称 89 式步兵战车是"世界第一流的"装甲战车，也有人称它是"世界上最昂贵的"装甲战车。不管如何称呼，它已成为 21 世纪初日本陆军的主要装备。

正在进行野外拉练的日本 89 式步兵战车

一、发展起源及基本结构

　　20 世纪 70 年代，随着勃列日涅夫"缓和"的假面具因进攻阿富汗而被揭开，日本政府对来自北方的威胁感到恐慌，大藏省也认识到研制新一代步兵战车的重要性，于是一种可冒激烈炮弹射击、能伴随坦克进入阵地的战车研制计划终于得到了批准。

　　1981 财年，日本防卫厅提供了发展车体和炮塔样机的资金。1984 年，日本投入 6 亿日元用于发展 4 辆新式履带式步兵战车。经过样车试验阶段，新式步兵战车定名为 89 式步兵战车。1989 年，日本陆上自卫队开始采购 89 式步兵战车，因为价格昂贵没有能够大规模生产，但是采购数量也在逐渐增加。

89 式步兵战车的基本布局比较传统，车体前部左侧为动力室，右侧为驾驶室，炮塔位于车体中部，后部为载员舱。驾驶室有一扇可以向右开启的舱门盖，驾驶员前方布置有 3 具潜望镜，能在白昼使用，其中一具也可更换为被动式夜视镜。在驾驶员位置上方有一具可旋转的潜望镜。

89 式步兵战车的车体、炮塔由装甲板焊接而成，能够抵御轻武器以及炮弹弹片攻击。为了对付空心装药破甲弹，车体前部和炮塔采用了间隔装甲，车体侧面装有用普通材料制成的很薄的侧裙板，侧裙板前后开有 4 个蹬脚口，方便成员上下。车体外形采用倾斜式设计以产生更好的防弹效果，前部上装甲的斜面非常低而平滑，前部车顶中央设置了用于动力传动装置的检查窗，左侧有冷却空气进气口。前部下装甲的倾斜角度较小，左右挡泥板上装有前大灯，包括方向指示器、白炽灯和红外线灯。车体前部左侧有百叶窗式发动机排气口，在相邻位置有进气口，供中冷器和涡轮增压器使用。右侧驾驶室前后设置了驾驶员副班长座椅，驾驶员舱口上装有 3 具潜望镜，副班长舱口处有 2 具，后者座椅右侧还设置了向车体斜前方射击的射击孔。

车体中部为战斗室，安装有大型双人炮塔，右侧有与车体前后相连的通道，炮塔由带倾斜设计的甲板构成，形状复杂，武器装备设在中间，右侧是车长、左侧是炮长，炮塔上为其提供了一个向后开启的出入舱门盖，炮塔前部有供车长和炮长使用的顶置潜望式瞄准镜。炮长还有 2 具固定潜望镜用于前、左方向观察，车长也有 6 具向各个方向观察的潜望镜。在炮塔上还安装了一种可探测敌导弹攻击的激光探测器，这种探测器在日本装甲车辆上广泛使用，一旦探测到激光束，车辆就可以做规避运动。炮塔前方还装有大型潜望瞄准镜，外部左右两侧安装了导弹发射器，后面有备用品箱。

车体后部的载员室可容纳 6 名士兵，共有 6 具潜望镜供载员使用，保证了士兵的外部视场。载员室上面有开向左右两侧的舱盖，士兵可探身车外进行压制周围火力的战斗，但是这样会妨碍大型炮塔的转动，限制其使用。因此在载员室内部设置了射击孔，士兵通过这些射击孔可进行较广范围的射击。前方左右两侧的射击孔为了保证前方射界而在凸缘部开设了凹口，为球形座射击孔，这种设计主要是为了更精确瞄准目标，从而弥补步兵战车上的射击孔设计不合理，导致士兵只能通过潜望镜估测而将枪托抵在腰间进行射击造成效果不理想的遗憾。载员室尾部设有两扇大型车门,供士兵登车,左右两侧有带百叶窗的小箱,是核生化过滤器等的换气装置,尾部左右装有尾灯。

二、动力装置和武器系统

行动装置包括每侧 6 个挂胶负重轮、扭杆式独立悬挂装置。主动轮在前,诱导轮在后,另外还有 3 个托带轮,这与第二代战车 73 式不同,各国近来研制的战车均采用此种方式;履带为双销、橡胶衬套式,在第 1、第 2、第 5、第 6 负重轮处安装了减振器。

日本研制 89 式步兵战车的目的是伴随 90 式坦克作战,所以其机动性比 73 式更加受重视,发动机的选用就是有力证明。89 式战车装备的是日本三菱 SY31WA 水冷四冲程直列式 6 缸柴油发动机,没有继承日军装甲车辆采用风冷发动机的传统,是第一种真正采用水冷方式的履带式装甲车辆用发动机。由于水冷发动机的采用,发动机得以小型化,整体动力装置也能容易布置在车辆前方,才能为空间的有效利用带来便利。该发动机带有中冷器和涡轮增压器,汽缸工作容积量为 16.96 升,输出功率 441 千瓦。传动装置为带变矩器的变速箱,有 4 个前进挡和 2 个倒挡。

89 式步兵战车战斗全重为 26 吨,单位功率达到了 16.9 千瓦 / 吨,超过了美国 M2 "布雷德利" 步兵战车,从数据上来看,其速度达到 70 千米 / 小时,也占有优势,实际能力基本属于同一水平。

89 式步兵战车的主要武器是瑞士厄利空公司生产的 KDE35 毫米机关炮,由瑞士直接提供技术、在日本按许可证自行生产。该炮与 87 式自行高炮及 L90 牵引式高射机关炮上使用的 KDA35 毫米机关炮属于同一系列,在降低重量的同时,射速也降低到 200 发 / 分,身管为 90 倍口径,重量 51 公斤,不仅可以对地面目标射击,还可对空射击,但是由于没有配备有效的瞄准装置,仅限于自卫作战。

89 式装备的机关炮口径大于美国 "布雷德利" 步兵战车的 25 毫米机关炮和英国 "武士" 步兵战车的 30 毫米机关炮,虽然口径更大、火力更猛,但是不能进行点射,而且没有配备稳定机构,无法进行行进间射击。现在超过 89 式战车 35 毫米机关炮口径的车辆为数不少，比如装备 40 毫米机关炮的瑞典 CV9040 步兵战车和安装本国仿制瑞典 40 毫米机关炮的韩国 K21 步兵战车，俄罗斯 BMP-3 步兵战车更是同时装备了 100 毫米和 30 毫米机关炮。不过总体来说，在同时代研制的西方步兵战车中，89 式战车的火力可谓首屈一指。

35 毫米机关炮可以使用的弹种包括燃烧榴弹、曳光弹、穿甲榴弹和脱壳弹 4 种，榴弹初速为 1,160 米 / 秒，脱壳穿甲弹初速为 1,385 米 / 秒；穿甲威力在使用脱壳穿甲弹时，在 400 米距离上为 70 毫米，在 1,000 米距离上为 40 毫米。机关炮与坦克进行正面交战显然是极为困难的，但是如果与轻型装甲车辆作战，则可以处于优势地位。根据 89 式步兵战车的任务，该炮还可发射安装在炮塔左右两侧的 79 式反坦克导弹（重型马特），它由川崎重工业公司研制，不仅可攻击坦克，也可用于击毁登陆舰船，全长 1.57 米，飞行速度为 200 米 / 秒。导弹有效射程在 4,000 米以上，制导方式为有线半自动瞄准线指令制导方式，缺点是需要射手不间断地瞄准目标。79 式反坦克导弹的使用，使 89 式步兵战车具备了反坦克能力。

在机关炮的左侧安装了 1 挺 74 式 7.62 毫米并列机枪，由日本生产，广泛应用在日本自卫队的装甲车辆上，是在步兵便携式 62 式机枪的基础上改进而来的。该枪全长 1.085 米，重 20.4 公斤，最大射速为 1,000 发 / 分。74 式并列机枪在自卫队的口碑很不好，很多人对它的评价很差，都称它为劣质兵器，故障多、难以使用。虽然没有其他合适的机枪，但是装备这样的机枪也是一件令人不安的事情。

89 式步兵战车的武器配置是由其相对较为特殊的运用思想决定的，该车实际是一种过分重视对付作战对象的车辆，现在如果作为步兵战车使用，有些差强人意。当时，为了与严重威胁北海道的原苏联装甲部队配备的 BMP-1 和 BMP-2 步兵战车相对抗，89 式步兵战车选择了旨在对抗 BMP 的武器系统。考虑到作战对象所采用的武器为 73 毫米低压炮（BMP-I）以及 30 毫米机关炮和反坦克导弹（BMP-2），89 式步兵战车也许称得上是一种最佳车辆。

从侧后方角度看日本 89 式步兵战车

三、防护能力及战术运用

89 式步兵战车的防护能力处于较低水平。该车在研制时，世界步兵战车和装甲输送车的车体都趋于采用铝合金，如美国"布雷德利"、英国"武士"、意大利"标枪"等，只有 89 式采用了防弹钢板。当时有种看法认为铝合金在中弹时有燃烧的危险，因此为了避免此危险，89 式选用了钢制装甲。尽管铝合金的燃烧危险性属于杞人忧天的问题，但是该车能够置时代潮流于不顾，断然放弃水上机动性，通过采用钢制车体来确保防护性，从这个层面上来说，89 式步兵战车是值得圈点的。

然而从海湾战争时起，也就是进入 20 世纪 90 年代以后，其他国家的步兵战车都掀起了加强防护力的高潮，"布雷德利"步兵战车采用了重型装甲，"武士"安装了"挑战者"主战坦克上采用的"乔巴姆"装甲，法国 AMX-10P 和意大利"标枪"步兵战车都增装了附加装甲，就连最初采用钢装甲的德国"黄鼠狼"步兵战车最终也增强了装甲，其重量也由最初的 28.2 吨增加到了 33.5 吨。

在世界各国步兵战车不断加强装甲防护能力的情况下，日本 89 式步兵战车自服役以来从未增强过装甲，完全落后于同时代车辆。难道日本人自己不想增强防护水平么？显然不是的。实际上，日本陆上自卫队既不是不了解世界的发展趋势，也并非不想增强 89 式战车的防护力，他们一直认为该车的装备数量很少，如果加装不适宜批量生产的附加装甲会导致成本更高，于是只能放弃对 89 式步兵战车装甲防护能力的增强计划。

伴随坦克作战是研制思想，协同坦克行动的基本任务就是完成坦克难以承担的重要详细敌情（反坦克武器、障碍）的搜集以及敌目标摧毁和障碍清除等任务。当攻击坚固阵地或武器配置不明的阵地时，搭载步兵需要下车，紧密配合坦克和步兵战车车载武器作战；在夺取阵地后，为了确保此阵地不失，也应展开与以上相同的战斗行动。这是对步兵战车来讲最为困难的进攻阵地作战，这种步坦协同作战如果得以实施的话，其他战术行动的配合就会更加容易。

对于 89 式步兵战车的具体战术运用，日本著名战车杂志《PANZER》作了简要的介绍：

（1）接敌迫近时的行动。边准备战斗，边选定适当的跃进方法前进。跃进方法分逐次跃进和交替跃进。各处跃进的距离根据支援坦克或者步兵战车的有效射程、地形、地物和视界等情况确定。逐次跃进是指在不明情况时，有可能会突然蒙受敌人射击，因而有必要慎重前进，此时采取逐次跃进方法；交替跃进则指必须迅速前进，而且需要判断前进路线的状况，这时采取交替跃进方法。

（2）攻击。步兵战车和坦克组成的力量称为步坦组（队），通常采用如下的编制实施攻击：步兵连＋坦克连或坦克排，或者坦克连＋步兵排，这种组合可最大限度地发挥各自的威力，互相取长补短，作为有机结合的战斗分队行动。

步坦组的攻击要领分 2 种：同坐标轴，适用于接近目标路线适合开展机动之时，采取此方法较易实现步坦综合战斗力的发挥与突击调整；异坐标轴，适用于步坦各自合适的接近路线出现不同情况之时等。采用此方法可充分发挥步兵战车和坦克的能力，而且会不得已造成两个对敌战斗的局面，但是两者配合需引起重视。

攻击中最大的难关也是重要阶段，就是突进阶段。乘车突击，在地形适合坦克、步兵战车开展机动时，并能事先排除阵前的反坦克障碍物和取得击毁、压制敌反坦克武器的支援火力，可实施乘车突击。要领是进攻并继续通过突击线，突进至有友方武器支援的敌阵地。这时，通常是步兵战车紧跟坦克前进，以保护坦克的侧面和后面，在这种情况下，89式步兵战车绝对能发挥威力，这也是明显区别于以往装甲输送车的重要一点。下车突击，在难以展开乘车突击时实施，其要领是首先让步兵分队下车前进，坦克分队跟随其后，但是当视界、射界或坦克、步兵战车行动受限时，或者当进入了不明敌情的地域时，步兵战车和坦克并列协同。

关于采取相同的"突进要领"、哪个分队作先导的问题，有以下3种形式供选择：

① 坦克为先导。依靠坦克的火力和机动能力向敌阵地突进，然后使步兵紧跟其后，以迅速夺取目标。这样做的前提条件是在突击前确保敌阵地地雷区等有坦克用通路，而且敌坦克和反坦克武器等比较薄弱。

② 步坦同时突进。通过两者的密切配合，发挥步坦战斗力，突进到敌阵地，以夺取目标。

③ 步兵为先导。在可以判断敌迫击炮火力已经受到压制之时，而且还判断，如不夺取敌阵地，就不能确保坦克通过地雷区，或者因为敌坦克、反坦克武器等，坦克突击会蒙受很大的损失。

（3）防空行动。作战中，应经常警惕敌飞机及武装直升机的攻击，通常，为不给敌人以攻击的机会，可采取伪装、隐蔽和分散等方法，有时还可用机关炮开展自卫战斗。

虽然现代高技术战争已不是一种或几种兵器的较量，也不是单一军种、兵种的对抗，但战争胜负的最后争夺，绝大多数还得取决于陆战的结果。坦克依然是地面战的开路先锋和最后解决战斗的主要突击力量，是陆军机械化的基础和优先化平台。为此，世界主要军事强国都投入了大量的人力和物力来研制第三代主战坦克。

第十一章

逐代更新 后来居上

第一节
从缴获到自行研制

一、战场缴获的第一辆坦克

"二战"时期,坦克纵横欧洲战场,可谓出尽风头,并获得了名副其实的"陆战之王"的称号。德国的虎豹家族、美国的"谢尔曼"坦克家族、苏联的 T-34 坦克家族,足迹可谓遍布欧亚战场。中国作为后来居上的跟进者,使用坦克最早可追溯到张作霖的东北军购买的法国雷诺FT-17。

1945 年 11 月,中国人民解放军从日军留在东北的坦克修理厂缴获了第 1 辆日制 97 式轻型坦克,并由此成立了中国人民解放军第一支坦克部队——东北坦克大队,后来这辆日式坦克被取名为 102 号,成为中国人民解放军装甲兵历史上的"第一车"。随后,102 号坦克参加了攻打锦州、解放天津等多次战斗,屡显神威,战功赫赫。在 1948 年辽沈战役攻打锦州作战中,第四野战军将 102 号坦克命名为"功臣号"坦克。

中国人民解放军第 1 辆坦克——日制 97 式轻型坦克

在后来的解放战争中,中国人民解放军先后从国民党手中又缴获了许多型号的美制坦克,如 M3A3 轻型坦克、M3 半履带装甲输送车、日制 97 式超轻型坦克和铁道越野两用坦克等。

二、59 式坦克宝刀不老

中国作为陆军大国，对坦克情有独钟。新中国成立后不久，中国就向苏联买了 10 个团的坦克，T-34 由此成为新中国装甲部队最初的主力。中国还对 T-34 进行了少量仿制，仿制型被称为 58 式中型坦克。不过因更先进型号的出现，解放军很快放弃继续改进这款"二战"时代的坦克。

1951 年国庆时受阅的 T-34 坦克

1950 年，在《中苏友好同盟互助条约》的基础上，苏联同意援助中国生产和制造 T-54A 坦克，1956 年 4 月，在苏联工程师的帮助下，中国建成国内第一家坦克制造厂——617 厂。至 1959 年，617 厂已经开始生产完全独立制造的 T-54A。1959 年 10 月 1 日，首批国产的 32 辆 T-54A 参加了建国 10 周年大阅兵。1959 年底，该型坦克被命名为"1959 年式中型坦克"，简称 59 式坦克。

59 式坦克方阵首次亮相建国 10 周年阅兵

1959 年 9 月，首批 33 辆装备部队。59 式主战坦克是中国的第一代主战坦克，在之后数十年里，59 式坦克成为中国陆战主力，至今仍然是陆军部队的主要装备之一。作为地面作战的主要突击武器，该坦克具有较强的火力，较好的装甲防护和机动性能，主要用于对敌坦克和装甲战斗车辆作战，也可以摧毁敌方的防御工事、技术兵器，歼灭有生力量。

59 式中型坦克

该坦克最主要的武器有：1 门 59–100 线膛炮，1 挺 12.7 毫米高射机枪和 2 挺 7.62 毫米机枪，配有红外夜视仪，可夜间驾驶。具体性能及数据如下图所示：

乘员：4 人。战斗全重：36 吨。车长：6.04 米。车宽：3.27 米。车高：2.59 米。火炮口径：100 毫米。高射机枪：12.7 毫米。弹药基数：炮弹，34 发；7.62 毫米弹，3,500 发；12.7 毫米弹，200 发。发动机型式：

柴油机。发动机功率：520 马力。最大速度：50 千米 / 小时。最大行程：
430 千米。发动机：1 台 12 缸 V 型水冷柴油机，采用五速机械式变速箱。
储油箱：960 升。火炮：100 毫米线膛炮，有效射程 700 ～ 1,200 米。测距：
使用激光测距仪，测距范围 300 ～ 3,000 米，精度 ±10 米。

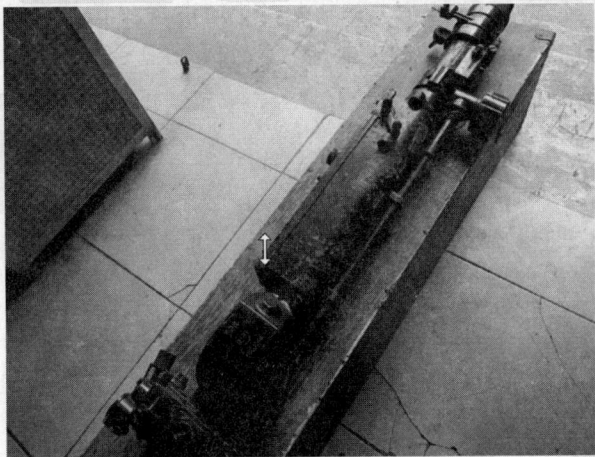

59 式坦克瞄准镜

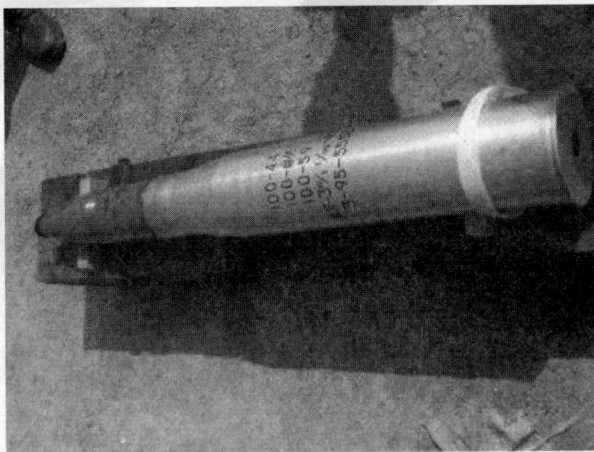

59 式 100 毫米坦克炮弹

在该坦克的基础上，先后衍生出了 59-1 型、59-2 型、59-2A 型和
59D 型坦克以及 73 式中型坦克抢救牵引车。

对越自卫还击作战后，针对 59 式中型坦克在作战中暴露出来的火控系统落后、防护能力弱等缺陷，在充分调研的基础上，中国决定对 59 式中型坦克进行第一轮改进。

1979 年，开始进行改进设计。1984 年，中国对 59 式坦克进行比较集中的改进，标志着中国主战坦克走上了研改结合的道路，具有划时代的意义。改进贯彻了"人文精神"，充分体现了"以人为本"的理念，如增装了自动装表简易火控系统和 73 式激光测距机，结束了"判距靠炮长的眼睛、射击靠射手经验"的历史；增装了并列机枪弹和高射机枪弹压弹机，改变了靠乘员人工压装的现状；增装了车外红外大灯，改善了驾驶员使用夜视仪观察的效果；增装了操纵系统液压助力装置，便于驾驶员操作；在非指挥坦克上增装一根伪装天线，使敌人难以分辨战斗坦克与指挥坦克；将安全门改为三点支撑式向外开启的圆形门，便于坦克乘员紧急情况下迅速出去。改进后的 59-1 型中型坦克，火炮首发命中率、防护性和机动性比 59 式坦克有了较大程度的提高，并为老式装甲装备的不断改进积累了经验。

20 世纪 80 年代初，在 59 式中型坦克上安装了具有自紧身管的 105 毫米线膛炮、能有效防止二次效应的自动灭火抑爆系统、VRC-8000 型电台和 VIC-I 型车内通话器，保留了 59-1 型中型坦克上若干成熟的改进项目，这就是新设计和研制的 59-2 型中型坦克。

值得一提的是 59D 型坦克，时至 20 世纪 90 年代，战争形态开始由机械化战争向信息化战争转变，新军事革命为中国的军队信息化带来了更大的机遇。中国军队对老旧的装备进行了信息化改造，取得了较大成果，其成果就是 59D1 型中型坦克的诞生。该坦克换装了威力更大的加长身管的 105 毫米线膛坦克炮，使坦克炮的有效作战距离增加近千米。1996 年，59 式中型坦克批量改装成 59D 型中型坦克，并已出口国外和装备中国军队装甲机械化部队。

59D1 型主战坦克，运用了大量高新技术，改进后的整体性能与国外二代主战坦克基本相当，真正实现了"宝刀不老"，成为中国军队装甲机械化部队的"主战坦克"。

改造后的 59 式坦克 59D

59D 的炮塔正面安装有 13 块反应装甲模块,两侧则分别安装有 10 块。而新型火控系统则包括具有夜视能力的被动瞄准仪、激光测距仪、经过改进的稳定器和数字化弹道计算机等。此外,该型坦克还可加装热成像仪,功率为 580 马力的水冷柴油发动机。在经过专门准备后,59D 坦克还可穿越深度为 5 米的水障。当然,该坦克也配备有完善的三防系统。

中国 59 式坦克群野外狂奔

三、62 式轻型坦克和 63 式两栖坦克的诞生

当仿制的 T-54 还未定案时,中国已经开始以它为基础研制一款轻型

坦克:该坦克全重压缩到 21 吨,随后被正式定名为 62 式轻型坦克。

62 式轻型坦克

20 世纪 60 年代,中国又仿制 63 式两栖坦克,其火力性能有所提高。但随着"极左"思想的抬头,国产坦克计划开始陷于困境。

63 式两栖坦克

四、69 式主战坦克,再次改进 59 式

随着中苏关系的恶化,两国在珍宝岛发生了战争冲突。1969 年,珍宝岛冲突中,尽管 T-62 还只是当时苏军的二流坦克,但是苏军 T-62 坦克优良的性能和在战争中的表现,给中国军方极大震撼。于是,中国开始了一系列坦克研制计划。

今日保存在"军博"的苏军 T-62 坦克

珍宝岛事件后,中国军队火力需求大增。在坦克研制方面,技术指标被不断抬高,许多方案最终超出了中国军工的能力范围而不能执行。随着研制坦克的指标升级,又有几个项目因技术问题而下马。于是,坦克研制又回到改进 59 式的道路上来。1963 年,代号 WZ121 的 59 式改进计划启动。59 式坦克更换了新的 100 毫米滑膛炮,加装了珍宝岛缴获并仿制的红外探照灯,勉强具备了夜战能力。改进后的 59 式被命名为 69 式主战坦克。后来,大批 69 式被卖到伊拉克。

图为中国军队装甲兵教学,距拍照者最近处的就是一辆 69 式

在 69 式主战坦克之后,中国军队再次对陆军主战装备进行更新升级,研制出 79 式主战坦克。

79 式主战坦克

第二节
二代坦克的诞生

一、80/88 式成为国产二代坦克的开山之作

20 世纪 60 年代中苏关系愈发紧张，在 70 年代中苏边界冲突，中国当时最先进的只有 59 式坦克（仿制苏联 T-54），比苏联的二代坦克作战性能相差太远，中国迫切需要有比 69 式中型坦克更先进的坦克。

1978 年，617 厂按照兵器工业部的要求，提出了研制中国第二代坦克的意见。然而国内坦克研究技术储备较少，二代坦克起步要求又高，工厂提出在 69 式中型坦克的基础上，分期分批地将国内外先进技术用到主战坦克上，尽快研制出一种"性能较先进、部件较成熟、结构简单、继承性好、造价低廉、利于生产"的坦克，即用"小步快跑"的战术赶超世界先进水平。1979 年研制出二代坦克的第一辆样车，1980 年列入国家研制计划，命名为"80 式主战坦克"。在研制过程中，先后共试制出 12 台样车，累计试验行驶里程 100,000 千米。1988 年 2 月，由国务院、中央军委常规产品定型委员会正式批复命名为 ZTZ-88 式坦克，从而完成国产第二代坦克的设计研制工作。

80 式设计基本取自 79 式主战坦克，成为二代坦克的获胜者。88 式主战坦克是中国继 59 式、69 式、79 式坦克以后研制的第二代新型主战坦克，而 80/88 式也是国产二代坦克的开山之作。80 式坦克获胜后并未获得大量装备，而是在小修小改中一直折腾到 1988 年才获得正式定型，所以它也被称为 88 式主战坦克。其后 88 式坦克也仅有小批量装备部队，正式命名为 88 式主战坦克。

图为 1999 年参加国庆 50 周年阅兵的 88 式主战坦克

二、二代主战坦克，亮点频出

80/88 式主战坦克虽然仍继承了 59 式、69 式的整体布局方式和铸造炮塔的基本结构，但是采用了许多新技术、新部件，如首次使用复合装甲提高防护力、采用功率为 730 马力的发动机、首次应用 6 个小直径负重轮，这是 80 式坦克与 59 式、69 式、79 式坦克最明显的区别之处，其主要战技术性能已接近或赶上世界 20 世纪 70 年代末的先进水平。

一是有较好的装甲防护能力。车体、炮塔为装甲钢铸造件，正面装甲防护力较强，炮塔四周安装的栅栏式屏蔽增大了防破甲弹的能力。二是安装了导航设备的潜渡装置。新设计的坦克潜渡装置能使该车只需经过短时间的准备，就能克服水深为 5 米，宽 600 米的江河障碍，较之 59 坦克提高了近百米。三是增加了导航设备，可以保持方向，解决了乘员看不见的问题；四是增加了呼吸器等救生设备，一旦坦克进水，可以保障乘员逃生，大大减轻了乘员的心理负担；五是弹油合一的弹架油箱，在油箱上开有若干个孔，用于放置炮弹同时增加了坦克的携油量，加大了坦克的行驶距离；六是装备了可对抗反坦克导弹的烟幕发射器，能够有效对抗可见光、近红外、远红外、激光、微波等制导的反坦克导弹，还可发射新型照明弹和发烟弹；七是反破甲设计，采用了铁栅栏、裙板这些价廉物美的防护设施，大大提高了坦克的综合防护能力。

80式主战坦克后部视角

80式主战坦克

三、80/88式坦克的系列终极改进

在80式诞生后几年，其后继改进型80-I便被迅速地推出。相比80式，80-I将简易火控系统改成了潜望式微扰动简易火控系统，坦克昼夜均能对静止或运动目标进行射击。80-I坦克的三防装置除保留个体防护装置外，还增加了增压风扇、滤毒罐等集体三防装置。

而后期的型号80-II则改进了动力系统，增加了热烟幕装置，此外，针对国外用户试装了乘员电风扇和观察镜吹洗装置等人性化装置，受到了好评。

85-II（"风暴"2型）是在80-II主战坦克的基础上再次改进而来，更换了新的传动装置，转向操纵也跟国际接轨，由操纵杆式改为了方向盘式。同时，武器系统也彻底进行升级：装备了新型的稳像式火控系统，火炮换为新的长身管105毫米火炮。在后期的85-IIM上，则安装了125毫米滑膛炮，并加装了自动装弹机。苏丹和巴基斯坦都部分进口了该型坦克。

80-Ⅱ型坦克越障试验

随后，改进后的 85-Ⅲ 坦克安装了新型动力装置，加装了 GPS 全球定位系统，有力地加强了车组作战时的通讯能力。

高速行驶的 85-Ⅲ 主战坦克

88 式包括 88 式、88A 式、88B 式、88C 式等。88 式是中国军队第一种装有爆炸反应装甲服役的坦克（1988 年），坦克战斗全重 38 吨，12150 系列涡轮增压柴油机发动机，接近第三代主战坦克的水平。88 式坦克还有制式的潜渡装备，可横渡 5 米深的河流。半球形铸造炮塔正面装甲的厚度大约 280 毫米，88 式坦克的火力控制为光点投射式火控系统，观察瞄准装置采用第二代微光夜视镜。88 式坦克改进型 88B 增强了火力，与美国 M1 式坦克相当，已具备抗衡世界上第三代主战坦克的能力，使中国的坦克技术向前迈进了一大步。

88A 式在 88B 式后才推出，装有加长炮管改良性能的 83-I 型 105 毫米主炮，及安装的新型 FY 系列双层爆炸反应装甲板以对抗穿甲弹和破甲弹攻击。

强大的 88A 式主战坦克

88B 式装有对应中国制 105 毫米弹药的新型自动装弹机及装有新型 ISFCS-212 火控系统。

88C 式由 85-IIM 式改进而成，装备 125 毫米滑膛炮，先进的火控系统，1000 马力柴油发动机，解决了坦克的死火及黑烟等问题。

88C 式主战坦克

此外，还有外贸型 85-2AP、90、90-2 式等。88 式系列坦克在 1995 年停产，目前有 400 至 500 辆 88 式系列坦克服役。

第三节
承上启下，孕育三代坦克的摇篮

从 80 式到 88 式，最初的 80 式还可以和 59 式"向下兼容"，但从 80-Ⅱ 开始，逐渐向"准三代"过渡，慢慢摆脱了苏式体系。中国坦克逐渐走上了独立自主研制的道路，为三代坦克做了充分的技术积累。

自中越战争后，二代主战坦克几乎没有参加过实战。而美苏两个超级大国的机械化部队却经历了战争的考验而飞速发展。1991 年的海湾战争更是让美军陆军装甲机械化部队大出风头。三代坦克就是在这样的背景下诞生的，标志着中国的坦克技术又达到了新的高峰。

20 世纪 90 年代，在综合了众多坦克研制的经验教训后，新一代主战坦克 96 式终于横空出世。96 式坦克是真正的 59 式替代者，虽然它的性能在同时期国际先进坦克里居中等偏下水平，但便宜的价格使它适合大批量生产。以 96 式坦克为开端，中国陆军终于开始大规模更新主战坦克。96 式主战坦克是 88C 型主战坦克在吸收了成熟技术与经验的基础上又加以改进而成的，为批量装备中国军队现役的准第三代主战坦克，改进型 96A 式更向国际第三代主战坦克标准迈进了一步。正式定型时被命名为 96 式主战坦克，于 2004 年左右量产并列装中国军队主力装甲部队，其样车"801"号在京郊坦克博物馆内被永久收藏并展出。

96 式主战坦克

一直以来，对国产坦克的讨论大多都在 99 式坦克上。中国 96 式主战坦克大概属于二代坦克大幅度改进而成，介于二代、三代之间，或者可以算是早期三代水平。目前已经量产并列装中国大陆主力装甲部队超过 2500 辆以上，多数老 96 式也都升级为 96G 式规格。相对于较为昂贵的 99 式主战坦克，96G 的成本较低，适合大批量生产装备部队，两者形成了高低搭配组合，均获美国权威军事杂志评选为世界十佳坦克之一。

96 式坦克是中国坦克发展的一次飞跃，它有个很重要的特点，它的整个车体和炮塔由复合装甲块保护，车轮和履带由橡胶裙衬保护，有较强的综合防护能力、火力打击能力和机动能力。

96A 式主战坦克

第四节
具备国际先进水平的第三代主战坦克

一、99 式主战坦克问世

在 96 式坦克开始进入陆军服役的同时，另一款代号 WZ-123 的自用型高端主战坦克研制也在稳步进行中。与适合大量装备的 96 式不同，WZ-123 身上寄托的是中国陆军打造世界一流坦克的期望。新型坦克赶在 1999 年完成定型，被命名为 99 式主战坦克。

99 式主战坦克

　　1999 年，刚刚完成定型的 99 式坦克初期型参加了国庆 50 周年阅兵，首次对外界公开展示。这标志着中国陆军终于也拥有了具备国际先进水平的第三代主战坦克。

　　为了尽快赶上世界各国第三代主战坦克的步伐，中国加紧了第三代主战坦克的研制。最早期的 99 式坦克，西方一度称为 98 式。在 1990 年初，位于内蒙古包头的 617 厂推出首辆 WZ-123 第三代坦克初期原型车，随即展开工程定型测试。经过充分验证后，第三代主战坦克论证与分析组在 1991 年将战技指标由 40 多项增加到 70 多项，整个研发目标日益明确。

　　99 式的原始设计参考了 T-72，其底盘酷似一辆放大的 T-72，从外观最容易辨认之处，就是 T-72 车头的 V 字形挡弹板，此种设计主要用于防止弹片沿着车头击中炮塔环。

T-72 主战坦克 V 字形挡弹板

早期的 99 式主战坦克

　　99 式改进型与原始设计外型上的差异就是炮塔正面的附加装甲和取消了正面 V 字形挡弹板，除了炮塔正面装甲之外，99 式改进型的车体正面与炮塔两侧也加装不少方形反应装甲块，加强了炮塔两侧与后部的防护能力。

99 式主战坦克编队

二、对 99 式主战坦克的进一步改进

　　在 99 式改进型上，中国以 1,200 马力的 150HB 发动机为基础，开发新一代的 1,500 马力大功率柴油机，以德国 MTU MT883 作为性能指标。此种新发动机以及新的传动系统已经安装于 99 式改坦克进行测试，并展现了 80 千米 / 小时的最大道路速度以及 60 千米 / 小时的最大越野速度。

99A2 型主战坦克

99A2 增强型主战坦克

99 式坦克配备了先进的指挥式数位坦克射控系统，较先前 85-ⅡM 以及 90-Ⅱ 的系统更为先进，其射控系统稳定方式为"上反稳像"，增加了射击的精准度。

99A2 型主战坦克开火瞬间

99 式坦克装还有一套特殊的主动式激光警告 / 对抗系统，采用中国较新型的 VHF-2000 型坦克通信系统，具备抗干扰能力，此外，装有 GPS 导航定位系统、激光通信 / 敌我识别系统，提高了信息化作战的能力。

最近两年，被称为 99 大改的 99 式三期改进型开始现身。它拥有空前厚重的装甲和加大马力的新发动机，综合水平被认为可以与当今世界最强的美制 M1A2 主战坦克一战。2014 年，在上合"和平使命 2014"军演中，装备 99 大改坦克正式公开亮相。

在新型坦克数量和质量同步提高的同时，中国陆军并未忘记特殊地区对坦克的需求。下面这款尚在测试中的新一代轻型坦克被认为是专门针对青藏高原那样的环境设计。可调节高度的底盘显示曾因难度过大而放弃的国产液气悬挂技术终于成熟。

从仿制苏联 T-54 到 99 大改，解放军的坦克研制计划曾因脱离实际走过很多弯路。但通过脚踏实地的追赶，中国坦克已位列世界坦克的先进行列。

三、虎啸东方，四代坦克走向何方

在伊拉克战争中，美军数字化装甲部队的表现透露了未来坦克发展的方向，即信息化。中国的坦克尽管在防护能力和火力打击能力方面有新的突破，但在信息化作战能力方面仍然比较落后。目前中国正在研制第四代主战坦克，它将被配备指挥和作战所必需的各种现代化信息设备，包括各种红外和电视传感器。中国未来新一代坦克究竟是什么样子呢？据推测，该坦克配备的主要武器可能是已经相当成熟的 140 毫米电磁坦克炮，可在 5,000 米距离上击穿 2,000 毫米的均质装甲，其主动防护系统甚至还能反击来袭的反坦克导弹。安装有 1,500 千瓦（2,000 马力）的涡轮增压中冷式大功率柴油机，最大公路时速 100 千米/小时，越野最大时速 80 千米/小时，装有双向稳定射击系统，可对高速的移动目标进行准确射击，命中率 99%，采用自主研发的夜视仪，除了坦克炮，还配备了防空导弹、非致命激光武器、导航系统。最新坦克不能再简单地认为是一辆坦克，而是一个超级陆战信息平台。

第十二章

承前启后 继往开来

通过对 20 世纪 90 年代开始服役的第三代主战坦克，如美国的 M1、俄罗斯的 T-90、德国的豹 II、以色列梅卡瓦、法国的勒克莱尔、日本的 90 式等的分析，必要的总结是不可少的，承前启后、继往开来，希望能为今后的发展作出一些推测。

第一节
强大的火力仍是关键

在 21 世纪可能发生的高技术战争中，不论出现什么新式武器、战争形式如何变化，集火力、机动、防护和指挥控制于一体的主战坦克，仍将是地面战争的主要突击兵器，是夺取地面战争最后胜利和巩固战斗成果的核心力量。主战坦克作为陆军的主战装备和常规威慑力量，具有其他武器不可替代的作用。它最大的优势是具有强大的火力，主要用于对付敌方的装甲目标，摧毁敌方用钢筋水泥构筑的碉堡和工事。

一、火力的基本特点

20 世纪 90 年代开始服役的第三代主战坦克，如美国的 M1、俄罗斯的 T-90、德国的豹 II、以色列梅卡瓦、日本的 90 式、法国的勒克莱尔等主战坦克，代表了当今世界主战坦克的先进水平，它们在火力上的基本特点是：

（一）火力强大

1. 采用大口径坦克炮

增加火炮口径是提高火炮威力最有效的途径之一，可以提高穿甲动能和破甲威力。西方国家坦克的火炮口径，从第二次世界大战后第一代、第二代的 90 毫米、105 毫米，直到目前装备的第三代主战坦克火炮口径增大到 120 毫米；苏联/俄罗斯的坦克炮，则从 100 毫米、115 毫米，直到目前装备的第三代主战坦克火炮口径增加到 125 毫米，而且还可以发射炮射导弹。

为了提高火炮的炮膛压力，增加炮弹的初速和直射距离，延长炮管的寿命，现代先进坦克炮的制造采用了许多先进的材料和加工工艺，如采用电渣重熔钢制造炮管、在炮膛内表面进行镀铬处理及采用身管自紧工艺制造的炮管等。一些国家还通过增加火炮身管的长度来提高初速，以进一步提高火炮威力。如德国豹Ⅱ主战坦克的火炮身管长就由 44 倍口径增至 55 倍口径。

下面简要地介绍两种典型的第三代主战坦克火炮情况：

豹Ⅱ主战坦克的 120 毫米滑膛炮，由德国著名的军火公司莱茵金属公司研制，于 1979 年正式定型，定名为 Rh120 型 120 毫米滑膛炮。该炮在性能、结构和工艺等方面都堪称世界一流。因此，美国的 M1A1、日本的 90 式主战坦克都采用了这种滑膛炮。该炮的主要特点是：结构紧凑合理，膛压高，药室容积小，身管外部具有热防护套和炮膛抽烟装置；材料和工艺性好，炮管为重型军用装备专用的镍铬钼真空冶炼重熔钢、冷拉整体无缝钢管，并采用液压自紧，炮管内表面采用镀铬工艺，一个炮管可发射穿甲弹 650 发以上；威力大，豹Ⅱ主战坦克的 120 毫米滑膛炮发射现装备的 DM23 穿甲弹时，在 1,300 米距离上可以击穿 510 毫米厚的均质钢装甲。

俄罗斯 T-90 主战坦克 125 毫米火炮，是第三代主战坦克装备的口径最大的火炮。该炮整体性能先进：通过驻退机对称布置、缩短炮尾部分和增加后座部分的导向轨道等多种技术措施，使火炮的射击精度大大提高；采用前抽式火炮身管，缩短了更换炮管的时间；配置热护套和抽烟装置；火炮身管寿命高达 700 ~ 750 发尾翼稳定脱壳穿甲弹；发射现装备的钨合金尾翼稳定脱壳穿甲弹，初速为 1,700 米／秒，能在 2 千米距离上击穿 460 毫米厚的均质钢装甲。

现代先进的主战坦克都配用了高毁伤能力的动能弹和化学能弹。动能弹主要是尾翼稳定脱壳穿甲弹；化学能弹包括破甲弹、杀伤爆破榴弹和多用途弹等。第三代主战坦克配用的尾翼稳定脱壳穿甲弹，长径比最大达到 30，弹芯材料采用的是高密度钨合金或贫铀合金，最大速度为 1,800 米／秒左右。在 2,000 米的距离上，对均质钢装甲的垂直穿甲厚度达到 450 毫米以上。而美国 1992 年服役的 M829E2 新型穿甲弹，其穿甲厚度已经达到 700 毫米。第三代主战坦克配用的破甲弹通过不断改进，威力得到了很大的提高。俄罗斯的 T-90 主战坦克配用的破甲弹，采用三级串联的空心装药，其侵彻力达 750 毫米，可击毁装有附加反应装甲的坦克。西方国家主战坦克配用的多用途弹，既能对付装甲目标，也能对付非装甲目标，破甲威力大，杀伤能力强。

（二）具有很高的射击命中率

要保证主战坦克的火力在各种气候条件、各种地形环境及白天、黑夜的情况下都能得到充分有效的发挥，实现"稳、准、狠"地对敌打击，就必须对火炮进行精确控制，装备性能先进的火力控制系统。现役的主战坦克普遍装备了先进的指挥仪式火力控制系统，该系统主要由弹道计算机、与弹道参数有关的各种传感器、激光测距机、昼夜观察瞄准装置、火炮双向稳定系统及控制显示装置等组成。它采用"猎－歼"工作方式，车长使用周视瞄准装置对目标进行搜索、观察、探测和监视，可快速准确地向炮长指示目标，下达射击指令；如果需要，车长还可超越炮长进行射击。目前，指挥仪式火力控制系统性能已经达到了相当高的水平。例如，炮长／车长从其观察瞄准装置发现目标到火炮击发的时间（反应时间）最长不超过10秒；坦克静止对固定目标的射击几乎是百发百中；在2,000米的距离上，坦克行进间对活动目标的首发射击命中率已经达到了85%。随着夜视技术的迅速发展，现代主战坦克的夜间作战能力也大大加强，炮长／车长使用的昼夜合一热成像瞄准仪的目标识别距离达到了3,000米。

二、未来发展趋势

未来主战坦克火力系统发展总的趋势是大威力、远射程、全天候和精确命中，主要表现在以下几个方面：

（一）大口径火炮：一种有效的过渡性武器

20世纪80年代中期，由美、英、法、德等国军事专家组成的技术工作组，对未来主战坦克防护技术的发展进行了深入的研究和分析，最后得出结论：随着装甲防护水平的不断提高，未来新一代主战坦克火炮的炮口动能必须达到18兆焦，即比现役主战坦克的120毫米或125毫米火炮炮口动能提高一倍左右，其穿甲威力至少应在850毫米以上，才能有效地对付未来主战坦克。要达到这个目标，通过改造现役主战坦克的120毫米或125毫米火炮已难以达到，必须采取新的技术途径和措施。其中继续增大火炮口径，是大幅度提高主战坦克火炮炮口动能、提高主战坦克火力威力的有效途径之一。因此，上述四国于1990年5月签署了《未来坦克火炮合作计划谅解备忘录》，将未来主战坦克的火炮口径确定为140毫米。目前，研制和试验成功 140 毫米大口径火炮的有美、英、法、德、瑞士和以色列等国。一旦需要，它们能很快地投入生产并且装备使用。

140 毫米火炮比现装备的 120 毫米火炮的威力有了很大提高，例如：穿甲弹的初速由 1,650 米 / 秒提高到了 1,800 米 / 秒；炮口动能由 9.5 兆焦提高到了 18 兆焦；穿甲能力（对均质装甲）由 600 毫米左右提高到了 1,000 毫米。但带来的问题是弹重和弹长也成倍地增加，弹重由 19 千克增加到了 38 千克，弹长由 884 毫米增加到了 1,500 毫米。这样就会导致车辆的体积和重量增加，携带的弹药数量减少，所以上述国家并没有把 140 毫米火炮装备在第三代主战坦克上实际使用。

针对西方国家 140 毫米坦克火炮的发展，俄罗斯也研制成功了 135 毫米坦克火炮。

140/135 毫米火炮的研制成功，代表了一个国家常规火炮技术的发展水平，是一种威慑对抗力量。在新概念坦克武器（如电磁炮、电热化学炮、激光及粒子束武器等）研制成功以前，可作为新型主战坦克武器的一种应急和过渡性方案。

（二）电磁炮：一道难以破解的难题

现有的常规坦克炮是以火药的化学能作为推进炮弹的能源，其火炮的热效率只有 32% 左右，通常认为 2,000 米 / 秒的弹丸初速就是极限。为了克服这一障碍，继续提高初速，增加炮口动能，满足未来反坦克的要求，一些国家特别是美国一直在努力发展电炮。

电磁炮利用了电磁效应原理，以电磁力推动弹丸加速前进，无需推进剂，有利于突破常规火炮的初速极限，大幅度地提高炮口动能。1988 年，美国用实验性的电磁炮发射质量为 1.08 千克的弹丸，初速达到了 3,400 米 / 秒。但电磁炮需要消耗大量的电能，从现有的技术水平来说，发射 1 枚具有 9 兆焦动能的弹丸，需要 30 兆焦左右的电能，其电源装置将重达 10 吨以上；而且还要考虑发射次发弹需要的储能装置，这是坦克无法承受的负担。

另外，要有效地对付未来的主战坦克，电磁炮的电流强度必须达到 200 兆安，若采用导轨炮，会使导轨造成严重的烧蚀；若采用线圈炮，因采用非接触加速方法，虽无严重的磨损问题，但要适时控制各线圈电流，驱动线圈输入电流要与弹丸运动保持同步，技术复杂，费用颇高。同时，能传输兆安级电流的超强电流导线，也要依赖超导技术的突破才能生产出来。

综上所述，电磁炮虽然是未来主战坦克武器的一种理想方案，但由于诸多技术难题尚未解决，因此它在主战坦克的实际应用，还需要相当长的时间。

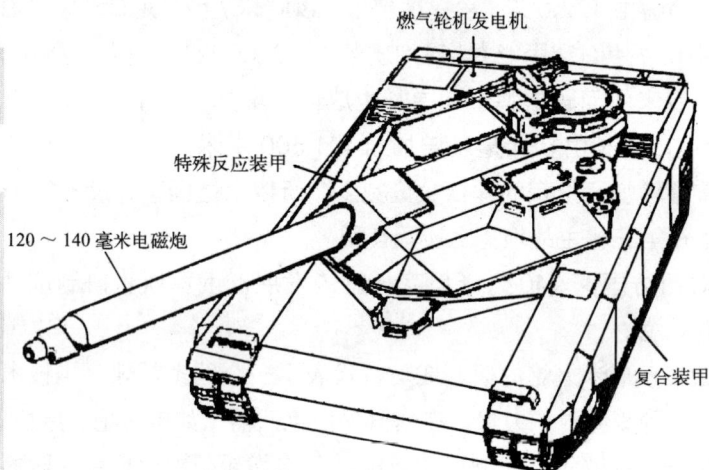

安装电磁炮的全电式坦克概念图

（三）电热化学炮：提高火力的一种途径

电热化学炮是将电热炮与化学能炮原理相结合的新型火炮，以电能在等离子发生器中形成等离子体，进入液体推进剂中后产生分子量很小的推进气体推动弹丸加速前进。电热化学炮的主要特点是：利用电能与化学能的综合能量发射弹丸，需要的电能比电磁炮减少了 80% 左右，从而大大地降低了电源装置的体积和重量；由于采用的液体推进剂的气体分子量小于常规火药推进剂的气体分子量，因而消耗于内弹道的动能减少，提高了火炮的热效率。电热化学炮的初速可达 2,700 米 / 秒以上。

因此，西方发达国家特别是美、英、法、德等国，都十分重视电热化学炮的研究和发展，并且已经取得了很大的突破。如德国 1999 年研制成功的 120 毫米固体发射药电热化学炮，发射尾翼稳定脱壳穿甲弹的初速提高到了 2,100 米 / 秒，炮口动能达到了 14 兆焦。

（四）发展高毁伤、精确制导和远射程弹药

主战坦克弹药的发展趋势，一是提高弹药的毁伤能力；二是发展精确

制导弹药；三是增强弹药远距离的打击能力。

通过加长弹芯，增大长径比，改进弹芯材料与结构等措施，提高尾翼稳定脱壳穿甲弹的威力；针对坦克的附加反应装甲，发展具有串联战斗部的新型破甲弹，该弹可首先击毁附加反应装甲，再侵彻主装甲；针对携带反坦克导弹的武装直升机对坦克顶部的威胁，研制对付直升机的新型榴弹。

研制高速动能反坦克导弹。利用导弹高速度和高硬度弹芯来击穿装甲效果明显，同时也扩大了射程。如美国研制的高速动能反坦克导弹LOSAT，激光制导，速度为 1,500 米 / 秒、射程为 5,000 米。

发展制导炮弹对付武装直升机。未来的地面战争中，携带精确制导反坦克导弹的武装直升机，对坦克装甲车辆构成了十分严重的威胁。因此，各国都非常重视发展用于对付武装直升机的制导炮弹，以提高主战坦克对武装直升机的作战能力。如德国和英国研制的用 120 毫米坦克炮发射的制导炮弹，能自动跟踪目标，可对付 4,000 米以外的装甲目标和武装直升机。美国研制供 MI 坦克炮发射的"灵巧"炮弹，发射后不用管，靠自锻破片就能攻击顶部装甲和直升机。

配置高速炮射导弹，提高火炮威力，扩大战斗射程。高速炮射导弹的主要优点是：远距离作战仍然具有很高的命中率和击毁率，弥补了常规炮弹的不足。同时，炮射导弹还具有对付武装直升机的能力，从而增强了坦克自身的防空能力。此外，炮射导弹与普通导弹相比，在弹径相当的情况下具有重量轻、速度快的优点。根据未来战争中坦克将面临全方位威胁的现实，发展主战坦克炮射导弹显得十分必要。到目前为止，俄罗斯已拥有 3 ~ 4 种基本类型的 7 ~ 8 种型号的炮射导弹，处于世界领先地位。例如俄制 9M1I9M 炮射导弹，最大破甲深为 750 毫米，可对付直升机。

发射高速炮射导弹可以大幅度降低对火炮射击精度、火力控制系统的要求，降低了对火力机动性的要求，同时也能降低对火炮膛压、炮口动能等方面的限制。在火炮的设计上也应有所创新，美国设想的垂直发射舰炮为了提高射速，采用了炮管与炮膛可分离的设计，炮管和炮膛能分别向上下分离，为把长达 1.8 米的制导炮弹快速装填进火炮创造了条件。发射高速导弹的坦克火炮也可以采用同样的设计，火炮和炮膛在装填弹药时各自向两头移动，当导弹被自动升弹机推升至火线处时，再将二者结合起来，把导弹"包进"火炮中,炮管和炮膛之间有可快速开启的"半联接螺纹",就可以实现炮管与炮膛的联接。

由于导弹的身材较长,发动机的安装位置便成了难题。为了适应炮射导弹长度较长的特点,可以考虑在两侧的履带上方安装两台小型高功率的发动机,两台发动机通过传动轴带动横置安装在车后部的发电机,这样既可以使总体布局显得紧凑,又可以满足装填炮射导弹的需要。也许,在不远的将来高速反坦克导弹的长度会降低到 1.5 米左右,炮射的高速导弹长度则有可能降低到 1 米以下,因此未来实用的方案将会有所不同。

(五)发展高精度、全天候的综合火力控制系统

1. 实现目标自动跟踪

目前世界各国普遍采用的是指挥仪式火控系统,其最大的特点是火炮与瞄准线分离,并具有独立的瞄准线稳定装置。炮长瞄准目标时,通过瞄准控制装置使瞄准线始终对准目标,火炮不是由炮长直接驱动,而是随动于瞄准线。指挥仪式火控系统虽提高了坦克行进间对运动目标的射击精度,但也并非十全十美,它还存在一些技术上的问题:系统反应时间需进一步地缩短,射击精度也有待进一步地提高。为了解决这些问题,采用目标自动跟踪技术提高坦克火控系统的性能,是当前的一种发展趋势。与指挥仪式火控系统相比,目标自动跟踪火控系统具有十分明显的优点:

(1)大大缩短了系统反应时间,为实现先敌开火创造了有利的条件。系统反应时间是指从发现目标到火炮射击所需的时间。指挥仪式火控系统通过观瞄装置发现目标后是依靠人工(炮长)进行跟踪和瞄准的,跟踪过程和测定目标运动参数所需的时间比较长;而目标自动跟踪火控系统依靠目标自动跟踪器自动进行跟踪和瞄准,跟踪过程和测定目标运动参数所需的时间会大大减少,因此缩短了系统反应时间。资料显示,目标自动跟踪火控系统拦截目标的时间比人工(炮长)跟踪缩短了 80% 以上。

(2)提高了坦克行进间射击的命中率。指挥仪式火控系统通过稳定瞄准线虽然使火炮得到了稳定,但在坦克行进间特别是在崎岖起伏的道路上行驶时,由于坦克车体颠簸振动及在人工跟踪过程中人为因素的影响,降低了对目标的射击命中率;而目标自动跟踪火控系统,车长或炮长只需在发现目标并使目标进入瞄准镜的锁定框内后,按下锁定开关即可实现对

目标的自动跟踪。即使目标运动到遮蔽物后面暂时消失，自动跟踪器仍能继续以同样的速度跟踪目标。当目标再次出现时，炮长就可迅速重新锁定目标。自动跟踪火控系统对目标跟踪和运动参数的测量精度，大大高于指挥仪式火控系统，因此具有很高的行进间射击命中率。

（3）减轻了乘员的工作负担。由于自动跟踪火控系统实现了对目标跟踪和瞄准的自动化，炮长无需执行坦克行进间射击的复杂操纵程序，只需简单操作和监视自动跟踪器的工作情况，从而大大减轻了炮长的工作负担，增强了坦克的持续作战能力。

2. 采用多传感器的综合火控系统

未来综合火控系统将使用毫米波雷达、热像仪、激光测距仪、电视等多种传感器，把它们结合在一起配合使用，取长补短，组成一种完善可靠的目标探测、识别、跟踪和作战的综合系统，大大提高了火控系统的质量。例如应用二代前视红外技术发展的第二代热像仪，提高了发现目标的灵敏度、分辨率、作用距离以及简化了结构、减轻了体积和重量等；使用毫米波雷达，能在夜间、雨、雪、浓烟、浓雾和多尘等恶劣气象与战场环境下工作。它尺寸体积较小，能对各种传感器获得的信息在一定的准则下加以综合分析，并通过各种传感器显示出来。

3. 实现火力控制系统和综合电子系统一体化

实现火力控制系统和综合电子系统一体化，是未来主战坦克火力系统发展的必然趋势。火力控制系统作为综合电子系统的主要分系统，其主要部件和装置（如自动跟踪器、火控计算机、观瞄装置、炮控装置等），都将通过接口与多路传输数据总线相联接，作为集中管理、多微处理机分布控制综合电子系统的分系统。

火力控制系统和综合电子系统一体化，是根据未来战争的特点及对主战坦克的要求提出来的。例如，未来战争呈现大纵深、高立体的空间形态，作战行动更加强调实施大纵深打击，要求未来主战坦克必须具有远距离（大于4,000米）间接打击的能力。而当今主战坦克火炮直接打击的有效距离一般在3,000米左右，目前坦克内的观瞄装置也不能满足远距离有效观察和识别目标的要求。

如果实现了火力控制系统和综合电子系统一体化，便能形成有效的车际信息网络，坦克的指挥员/车长就可以在自己的显示控制屏上，清楚地看见从上级作战指挥机关发送来的、远在几千米甚至几十千米外的敌方目标情况、兵力部署、战场态势及战斗计划和作战命令等，大大地提高了战场透明度。

（六）发展自动装弹机

为了减少乘员，缩小体积，提高自动化水平，未来主战坦克将普遍采用自动装弹机，这是基本的发展趋势之一。目前，自动装弹机从大的方面来看主要有两种类型，一种是以俄制T-72、T-80、T-90等为代表的车体内下置式自动装弹机；另一种是法国勒克莱尔、日本90式所采用的炮塔尾舱式自动装弹机。采用车体内下置式自动装弹机的俄罗斯T-72坦克在海湾战争中、T-80坦克在车臣战争中，均有坦克被击中后车内弹药发生爆炸掀掉炮塔，给整车造成了严重破坏的多起事例，俄军方也承认此类装弹机尚有不完善之处。

炮塔尾舱式自动装弹机的优点显而易见：一是全部弹药包括应急弹和备用弹都贮放在炮塔尾部，车内不用放置弹药，提高了安全性；二是炮塔尾舱距炮尾近，其输弹轨迹与炮尾可在一条直线上，使装弹过程迅速方便，射速得到了较大提高；三是这种自动装弹机设置了泄压窗口，尾舱被击中后可通过泄压窗口泄压防爆，提高了坦克的生存能力；四是尾舱式自动装弹机设计维修都较方便。特别是在将来采用140毫米火炮的情况下，由于炮弹尺寸和重量显著增加，又受到车辆内部总体尺寸的约束，一般都会采用炮塔尾舱式自动装弹机。但炮塔尾舱式自动装弹机也存在缺陷，例如其炮塔尾部较大，易受到来自空中的微型炸弹、爆炸碎片和反坦克导弹的毁坏；此外炮塔满载和空载状态时，炮塔的不平衡问题也难以解决。

为了更好地满足未来战争的需要，适应坦克行进间对高速机动目标的射击，主战坦克采用自动装弹机实现装弹自动化，提高装弹速度，已成为大势所趋。同时，采用自动装弹机减少装填手，可以缩小坦克的外形尺寸，增加坦克内部的有效使用空间。

第二节
保护好自己方能有效打击敌人

在现代和将来可能发生的高技术战争中，随着侦察、监视及精确制导等技术的迅猛发展，坦克的战场生存能力越来越受到了严峻挑战，因此，坦克的伪装技术也必须得到同步快速的发展。目前，坦克的迷彩、伪装网、烟幕等已经被广泛使用。纵观坦克的发展趋势，它的伪装技术大概有以下几种类型：

一、伪装将实现绿色革命

绿色革命在解决当今人类社会所面临的若干重大问题等方面，具有巨大的潜力和发展前景，在军事上也大有用武之地，尤其是在军事伪装领域可以大显身手。绿色革命将使植物伪装取得革命性的变化，从而实现植物的快速伪装、材料变色和仿生设计。其基本设想是：在特制的植物中添加有供植物生长的营养剂，使用时将其逐渐分解，供植物吸收。植物的种子编在毯子中，只要有一定的外部条件，如用水浇灌，种子就会在短时间内快速生长，长成后则在较长时间内保持不变。这种植物具有耐干旱的特性，对季节、气温的适应性也很强。其叶片形状、颜色及长成后在毯子上构成的斑点有多个种类，可供不同地区选择使用。坦克披上这种"植物毯"后，将会收到理想的伪装效果。变色生物涂料通过基因工程，可以把变色基因移植到超级植物中去，使得这些植物具有变色功能，可以自动适应周围背景的变化。另外，通过细胞工程还可以培育出能大量快速繁殖的藻类简单生物，将其植入有粘性的营养液中，并拌入超微粒金属粉末等电磁波吸收材料，制成新型生物涂料喷涂在坦克上。这种生物涂料具有极好的光学伪装性能及红外和微波吸收特性，是一种有效对付侦察器材的全谱段理想伪装涂料。

二、赋予坦克智慧——择路而行

尽管现代侦察与监视手段已达到了陆、海、空、天一体化，全时域、全天候的程度，但天网虽然恢恢，却并非疏而不漏，任何侦察监视器材都存在着这样或那样的弱点。例如易受天候、地形影响，卫星具有规律性过顶间隙和低分辨率等不足，只要能充分利用这些条件并掌握侦察卫星的运动规律及弱点，就能实施有效的规避。

如果在坦克上安装一个规避辅助决策系统，该系统由硬件和软件组成，硬件包括 1 台扩展的便携式微机或能力相当的其他微机。这台微机要求能和空间目标监视中心直接通讯联系，及时传递数据，以便取得最新的卫星参数；还要求能和气象中心及时取得联系，以便准确地掌握本地气象参数，或直接支持大气能见度测定和色温测定传感器；还需要从卫星全球定位系统精确地确定所在位置的地理参数。

在海湾战争中，美军就曾使用了一种类似的小型系统，从而使美军飞机安全地避开了伊拉克军队的防空系统。

三、新概念武器——计算机病毒

计算机病毒与伪装有什么关系呢？从军事伪装的原则可以看出，伪装的核心就是"隐真示假"，用计算机病毒去实现军事伪装的效果，则近乎完美地体现了这一思想。在伪装所对抗的现代探测器材和精确制导武器中，其信息的处理过程，几乎均有计算机处理这一环节，利用计算机病毒打入这些系统的计算机内，可以达到其他伪装手段难以达到的军事目的。比如按伪装原则设计的病毒并不破坏系统的文件也不影响系统的运行，只是对某些具体数据进行篡改，只要出现诸如将小数点移动一位，将 3 改写成 4 这样的"小"错误，就足以使火炮发射的弹丸偏离目标几十千米，导致精确制导武器失灵、雷达失控，甚至发生自相残杀的事件。这些错误平时并不出现，只是到战时某些条件下才发生，随后又恢复正常，具有极大的隐蔽性。

四、给坦克穿上智能迷彩外衣

智能迷彩是一套以小斑点迷彩为基础，计算机自动图案设计、配色和实施的自动迷彩伪装系统。

小斑点迷彩是相对目前的坦克大斑点迷彩而言的。大斑点迷彩一般由一种或数种单一颜色组成，分为保护迷彩、变形迷彩和仿造迷彩三种。三种迷彩在合用中存在着明显不足，如都只适用特定的目标或环境，不能一彩多用；变形迷彩对付远处观察较好，对付近距离观察则较差。对坦克而言，其作战环境既有雪原、沙漠，又有山岳丛林；状态有运动，也有静止。因此，迷彩伪装应能满足坦克的各种需求。小斑点迷彩就是按照这种思想设计而成的，它是一种多色迷彩，以各色小斑点相互渗透，但不均匀分布的方式组合，利用空间混色原理形成的大斑点图案。这种由不同颜色的斑点所组成的大斑点，在不同距离观察时，能产生不同的伪装效果，既适用运动的坦克,也适用于静止的坦克;既能对付较近观察,又能对付较远观察。

五、给坦克撑起保护伞

如果将迷彩与伪装网的特点结合起来,就会产生这样的设想:给坦克撑上一把变形伞。

这种变形伞采用了先进的具有光学、红外、雷达三种防护功能的伪装网技术,遮障面由几米或更小尺寸的小块组成。它牢固地安装在坦克上,可以由乘员通过控制机构自动展开和收拢,操作十分便捷。它能给坦克以最好的伪装效果,既能满足坦克运动伪装的需要,也能满足坦克静止伪装的要求。遮障并不是将整个坦克全部盖住,而是经过科学设计后,分为好几种基本形状,分别安装在坦克易暴露的部位或具有特殊形状的部位,并且变形伞面的图案与涂在坦克上的小斑点迷彩图案能有机地结合成一体。

六、隐形材料悄然走近

纳米材料用于伪装,主要是利用其宽频带吸收电磁波的性能,制成伪装涂料或涂层,因而具有光学、热红外和微波的吸收效果。用这种材料制造或喷涂的坦克,由于其强烈的吸光和吸波性,将使坦克具有良好的隐形性能。纳米材料的应用,也使得具有宽波段吸收效果的气溶胶成为现实。添加有这种气溶胶的坦克烟幕,将会使所有的成像观察器材均不能透过这种气溶胶屏障。

另一种最具发展潜力的隐形技术是等离子体技术,它的隐身原理是利用等离子体的宽吸波频带特性,通过等离子体发生器施放等离子体来规避探测系统而达到隐身目的。这种技术还可以通过改变反射信号的频率使敌方雷达测到假数据,以实现军事欺骗。坦克采用这种等离子体伪装无需改变其外形,也无需喷涂吸波材料和涂层,即可将被敌发现的概率降低99%,实现了真正意义上的全"隐身"。

七、主动示假,诱敌上钩

坦克最容易暴露的特征,除了外形就是红外辐射。目前,各国军队几乎都装备了大量点源寻的红外制导导弹,用红外诱饵系统对付自寻的红外导弹比较有效。如俄罗斯的新型坦克上就安装有类似系统，它由激光报警接收机网和红外"伪装投影仪"组成。当接收机探测到激光测距仪或激光目标指示器照射时，便向乘员报警并判别威胁来自何方。接到报警后，红外"伪装投影仪"便把本车的红外或雷达波影像投影到本车右侧面 10 米远处，以诱骗制导导弹脱靶，从而使导弹攻击的不是坦克而是虚假目标的影像。

坦克作为地面战场的重要突击力量，世界各国肯定会不断追踪现代科技的发展，及时掌握侦察技术和精确制导武器的发展动态，积极研究坦克的伪装技术，增强其战场生存能力，使其立于不败之地。

第三节
给坦克装上数字化大脑

数字化坦克是具有信息感知、共享和处理能力的坦克。数字化坦克的突出特征是"嵌入"了大量的数字化技术，比如数字编码、数字压缩、数字调制与解调等。在当前及今后一个时期内，"嵌入"或"贴花"会是数字化的主要方法，即将数字化设备安装到普通坦克上，使普通坦克成为数字化坦克。美国的 M1A2 主战坦克在车辆电子系统中，运用数字化技术的比例高达 90%，而模拟技术仅占 10%。

上面列举的几种主战坦克中，美国 M1A2、俄罗斯 T-90、德国豹Ⅱ A6 和法国勒克莱尔改进型坦克，可以称作是数字化坦克。

数字化坦克里面究竟装了些什么东西？有哪些特殊功能呢？

一、数字化坦克的法宝

从外观和整车重量上来看，数字化坦克与普通坦克似乎并没有太大的区别，就像同胞兄弟一样难辨真假。但钻进内部，便可以发现数字化坦克内安装了各种令人眼花缭乱的精密仪器，这就是坦克安装的数字化设备。

当然，不同的坦克在数字化设备上会有所不同。M1A2 坦克的数字化设备主要包括车际信息系统、定位导航系统、火控系统、作战能力管理系统和故障检测／诊断系统；T-90 坦克的数字化设备主要包括带数字式弹道计算机的新型自动化火控系统和主动防护系统；豹Ⅱ A6 坦克的数字化设备主要包括综合指挥与信息系统和混合导航系统；勒克莱尔坦克的数字化设备主要包括数字式综合火控系统、数字式数据总线系统、敌我识别系统和战场管理系统。在上述数字化坦克中，美国的 M1A2 坦克发展最早，运用的技术也最先进。

概括来讲，数字化坦克与普通坦克的主要区别是它装上了数字化"大脑"，主要包括车际信息系统、定位导航系统、乘员综合显示器、发动机电子控制装置与自检装置等。这些系统靠数据总线连接成一个有机的整体，各种信息数据通过数据总线在整个系统内传送。

值得一提的是，数字化坦克广泛使用了多种多样的计算机，如火控计算机、炮塔伺服计算机、车体操纵与控制计算机、炮长瞄准镜计算机、车长瞄准镜计算机、火炮和机枪计算机、自动装弹计算机、语言合成系统计算机和旋转连接器计算机等。这些计算机取代了战场上重复又费时的人工操作，加强了指挥、控制、监视以及火力分配能力，缩短了反应时间，提高了战场生存能力。

由于有了数字化"大脑"，使得数字化坦克具有了精确定位导航能力，数据、图像、语音、文字、图形等信息的数字传输能力，战场态势、地图等信息的数字显示能力，进行坐标计算、目标报告、火力呼叫、行驶路线等战术任务的处理能力。

二、数字化坦克的特异功能

数字化坦克在功能上有别于普通坦克，主要表现在它具有精确定位导航功能、数字传输功能、综合显示功能、"猎—歼"功能等。

（1）精确定位导航功能。普通坦克只能靠战场观察来导航，数字化坦克则主要靠定位导航系统来导航，该系统对坦克来说非常重要。海湾战争中，美国陆军敢于穿越浩瀚无垠的伊拉克沙漠，就是因为一些坦克和战车具备了沙漠导航能力。而伊拉克军队的官兵对这片沙漠却很恐惧："对于不熟悉当地情况的人，那块沙漠将进得去出不来，因为进去之后无法辨别方向。"伊拉克军队根本想不到美军会从广袤的沙漠方向打出一记"左勾拳"。

数字化坦克所安装的定位导航系统，主要用于坦克自身的战场定位和导航，能适时地提供本车所处的坐标位置、行驶方向及与目标的距离，减轻了车长的导航负担,提高了坦克的战场态势感知能力。而驾驶员则不必频繁地查看地图,也不必不断地接受车长的导向指令,可以集中精力于战术机动。导航数据还可以改善坦克乘员与各系统之间、坦克之间的信息交流,有利于目标的识别和切换、减少误伤、节省燃料和弹药。

(2)数字传输功能。主要靠车际信息系统和数据调制解调器来实现。数字化坦克的车际信息系统既是一个车内指挥、通信系统,又是一个无线电入口系统。车际信息系统利用数字地图、敌我识别、定位导航、数据通信及显示、故障诊断等技术,实现各系统与乘员之间、乘员与乘员之间,以及与友邻之间的信息交换与共享。可交换和共享的信息林林总总,包括车辆位置、地形、作战图表、敌人与友邻的位置、战斗报告、战斗计划与命令、火力呼唤、目标指示、油料和弹药消耗、车辆技术状况等。该系统使部队能有效地集中和协调火力、提高数据传输速度,大大提高了部队的作战效能。

数据调制解调器也起着很重要的作用,它是坦克与直升机、战车和火炮之间实现横向连接的重要设备,使坦克实现了同直升机、自行火炮、步兵战车、保障车辆的信息资源共享和信息即时传送。

(3)综合显示功能。坦克乘员显示器与车际信息系统、通信系统以及各种传感器联接,接近实时地显示战场态势、地形图像、电子地图等,也能显示数据信息及控制指令、目标距离和计算机处理后确定的目标位置。车长和炮长只需坐在大屏幕显示器前,各种图像、数据、战场实时景象就可以全方位地展现在显示屏上,使车长对战斗的指挥变得游刃有余。车长和驾驶员还可以很方便地浏览作战区域坐标图,及时掌握车辆位置和行驶方向、友邻坦克的位置、火力覆盖区和车辆动力情况。车长可以向驾驶员发送导航资料,也可以通过车际信息系统向指挥中心发送格式化的报告,提交敌方目标的精确位置、后勤需求等信息。

(4)"猎—歼"功能。此项功能可以使炮手在射击一个目标的同时,车长还能搜索另一个新目标,并通过按动按钮将新目标切换给炮手进行射击。这样,车长与炮手之间就形成了协调一致的"搜索—射击"循环,明显地提高了对敌作战的速度。这对于生死存亡系千钧一发之际的坦克大拼杀来说,是极其难能可贵的。装备了数字化火控系统的主战坦克越野行进间的射击命中率高达95%,可识别战场上4,500米以内的敌方目标,跟踪与射击 2,500 米以内运动和静止的目标。

三、坦克数字化的优势

素有"陆战之王"美称的坦克装上了数字化的"大脑"后，将不再是"孤军作战"，而是成为了联合作战体系中的一元，使它的总体效能得以明显改善。据统计，数字化坦克的战场反应速度和作战准确性可提高 96%，攻击力提高了 54%，防护力、射击命中率和效率提高近了 100%。可以说，在未来数字化信息战场条件下，数字化坦克将不再是一个孤立的装甲单元，而是战场信息网中的一个节点、一个终端和一个火力凶猛的攻防平台。

（1）数字化提升了坦克的感知能力。坦克在作战中一般要深入战场最前沿，既是信息的前沿收集者，又是信息指令的最后执行者。数字化坦克由于提高了信息的采集、处理、传输和管理能力，因而在传统坦克机动、突击和防护三大能力的基础上，它又增加了感知能力。数字化坦克凭借车际信息系统、定位导航系统、数字化火控系统等，能够"先知先觉"，在复杂的战术环境下先敌发现并迅速、准确地处理、传递信息，为上级了解、掌握战场态势和准确判断战场形势提供可靠的依据，先敌一步采取行动。

举一个简单的例子，M1A2 主战坦克与 M1A1 坦克的行驶速度是一样的，但 M1A2 坦克加装了先进的导航定位系统等数字化装备，能够迅速选择最短的路线和最好的路况。如果要到达同一个测试点，M1A2 比 M1A1 可以少走 10% 的路程、少用 42% 的时间。

（2）数字化增强了坦克的武器效能。数字化使坦克的毁歼概率、防护性能和进攻能力都得以大大提高。数字化火控系统能保证坦克炮先敌开火、首发命中，使坦克的进攻威力得到淋漓尽致的发挥。数字化坦克从发现目标到确定射击的程序被大大简化，从而使反应速度加快、射击动作可以在极短的时间内完成。这种效能的提高不仅体现在单辆坦克上，而且也体现在坦克编队上。根据美军的模拟实验，全部由数字化坦克组成的坦克连比只有部分数字化坦克组成的坦克连，其任务完成率提高了 22%，命中率从过去的 55% 提高到了 90%。

（3）数字化提高了坦克的综合作战能力。坦克的作战能力除了武器效能外，还包括通信能力和指挥能力等。数字化通信系统在坦克上的运用，使坦克能够高效率地传输信息，因为数字信号比模拟信号有更多的优势。传统的无线电通信系统大都采用模拟技术，存在容量小、效率低、速度慢、保密性差、抗干扰能力弱等先天不足，而数字化坦克的通信系统结构简单、组网灵活、便于机动，可直接达成点对点通信并进行无线分组数据通信，既能传输语音信息，又能进行数据、文字、图表、图像信息传输，使战场通信变得十分灵活。

数字化坦克因为拥有了这么多的优势，使得制定作战计划的时间比原来缩短了一半以上，执行任务所需的时间比原来减少了 1/2 左右，完成任务的能力则比原来提高了 1/4。

第四节
惊世谎言：瞬间将坦克熔成铁水

国内有媒体曾报道，美国新型的激光武器可熔化 8.05 千米外的敌方坦克。该文称："这种名为'高级战术激光'的新式武器装配在战机上，能在毫秒之内将敌方目标置于上万摄氏度左右的高温下，即使是铜墙铁壁的装甲车也会顿时熔化成一摊铁水。"该文还称，"这种武器的激光束宽度在 14.49 千米的射程内可达 1.21 米，并能以光速切割金属或刺破轮胎。如果激光束的宽度为 6.1 米，那么该武器便能以很快的速度连续击破数个分散目标。"

甚至有更具体的报道说："获得美国国防部合同的美国波音公司，已于 2007 年 12 月在新墨西哥州的科特兰空军基地，将花费了 2 亿美元的'高级战术型激光'新型武器装配在 1 架 C-130 战术运输机上。该战机能将 5 英里外的敌方坦克瞬间消融于无形。"

美国的激光武器果真有那么神奇吗？

一、激光武器点滴

按照《中国军事百科全书》上的定义，激光武器是利用激光束直接攻击目标的定向能武器，按其功能可分为用于致盲、防空等的战术激光武器和用于反卫星、反洲际弹道导弹等的战略激光武器。

激光致盲武器是一种低能量的定向能武器，也称为软杀伤激光武器，可使人眼暂时性或永久性失明，或者破坏敌方武器装备的光学瞄准仪器。

1982 年的英阿马岛战争中，英军的战机首次将激光眩目武器用于实战。值得庆幸的是，由于激光致盲武器违反了国际人道主义精神，在 1995 年 10 月的维也纳会议上，与会各国终于通过了"禁止激光致盲武器的议定书"。

防空激光武器和反卫星激光武器属于硬杀伤激光武器，目前已基本成熟，一些国家已完成了多次可重复试验，但并没有在实战中使用。

至于反洲际弹道导弹的激光武器，它是激光武器中能量最大的一种，也算得上是美国"星球大战计划"和洲际反导系统中的核心技术之一，目前已经取得了巨大的技术成就，但还达不到完全实战应用的程度。

关于激光武器的破坏效应，根据权威性的《中国军事百科全书》上的解释，激光束射中目标后，可产生热破坏、力学破坏和辐射破坏等效应，一般以热破坏效应为主。热破坏效应能造成目标材料软化、熔融、气化、电离，使目标造成凹坑甚至穿孔，有些情况下甚至会发生热爆炸。

二、激光打坦克的能量估算

激光打坦克会有各种打法：激光眩目可以使乘员暂时丧失战斗力，使坦克上的光学仪器失灵，属于软杀伤手段，目前已经实现；硬杀伤手段也有各种打法，高能激光束可以穿透厚厚的坦克装甲，然后杀死乘员或破坏坦克的重要机件，使坦克失去战斗力。另外，把坦克打成废铜烂铁也是一种打法；把坦克化成一摊铁水或烧成灰烬又是一种打法。

把坦克化成一摊铁水或烧成灰烬需要多大的能量呢？

一辆主战坦克的战斗全重约为 50 ～ 60 吨，其中 50% 以上的重量为装甲部分。其余不到 50% 的重量包括：动力—传动装置、行动装置、火炮和弹药、燃油、各种仪器仪表等，绝大部分是钢铁制品，也有部分铝合金件和橡胶件等。作为估算，不妨假设整个坦克的重量为 50 吨（战斗全质量）的钢铁件，钢铁的熔点为 1,536℃，升温的温差不小于 1,500℃，比热为 0.108 大卡 / 千克·摄氏度。根据公式，在不考虑能量转换效率的情况下，熔化一辆坦克所需的热量为：$50 \times 1,000 \times 1,500 \times 0.108 = 8,100$（千大卡）

因此，要把常温下的一辆主战坦克全部化成铁水，大约需要 810 万大卡，相当于 3.4 万兆焦的能量。如果想"使坦克瞬间消融于无形"，那所需的能量还要翻番，因为钢铁的沸点为 2,870℃，还要考虑到汽化热的数值。

3.4 万兆焦的能量是一个怎样的概念呢？打个比方，用穿甲弹打坦克时，一发 120 毫米的尾翼稳定脱壳穿甲弹的炮口能量约为 10 兆焦，这个能量足以把 500 毫米厚的优质钢装甲穿透；而 10 兆焦的能量用来做功，足以把 50 吨的坦克抬高 20 米。由此算来，需要 3,400 发 120 毫米尾翼稳定脱壳穿甲弹"万箭齐发"，才能把这辆主战坦克打成铁水（虽然算不上是天文数字，但也够吓人的了）。

当然，还有一点也是必须要考虑的：坦克里的燃料和弹药被诱爆后也能提供能量。一般来说，坦克里的燃料足以保证 50 吨的坦克跑上 500 千米，另外坦克里的四五十发炮弹也有足够强大的威力。不过和上面计算出来的 3.4 万兆焦能量相比，这两项的总额还不到其 1/5，是不足以把坦克烧成铁水的。

从实战来说，坦克诞生已经快一百年了，也参加了数以万计的战斗，但至今还没有坦克被烧成铁水的战例。即使是最残酷的"二次杀伤效应"，几十发大威力的炮弹诱爆，坦克里的燃油箱爆炸，坦克真正成了"铁棺材"，炮塔被炸出好几米远，但坦克的轮廓却基本上能保持完整，离化成铁水还远着呢。

美国人大肆吹嘘激光武器的超强威力，无非就是想吓唬人而已。它等于是向世人宣告，这个"现代照妖镜"连钢筋铁骨的坦克都能烧成灰烬，用来打飞机、打导弹一类的武器装备自然更是"小菜一碟"了。

退一万步讲，即使美国的战术激光武器真的能把坦克烧成铁水，恐怕在几十年内也没有哪一位军事家会采用这种"绞杀"手段。毛泽东主席在 1938 年《论持久战》中说，战争的目的不是别的，就是"保存自己，消灭敌人"（消灭敌人是指解除敌人的武装，也就是剥夺敌人的抵抗力，而不是要消灭其肉体）。这种观点在今天看来仍然是正确的。用高级战术激光武器去打坦克，跟拿炮弹去打蚊子又有什么区别呢？坦克从来都是集群作战，把一辆坦克烧成了灰，其余的坦克完好无损，敌方照样有强大的还击能力。

第五节
新一代主战坦克面纱初揭

尽管在未来的信息化战争条件下，主战坦克有可能只是战场上的一个信息节点，重要性较机械化战争条件下有所降低。但世界上有能力生产制造主战坦克的国家，仍然都在秘而不宣地研制新一代主战坦克，有的甚至已经到了定型阶段。那么，新一代坦克应该具有哪些性能特征呢？

（1）新一代坦克将采用不同于现代坦克的全新布局。随着武器系统自动化技术的发展，新一代坦克将普遍只有 2 ～ 3 名乘员，普遍采用无人炮塔，并对车体内的乘员座位、设备安装和载弹存放等进行全新的布局，比如乘员隔离、发动机前置等。

（2）坦克火力的大威力化、多用途化已是必然趋势。因此，新一代坦克必须在火力提升方面迈上一个新台阶。就目前的主战坦克来看，其炮口动能约为 10 兆焦，穿甲能力约为 600 毫米，而新一代主战坦克的炮口动能必须达到 18 兆焦以上，穿甲能力应该达到 1,000 毫米左右。由于要求穿甲威力成倍提高，所以坦克主炮的口径必须加大，至少要采用 140 或 135 毫米的坦克炮，与此同时，新一代坦克还将普遍考虑加装炮射导弹。此外，随着技术的发展，诸如电热化学炮、电磁炮、液体装药炮等新概念武器的推出，坦克的主炮火力有可能会发生一些新的变化。下一代坦克除了采用大口径火炮或新概念火炮外，还将配备新型火控计算机、通信系统、传感器以及新型导航设备等，并尽最大可能地改进坦克火控系统的性能。

（3）随着火力倍增，新一代坦克的被动防护能力也将大大提高。坦克的主要防护区必须能对抗同时期世界其他国家坦克火力的攻击。为此，这些防护区至少需要相当于 1,000 毫米的均质钢甲板，同时又必须保证整车重量不能过重，否则将会极大地影响到坦克的机动性。因此，未来坦克将采用由新型轻质复合材料制造的模块化装甲，在车体的重要部位加装先进的爆炸反应装甲。近年来，一些新的装甲概念不断出现，如英国的电装甲，乌克兰的可防御动能穿甲弹的反应装甲，以及欧洲某些国家提出的复合反应装甲等新式装甲，都是坦克被动防御的新思路。

（4）新一代坦克的机动性应有较大提高，包括战术机动性和战略机动性两个方面。战术机动性方面要求第四代坦克的最大速度达到 80 千米 /小时以上，而战略机动性则更多地体现在坦克的轻量化和小体积方面，以便于运输和部署。为此，较大幅度地减轻坦克的重量，设法减小和改变坦克的外形尺寸与轮廓是必须重点予以考虑的问题；无人炮塔肯定会成为一个很大的亮点，而且未来坦克将普遍采用新型动力装置，并匹配先进的整体式推进系统。

（5）新一代坦克必须在信息共享方面迈上一个新的台阶，提升信息化水平，加强装备的信息化能力，将成为下一代武器装备发展的主要思路。新一代坦克将采用先进的数据总线，使之与火控系统、通信系统以及情报共享系统联接，并配置完善的、通信能力可以无限上延的、具有冗余功能的车际信息系统，从而使主战坦克真正成为未来信息化战场 C⁴ISR 系统中最活跃的打击力量。

（6）新一代坦克还必须具备前几代坦克都不具备的特点——隐身性。由于坦克的交战距离近，而探测手段又多种多样，不仅有雷达探测，还有红外探测，所以与上述几项技术相比，坦克的隐身性实现起来要困难得多。近几年，美国和法国在雷达隐身方面取得了较大的发展，但在红外隐身方面尚无突破性进展。随着尖端科学技术的飞速发展，相信新一代坦克会在隐身方面取得一定的成效。

（7）新一代坦克将会特别注重适应于城市化作战的改进。包括配置遥控式武器站，安装侧裙板、护盾和网格类"附加装甲"，采取有效的防雷、排雷措施等。

目前，新一代主战坦克尽管已被炒得沸沸扬扬，但真正研制就绪能进入列装阶段并且能称得上是新一代坦克的却还没有出现。将来，当新一代主战坦克面世时，它们的"庐山真面目"才会知晓。一切的一切，都有待以后用事实来说话，但不管怎么说，新一代主战坦克确实是迈着急匆匆的步伐走近了。

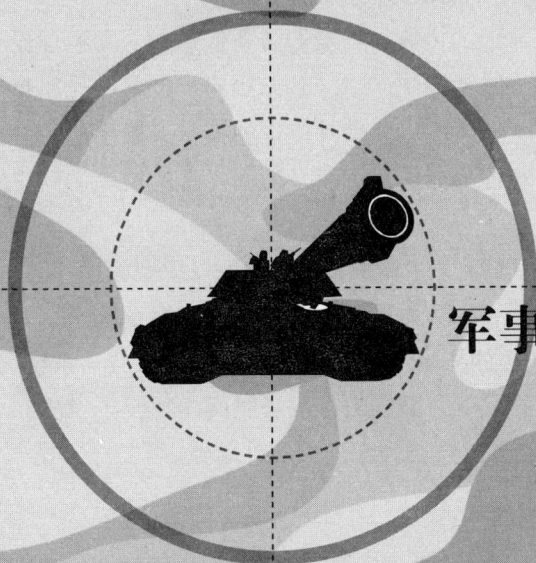

第十三章

军事变革 何去何从

在当前的世界军事领域，一场以数字化、信息化为基础的新军事变革正进行得如火如荼。信息化是指在信息化战争需求的牵引下，利用微电子、计算机、数字通信、激光、微波、红外成像和导航等信息技术建设部队，使其能实时获取信息、实时处理信息、实时传输信息、实时利用信息、实时准确攻击目标，最终建成信息化部队的过程。

新军事革命主要包括 4 个方面的内容，即武器装备信息化、军事理论创新、军队教育训练改革和军队体制编制调整。毫无疑问，世界头号军事大国也是全球唯一的超级大国——美国，凭借其先进的技术、雄厚的资金和超前的观念，在新军事变革的各个方面都走在了前面，它的发展动向也代表着未来基本的走向。

美国陆军很多以坦克、装甲车辆为主体的新动态，如以重型旅战斗队、步兵旅战斗队、"斯特瑞克"旅战斗队为基础的模块化部队建设，未来战斗系统的构想，都是其他国家参照的样本。虽然美军暂停了"未来战斗系统"计划，那是因为他们认为现有的军事力量仍将在很长时间内独步于世界，同时也是为了节约经费、开发比该系统更为先进的战斗单元。

第一节
快速反应能力乃重中之重

2000 年底，美军第 4 机步师按照新编制并改装新装备，基本完成了向数字化师的过渡，成为至全世界第一支数字化师。然而美军苦心推出的第一个数字化师编制只经历一场伊拉克战争就被推翻。2003 年 3 月伊拉克战争爆发，第 4 机步师原本有一个展示数字化师巨大威力的绝佳机会。但遗憾的是，原本担负伊拉克北部战场主攻任务的第 4 机步师，由于土耳其拒绝美军地面部队借道而无法实施攻击，只得绕一个大圈由红海转运波斯湾加入南部战场。结果等到臃肿的数字化师长途跋涉、慢慢腾腾赶到战区时，伊拉克境内的主要战事已经结束。通过这一事件，美国人意识到了在未来战争中，快速反应能力的重要性。

于是，美军在 2008 年决定全面装备轮式装甲战车，摒弃了重炮重装甲的传统观念，使美军朝着具有快速反应能力、能够应付新型战争和地区冲突的轻型化方向发展。

一、急购新型战车

2000 年 11 月 18 日，华盛顿五角大楼陆军部新闻发布室，美国陆军负责军购的副参谋长保罗·谢恩中将向媒体宣布了一条相当引人瞩目的新闻：为了应对 21 世纪军事冲突的新特点，同时为了满足美国 21 世纪陆军建设的需要，美国陆军将在今后 6 年时间内采购装备总价值高达 40 亿美元的新型轮式装甲战车。研发生产这一新型重要军事装备的合同已经正式授权给美国通用汽车公司和美国通用动力公司。

根据军购合同，美国陆军在今后 6 年的时间里将装备 6 个旅 2,131 辆 LAVIII 新型轮式装甲战车。按照美国陆军参谋长新关上将的要求，第一支装备新型装甲战车的是驻扎在华盛顿州路易斯堡的"旅战斗组"，应于 2001 年 12 月具备"初始战斗力"，2003 年春天具备全面实战能力，最后一辆新型装甲车必须在 2008 年交付陆军部队。首轮到位资金 6,107 万美元主要用于新型装甲战车的研发与测试；第二轮到位资金 5,784 万美元用于生产第一批 366 辆装甲战车。如果轮式装甲战车的战斗力达到甚至超过预期的目的话，那么美国陆军在执行完这一合同后可能还将继续装备另外两个旅。

对此，通用汽车公司副总裁哈里 J· 皮尔斯兴奋异常地说："对 21 世纪的美国陆军能够选中并且装备我们公司生产的 LAVIII 型装甲战车，我们真的觉得万分荣幸！我谨代表通用汽车公司和下属的国防分公司对陆军参谋长新关上将有关通过装备新型轮式装甲车，从而把 21 世纪美国陆军建设成为一支更敏捷的部队的全新战略性概念表示全力赞赏和支持。通用汽车公司和我们亲密的合作伙伴——通用动力公司为美国陆军对我们生产的产品和员工的充分信任感到无比的骄傲！"

二、LAVIII 战车是何方神圣

LAVIII 型装甲战车是普通情况下 4 轮驱动，特定情况下可 8 轮驱动的新型装甲战斗车辆，该型战车全重 19 吨，在公路上满载全副武装战斗人员的情况下行驶最高时速可达 100 千米，作战行程可达 500 千米。LAVIII

装甲战车根据作战部队的不同需要分为装甲运兵车和机动火炮系统两种。LAVIII 基本型装甲运兵车载员 11 人，包括 2 名驾驶员和 9 名全副武装的装甲步兵，其新型装甲可以使驾驶人员和乘员免遭敌方机枪子弹、迫击炮弹和炮弹弹片的损伤。较之世界各国广泛使用的传统履带式和普通轮式装甲车，新型 LAVIII 型轮式装甲车的优势尽显无遗：

（1）速度快。快速反应能力将是 21 世纪战争胜败的重要因素。20 年来，美国陆军视为主心骨的重型坦克越来越不能适应美国应对 21 世纪新型战争和地区冲突，美国国防部陆军高级将领们在 21 世纪美国陆军建设战略中就提出一个非常具体的要求，即在 4 天内能把一个 4,000 人的旅一级美国陆军作战部队连同装备部署到世界上任何一个角落，并且立即投入战斗。而继续依赖美国陆军目前最倚重的 M1A1、M1A2 重型坦克和布莱德利战车就不能做到这些，因为这些坦克单车就重达 70 吨，而布莱德利战车的单车也重达 30 吨，就算美国大型的 C-5 或者 C-17 军用运输机也只能一次运送一辆坦克或者装甲战车，而重量只有 19 吨的 LAVIII 新型装甲战车却能被装进美军最普通的 C-130 运输机，然后运往世界任何一个地方，便捷运输就是快速反应能力的重要因素；LAVIII 新型装甲车高达 100 ～ 120 千米的时速是快速反应能力的第二大重要因素。陆军副参谋长谢恩中将表示："我们坚信速度在未来战场上将起着至关重要的作用。"

（2）适合城市环境作战。 城市战能力是应付 21 世纪地区冲突不可或缺的关键。美国陆军认为，21 世纪的小规模战争与地区冲突主要发生地点将在城市。美国陆军副参谋长谢恩解释说："近年来，不论是索马里的维和教训，还是介入巴尔干冲突，所有这些军事行动都有一个共同的特点——在城市地形里作战。"而轮式装甲战车得天独厚的速度与机动性优势为美国陆军提供了相当强的城市战能力。

（3）防护能力强。据美国陆军训练与条令司令部项目主官乔伊·罗德里格兹上校透露说，与美国海军陆战队正在使用的老式轻型装甲车相比，LAVIII 装甲车的防护性能十分出众："该型车的装甲足以抗击 50 毫米口径的机枪子弹，如果再加一层装甲防护层的话，那么就连普通火箭推进的枪榴弹直接命中也没有事！"该型装甲运兵车还可以根据不同的任务需要分成侦察、反坦克制导导弹、医护救援、迫击炮平台、工程勤务、机动指挥所、侦察与火控协调、核生化侦测等不同的车型；LAVIII 机动火炮系统全车则是把通用动力公司生产的 105 毫米加农炮组装在通用汽车公司生产的 LAVIII 型装甲车底盘上组装而成。负责组建美国陆军新型作战旅的詹姆斯·杜比克少将透露说，他的实验部队去年从加拿大军方那里借来了 25 辆轮式装甲战车，多次到沼泽地带执行作战训练任务，但装甲战车从来没有陷入困境过，其间倒是发生了一起翻车事故，但因战车的性能出色，所以没有任何官兵受伤，所以他本人对这种新型战车感到十分满意。

负责设计生产制造 LAVIII 轮式装甲战车的通用汽车公司和通用动力公司都是世界有名的公司。其中通用汽车公司下属国防分公司有 50 多年为世界多国军方设计生产轻型装甲战车的丰富经验，这家分公司的研究、设计和生产部门分布在英国伦敦、加拿大安大略省、加利弗尼亚州戈利塔、密歇根州特洛伊、瑞士克罗伊茨林根和奥地利的阿德雷德等地，其研制设计生产的轻型装甲战车供美国海军陆战队、美国陆军国民警卫队和世界各国的不同军种广为使用；通用动力公司陆地系统分公司总部设在美国弗罗里达州福尔斯乔奇，目前在全世界雇有 4,400 名员工，每年的销售额高达100 亿美元。该公司在航空、信息系统、造船、海上系统以及陆地和两栖作战系统的研究发展和生产领域居世界领先地位。

美国陆军的这项军购合同之所以引起世人瞩目，并不光因军购数量数额之大，新型装甲战车性能之先进，而是因为这一军购正是美国陆军迈向21 世纪建设方向的具体体现和美国陆军建设战略重点的变化。

美国陆军副参谋长谢恩中将直言不讳地说："新式装甲战车的装备标志着美国陆军开始朝 21 世纪新型陆军方向迈进，使我们步入陆军结构和传统观念彻底改革之路！首先，新型装甲战车的配备将使 21 世纪的美国步兵作战部队更加轻型化，更加机动，也更适应冷战结束后陆军面临的新型冲突和战争；其次，新型装甲战车的配备将使美国陆军演习训练与条令条例发生根本性的变化。尽管新型装甲战车并非要完全取代美国现有的坦克，但这一新型战车将供美国陆军使用相当长的一段时间，至少在 30 年左右；第三，新型装甲战车的配备可能会使美国陆军彻底摒弃传统的履带式重型装甲战车。如果轮式装甲战车装备后的效果远胜于传统装甲车的话，那么美国陆军的装甲部队装备革命将由此开始，美国陆军可能从此就抛掉重型坦克重型装甲才是真正陆军的传统观念。"

第二节
模块化部队构想

自1999年以来,美军一直在进行着大规模转型,从"21世纪部队"到"模块化部队"及"未来部队"的编制体制改革,无疑是这场转型的重头戏。"21世纪部队"以师为中心,编制庞大,已很难适应当今在全球范围的频繁部署和调动。"模块化部队"和"未来部队"则是美国陆军按照远征作战、联合作战的要求而重新设计的以旅为中心的部队,具有结构标准化、编组灵活、可快速部署及可自主作战等特点。

一、模块化部队的含义

美陆军把以师为中心的部队转型为以旅为中心的部队称为模块化(Modularization),这种以旅为中心的部队因具有模块化(Modularity)特性被称为模块化部队(Modular force)。《韦伯斯特大词典》中对"模块化"的解释是:模块化是指以标准单元或模块组合而成的一种结构,这些单元或模块可以任意搭配、灵活使用。因此,模块化部队就是指编制结构标准化、可以灵活编组的以旅为基本作战单元的部队。

美国陆军模块化由来已久。1997年,美国陆军道格拉斯A·麦格雷戈上校所著《打破方阵:21世纪地面力量新设计》引发了分析家们对陆军编制体制进行重新设计的大讨论。"打破方阵"提出了重新设计陆军部队的方案,建议撤销陆军师,组建由4,000 ~ 5,000名士兵组成的机动作战群。陆军也由此开始重新审视将旅级作战部队作为快速投送力量的可能。

1999年3月,美国陆军"鹰"特遣队在科索沃和阿尔巴尼亚的部署行动成为陆军转型的导火索。"鹰"特遣队的士兵来自不同的师且从未进行过联合训练,指挥控制司令部更是不具备联合作战指挥能力。美军动用了28架"阿帕奇"攻击直升机,用730多天时间才把驻扎在德国的"鹰"特遣队投送到阿尔巴尼亚,期间经常发生机动部队与支援分队争抢空运平台的事件。到达战区后,"鹰"特遣队又因未经训练及缺乏装备而无法实施作战。

1999 年 10 月，美国军方宣布了陆军转型战略，将传统部队改编为目标部队，仍保留师的建制，将具有更强的反应能力、部署能力、灵活性、多能性、毁伤能力、生存能力和持久作战能力。为降低风险及满足近期作战需求，转型计划还决定组建新的"斯特瑞克"旅战斗队作为过渡旅战斗队。2001 年 4 月，第 2 机步师第 3 旅和第 25 步兵师第 1 旅开始转型工作，2002 年 12 月完成作战准备。创建"斯特瑞克"旅战斗队虽然只是当时的权宜之策，但却为陆军模块化转型奠定了基础。

2003 年 8 月，陆军参谋长彼得·斯库梅克上任后修改了相关的陆军转型计划，将"目标部队"改为"未来部队"，由模块化的"使用单位"和"行动单位"组成。"使用单位"是对"行动单位"进行作战指挥与控制的司令部，具有统一的标准结构，包括使用单位 Y 和使用单位 X。"行动单位"（UA）是旅级作战部队，由装甲 UA、步兵 UA、"斯特瑞克"旅组成。另外，支援部队也改编为支援 UA，包括航空兵 UA、维持 UA、机动增强 UA、火力 UA 和侦察 UA。2004 年 2 月，陆军参谋长斯库梅克宣布启动模块化改编计划，同年 5 月，第 3 机步师率先进行模块化改编，迈开了美国陆军模块化进程的第一步。

2005 年 9 月，美国陆军分别对"使用单位 Y""使用单位 X""行动单位"和"支援行动单位"进行了重新命名。"使用单位 Y"命名为联合部队地面部队司令部；"使用单位 X"命名为二星级司令部（师司令部）和三星级司令部（军司令部），"行动单位"被命名为"旅战斗队"；"支援行动单位"分别被命名为战斗航空兵旅、维持旅、作战支援（机动增强）旅、火力旅和侦察监视旅。

值得注意的是，美军第一支进行模块化编制调整的不是第 4 机步师，而是在伊拉克战场一路狂奔冲向巴格达的第 3 机步师。在伊拉克战争中表现出色的第 3 机步师先于数字化第 4 机步师进行模块化编制调整，应该与后者在伊战中表现不佳有关。2004 年 7 月，第 3 机步师完成模块化编制调整。第 4 机步师则于 2004 年 12 月完成模块化编制调整。

二、模块化动因

美国陆军在信息化建设中始终将编制体制改革放在重要位置，模块化打破了自""二战""以来以陆军师为基本作战单位的不变信条。信息技术的发展纵然是贯穿武器装备发展、编制体制改革、作战训练转型的主线，但美国陆军的模块化还受到以下三种因素的影响。

（1）满足远征作战需求、提高快速部署能力。随着国际安全环境的不断变化，远征作战和联合作战将成为美军主要的作战方式。在这两种作战中，美国陆军被赋予七项作战任务，即实施造势与进入作战、在战略距离上实施作战机动、在战区内实施作战机动、实施决定性机动、实施同时发生和相继发生的维稳行动、实施分布式支援与维持行动以及实施网络化作战指挥。远征作战需要部队具备可部署性、机动性、杀伤力和生存能力，而以师为作战单元的重型部队虽然具有机动性，杀伤力、生存能力，但快速部署能力不足，轻型部队虽然可快速部署，但机动性、杀伤力和生存能力又欠佳。未来的合成旅战斗队将可达到多种能力的均衡，尤其是在远征作战时，可以实现 4～7 天部署一个旅战斗队 (BCT)；10 天部署 3 个 BCT；20 天部署 9 个 BCT；30 天部署 15 个 BCT 的目标。

（2）规范现行编制体制、提升作战使用灵活性。面对频繁发生的小规模冲突，以师为基本作战单元，难以满足灵活和快速作战需求，而且师的编制固定，隶属关系紧密，不便于编组使用，即便是临时进行任务编组，也很难实现协同。另外，作战单位和支援单位搭配不合理，机动作战单位一般需要由上级单位提供战斗支援和后勤保障，不便于作战协同和快速反应，独立作战能力较弱。

美国陆军包括现役部队、预备役部队和国民警卫队在内，在模块化转型之前，拥有 14 个重型师、2 个轻型师、1 个空降师、1 个突击师和一定数量的独立机动旅，使得 71 个旅有 17 种编制体制。每个机动旅又具有不同的作战能力和支援需求，很难进行联合和指挥。模块化后，"菜单"式的模块化司令部、旅战斗队和支援旅具有更大的灵活性，任何旅战斗队和支援旅可以配属于任意战区、军和师级司令部，做到即插即用。

（3）增加可部署部队数量、挖掘现有部队潜力。陆军是维护世界安全环境的主要工具。自 1989 年开始，美国陆军参与了 43 场联合作战，其中大多数需要持续的部队轮换以维持战果。目前，美国陆军在阿富汗和伊拉克的作战行动中承担着巨大的压力，70 多万现役和后备队士兵参与了反恐作战，陆军兵力吃紧的现象日益严重，部队的轮换几乎到了难以为继的地步。按照美军的条例，现役部队的轮换是每 2 年一次，但由于可部署部队数量的缺乏，部署周期已缩短到 1 年 1 次。美陆军和五角大楼均认为，兵力不足的根本原因并不只在于部队规模太小，而是现有编制缺乏灵活性，部队的潜力未得到充分发挥。

三、模块化基本情况

美陆军模块化计划是涉及现役部队、预备役部队和国民警卫队的全陆军编制改革计划，是一项浩大的工程。模块化计划自实施之日起的 4 年内经过了多次调整，虽然进展比较顺利，但是仍然面临严峻的挑战。

美陆军希望，通过部队编制模块化使现役部队的作战力量增加 30%；使随时可轮换的部队数量增加 50%；创建具有联合作战能力的可部署司令部；为未来战斗系统的使用作好准备；提高部队作战部署周期的计划性，现役部队、后备队和国民警卫队分别每隔 2 年、4 年、5 年部署 1 次，以减轻部队压力等。

美陆军的模块化自 2004 年开始实施以后一直在不断进行调整。2007 年美国陆军确定的转型目标是到 2013 年建成 48 个现役模块化旅战斗队、39 个多功能支援旅和 44 个特种支援旅。

在 2004 年模块化改制的第一年，第 3 机步师、第 101 空降师和第 10 山地师部分完成了模块化改制，第 3 机步师和第 101 空降师随即被部署到伊拉克接受实战考验并积累经验。截止到 2008 财年，旅战斗队的数量达到 40 个，多功能支援旅 33 个，特种支援旅 35 个，现役部队的模块化率达到 82%。

模块化部队共分为 5 大块，一是指挥控制司令部 30 个，占部队总数的 8%；二是战区下属司令部 24 个，占总数的 7%；三是特种功能旅 130 个，占总数的 37%；四是多功能支援旅 97 个，占总数的 24%；五是机动作战旅 76 个，占总数的 21%。

四、指挥控制司令部

最初的模块化改编计划要求用 2 个指挥级别来取代原有的师、军和军以上 3 个指挥级别。根据联合作战的经验和研究分析结果，美陆军对计划进行了重新评估并决定保留军级司令部，作为三星级战役司令部。军级司令部模块化后，大大增强了履行联合特遣队司令部职责的能力。此外战区陆军将作为陆军军种司令部和联合部队下属陆军司令部对地区指挥官提供支援。

（1）陆军军种司令部：将重点负责指挥整个战区的联合部队、跨部门、跨政府和多国联军地面作战部队的军事行动。ASCC 也可根据联合部队指挥官的要求对战区级下属司令部实施指挥和控制。

（2）军、师司令部：被改编为拥有可部署指挥所的司令部，一般将履行中间司令部、联合特遣部队司令部或联合部队下属陆军司令部的职责。在复杂作战任务、多国参与的联合作战和控制幅度过大等 3 种情况下可设置军司令部。师司令部将继续作为陆军的主要战役级司令部。军和师司令部均能指挥和控制各种组合形式的旅战斗队和支援旅，都编有 800 ~ 1,000 名人员。美陆军未来将保留 3 个军司令部，18 个师司令部。

（3）战区级下属司令部：在战区级，陆军军种司令部可控制多达 7 种战区级下属司令部。这些下属单位专门负责对支援旅实施指挥与控制并管理战区内有关事务。战区级下属司令部包括防空反导司令部、工兵司令部、民事司令部、化生核放爆炸物处置司令部、战斗航空兵司令部、医疗部署支援司令部、远程保障司令部、战区保障司令部、信息战司令部、宪兵司令部和信号司令部等 11 类。

五、机动作战旅战斗队

机动作战旅战斗队采用诸兵种合成编制形式，是构成陆军战术部队的基本单元，也是执行攻击行动的主要力量。它们的建制单位包括营级规模的机动、火力、侦察以及保障单位。旅战斗队采用模块化结构，基本的诸兵种合成战斗队可根据任务需要进一步编配，这种编制上的灵活性可使旅战斗队适应各种类型的冲突。

（1）重型旅战斗队：是结构均衡的合成战斗分队，主要以冲击力和速度进行战斗。主战坦克、自行火炮和乘车作战步兵赋予其巨大的打击能力，足以弥补其战略机动性差和后勤负担重的缺陷。重型旅战斗队由1个司令部与司令部连及特种作战营、侦察营、2个合成兵种营、火力营与支援营等6个营组成，共编3,735人。重型旅战斗队的主要装备包括58辆主战坦克，29辆"布雷德利"侦察车，76辆步兵战车，40辆配有远程先进侦察与监视系统的"悍马"车，14门120毫米自行追击炮，16门155毫米榴弹炮。

（2）步兵旅战斗队：与其他旅战斗队相比，对战略空运的需求较小。在战区内空运部队的支援下，步兵旅战斗队的作战范围可达整个战区，在狭窄地形和居民密集区域使用效果最佳，与其他旅战斗队相比后勤保障亦较为容易。步兵旅战斗队由1个旅部连及特种作战营、侦察营、2个步兵营，火力营与支援营等6个营组成，共编3,369人。步兵旅战斗队编配的武器均为轻型武器系统。步兵营配有6门60毫米迫击炮，4门81毫米、4门120毫米迫击炮和28套"标枪"反坦克导弹系统。侦察营配有4门120毫米迫击炮和14套"标枪"反坦克导弹系统。火力营中的2个105毫米牵引火炮连分别配备78门火炮，共计16门，司令部连装备了1部反火力雷达和4部轻型反迫击炮雷达。

（3）"斯特瑞克"旅战斗队：以强大的战略机动和战区机动能力使诸兵种合成战斗队的能力达到平衡，拥有宽广的作战影响范围，具有极佳的下车作战能力。"斯特瑞克"旅的可部署性优于重型旅战斗队，而战术机动性、防护性能和火力则优于步兵旅战斗队。"斯特瑞克"旅由6营5连构成，共编3,983人，包括3个机动作战营、1个侦察营、1个火力营和1个支援营以及旅部连、网络信号连、军事情报连、反坦克连、工兵连。"斯特瑞克"旅的装备主要是以"斯特瑞克"系列装甲车为主，其中"斯特瑞克"轮式装甲车为258辆，120毫米追击炮车40辆，机动火炮系统27辆，"陶"式反坦克导弹发射车9辆，"标枪"反坦克导弹系统89套。

六、多功能支援旅

多功能支援旅包括战场监视旅、火力旅、战斗航空兵旅、机动增强旅和维持旅等5种旅，其中战场监视旅、火力旅，战斗航空兵旅和机动增强旅等 4 种旅可作为师级规模的远征部队组成部分，它们一般被指派或配属于一个师，接受其指挥控制。而维持旅一般由战区陆军军种司令部配属到战区保障司令部，为师下属部队提供全般支援或直接支援。

（1）火力旅：为地面部队指挥官提供精确打击能力，并对整个作战地域纵深内的陆军和联合部队火力实施控制。全陆军共编有 13 个火力旅，其中现役部队 6 个，国民警卫队 7 个。每个火力旅编有 1,200 ~ 1,300 人，装备有火炮、火箭炮和战术导弹。

（2）战场侦察旅：对战役指挥官可以利用的一切情报搜集资源进行协调，与联合部队的情报、侦察与监视系统连接，对机动作战旅的态势感知情报进行补充，并在作战地域内领导信息战。全陆军共编有 10 个战场侦察旅，其中现役部队 4 个，国民警卫队 6 个。每个战场侦察旅有 997 ~ 1,004 人，编有情报营、战场侦察营及司令部连、信号连、旅支援连，此外还可配属特种侦察分队和更多的无人机。

（3）战斗支援旅：亦称机动增强旅，用于保障被支援部队的战役和战术行动自由，并增强和保护这种自由。战斗支援旅将防止和减轻敌方行动对被支援部队行动所造成的影响，并为被支援部队提供后方地域安全防护。模块化后陆军总共将编 23 个战斗支援旅，其中现役部队 4 个，国民警卫队 16 个，后备队 2 个。战斗支援旅编有 435 人，主要包括工程、军事宪兵、防化和防空分队。

（4）维持旅：主要任务是在作战地域内为所有陆军部队提供后勤保障。维持旅与旅战斗队的建制战斗勤务保障分队一起，为作战部队提供一体化补给与勤务。陆军将组建 32 个维持旅，其中现役部队 14 个，国民警卫队 9 个，后备队 9 个，每旅 487 人。

（5）战斗航空兵旅：有重型、中型、轻型和国民警卫队航空远征旅 4 种类型，陆军将编有 19 个航空兵旅，其中现役部队将拥有 6 个重型、3 个中型和 2 个轻型航空旅，国民警卫队将拥有 2 个重型和 6 个航空远征旅，每个战斗航空旅编有 2,600 ~ 2,700 人。

（6）特种支援旅：在战区范围内执行特种支援任务，包括防空、军需、工程、防化、宪兵、通信、医疗、军事情报、爆炸物处置和后方支援等 10 类，特点是"一专多能"，除了要履行其核心职能外，还具有在各种作战行动中履行多种职能的能力。

七、模块化部队特点

（1）可调用战术作战单位数量增加。由传统的师变为旅，再加上一个师的机动作战旅从 3 个增加到 4 个，机动作战营的数量由 29 个增加到 36 个。美陆军在战时可调用的战术作战单位的数量大大增加，在进行任务编组时具有更大的选择性和灵活性。

（2）合理配备支援单位。模块化编制强调作战与支援的紧密配合。以前编在师一级的火力，侦察等战斗支援和后勤保障单位被下放到旅战斗队，以便对旅的战斗行动提供直接支援。例如，在旅战斗队中编入火力营，任务更为明确，可保证旅战斗队在各种条件下获得反应迅速的近距离精确火力支援。战斗勤务支援编制的下放将大大增强旅战斗队的自我保障能力，旅战斗队将能够在没有外部支援的情况下持续作战 3 ~ 7 天。

（3）大力加强侦察力量。以一个重型师为例，原编制师仅在师级配 1 个侦察营，"21 世纪部队"师配 1 个侦察营和 3 个侦察连，而在模块化编制体制下，每个旅战斗队都配有 1 个侦察营。侦察资源，尤其是无人机、雷达等先进侦察资源的增多客观反映了信息化部队的装备特点，可以说代表了信息化部队的一种发展趋势。

（4）撤销师属防空编制。由于美军具有绝对优势，自 1953 年以后，再没有美军地面部队遭到航空火力打击造成伤亡的事件发生。这种制空优势估计在 20 年内不会动摇。所以，美军认为担任防御固定翼飞机和直升机传统任务的美陆军师属近程防空营已无用武之地，所以决定撤销该编制。

八、模块化面临的问题

建立模块化部队，是美陆军在编制体制改革方面开始的又一次新的尝试。到目前为止，美国陆军在模块化改革的可承受性、存在的风险以及能否达到预期能力等方面还不能做到心中有数。除此之外，模块化还面临资金匮乏、装备不足，以及作战使用中暴露出的武器编配不合理及指挥人员能力有限等问题。

（1）资金预算增加翻倍、装备数量严重匮乏。根据美陆军2004年的估算，模块化改编总共大约需要280亿美元资金，其中有78%将用于模块化部队的装备更新和补充，到2006年这一数字被改写为525亿美元。目前许多关键性武器装备的数量严重不足，而这些武器装备对于实现模块化部队的战斗力又是至关重要的，其中包括作战指挥系统、先进的数字通信系统以及先进的传感器等。

（2）实战检验模块化部队美中仍有不足。美军第3机步师、第101空降师和第4机步师在模块化改编后均被部署到伊拉克接受实战考验并积累经验。3个师的指挥人员均对模块化部队大加赞赏，认为模块化部队提高了作战效能、指挥的灵活性和联合作战能力。同时他们也指出了参战部队存在的一些问题。第3机步师希望能进一步增加3种装备，即地面机动装备、供装甲侦察中队使用的抗信息战装备和建制情报分析装备。第101空降师认为，指挥人员作为模块化部队的核心，其指挥能力应随模块化转型得到进一步提高。第4机步师认为其建制工兵部队缺乏除障和渡河装备，另外还需要更大的带宽以支持作战指挥系统的使用。

（3）步兵旅和"斯特瑞克"旅生存能力堪忧。步兵部队一直容易遭受敌装甲部队的攻击，在敌方装甲部队使用爆炸反应装甲和主动防护系统后，情况会变得更糟。步兵旅战斗队和"斯特瑞克"旅战斗队被指定为"早期进入部队"，他们肯定会遭遇到敌"增强型"装甲部队而使自身在战术上处于明显的劣势。

（4）模块化部队建设仍存争议。美国陆军退役军官道格拉斯·麦格雷戈上校是最早的编制体制改革倡议者，面对陆军正在实施的模块化转型，他撰文表示，陆军将10个师重新编组为2营制旅的计划是危险的，既没有经过现代战场的检验，也没有经过严格的分析。因为对于如何向战斗部队提供支援保障，陆军并没有配套的改组计划，2营制旅数量的增多实际上只会导致对更多支援部队的需求。从编制上讲，模块化方案加重了对外部支援的依赖，独立机动、分散和全方位作战的完美理想则完全破灭。麦格雷戈上校建议陆军选择战斗机动群的方案，建立5,000～5,500人规模，介于师和旅之间的编制单位。

第三节
成败得失话 FCS

一、FCS 是何方神圣

未来战斗系统，也译作"未来作战系统"，英文为 Future Combat System，缩写为 FCS。说起 FCS，还得从美国的"未来主战坦克"（FMBT）谈起。FMBT 来源于 1991 年末到 1993 年初美国装甲兵协会举办的"坦克设计大赛"。大赛的第一名获得者是美国西部设计公司的未来主战坦克设计方案。其特点是战斗全重 30 吨，3 名乘员全部布置在车体内，炮塔内无乘员，动力 – 传动装置前置，主炮为 55 倍口径的 120 毫米滑膛炮，带自动装弹机。辅助武器有炮塔上的并列 30 毫米机关炮、7.62 毫米机枪以及炮塔尾部的 40 毫米枪榴弹发射器。采用"燃气轮机—发电机—电动机"的混合式动力—传动装置，低矮的外形和新型复合装甲，使它具有比 M1 坦克更强的生存力。在此基础上形成的"未来主战坦克"，被称为 2010 式 FMBT。

FCS 的概念，是 1996 年 7 月 6 日由当时的美国陆军装甲兵司令朗·马加特少将首次提出来的。在随后举行的美国装甲兵学术年会上，FCS 的提法得到了广泛的认同，认识进一步深化。他们认为，FCS 已不是简单的主战坦克的延续，它的任务范围已超出现有的主战坦克，武器射程能达到 10 千米以上，"它将为 21 世纪的士兵提供今天的 M1 主战坦克、M2 步兵战车、'复仇者'防空系统及 M109A6 自行榴弹炮等所具备的部分或全部作战能力。"而其战斗全重及外廓尺寸又要远远小于当今的主战坦克。

FCS 的主要组成部分是高科技坦克、遥控侦察机和计算机系统，是美国陆军现代化计划的重要部分，也是世界陆军武器装备发展史上里程碑式的事件。项目中的未来遥控侦察机将负责为陆军搜索空中和地面目标，以确定敌人方位；新型高科技坦克的重量将比目前的主战坦克轻得多，目的是取代重型的主战坦克和步兵战车；计算机系统将借助 3,300 万条软件指令，把战场上所有的车辆、武器系统、士兵和指挥员的信息一体化，以便部队更好地了解战场实况。

　　尽管美国陆军目前还没有正式下达终止研制的命令，但是由于预算严重超支、技术不成熟和应对正在进行的反恐作战的能力受质疑等原因，美国国防部终止 FCS 项目的决心难以改变。不过，美国陆军已经获得的 FCS 阶段性技术成果不会被终止，FCS 体现出来的创新理念更不会被终止。

　　严格地讲，未来战斗系统不是一种单一平台系统，而是一个协同作战的系统组合，由一个车辆族组成，它们执行侦察、直接和间接火力射击、防空及指挥、控制任务。车辆族不仅比现有的第三代主战坦克重量更轻、速度更快，而且具有非常优秀的火力打击与远程支援能力，可选择传统固体发射药 120/140 毫米滑膛炮、液体发射药火炮、电热化学炮、电磁炮、防空 / 反坦克导弹或"发射后不用管"的战术导弹等主要射击武器系统和高能直射激光炮等辅助武器系统，具有 5 千米直射能力，还能打击 10 千米及更远的目标。

　　该作战系统装备的"发射后不用管"超视距防空增程导弹和激光 / 电视制导的视距和超视距反装甲导弹，射程分别达 40 ～ 50 千米和 10 ～ 30 千米。除了主要担负进攻性任务外，FCS 还将担负联合兵种战斗队的装甲机动防空系统，将防空和联合兵种战斗队融为一体，为联合兵种战斗队提供最佳防空效果。4 ～ 6 辆 FCS 车辆的防护网可优选并攻击多个空中目标和点状目标，也可在广大区域为其他部队传递关键信息。FCS 疏散的"战斗群"能与上级机关和指挥中心相联系，对"饱和攻击"和"时间压缩攻击"自动作出反应。另外，FCS 的生存性方面将比现有装备有较大提高，可探知、抵御已知任何反坦克武器，后勤保障也减少为 M1 坦克的一半，可行驶 30 天或 1500 千米而不需要补给燃料。

　　根据最初的计划，FCS 是由 18+1+1 个分系统组成的"系统之系统"。其中"18"代表 8 种有人驾驶车辆和 10 种无人操控系统，两个"1"分别代表网络系统和士兵系统。8 种有人驾驶车辆是 XM1201 侦察与监视车、XM1202 乘车战斗系统、XM1203 非直瞄火炮、XM1204 非直瞄追击炮、XM1205 救援与维修车、XM1206 运兵车、XM1207 医疗后送车、XM1208 医疗治疗车、XM1209 指挥与控制车。10 种无人操控系统包括 XM501 非直瞄导弹发射系统（即"网火"）、XM156 排级（即 1 级）无人机、连级（即 2 级）无人机、营级（即 3 级）和 MQ–8B 旅级（即 4 级）"火力侦察兵"

无人机、小型机器人车辆、多功能通用、后勤和装备机器人车辆(即"骡子")、武装机器人车辆、无人值守地面传感器(UGS)——包括 AN，GSR•9 城区无人值守地面传感器和 AN，GSR-10 战术无人值守地面传感器，智能弹药系统。网络系统将使 FCS 作为一个有机整体运转，使其总体效能大于各分系统效能之和，是美国陆军运用革命性作战与编制理念的基础。

FCS 系统中的模块化战车

根据设想，FCS 旅战斗队将编 3 个诸兵种合成营、1 个非直瞄火炮营、1 个侦察监视与目标捕捉营、1 个前方支援营、1 个旅属情报与通信连和 1 个司令部连，其战略部署能力比现役重型旅战斗队提高 60%。FCS 旅战斗队建成后将兼具现役重型部队的杀伤能力、生存能力和现役轻型部队的部署能力，能够独立地连续进行 3 天高强度作战或 7 天中低强度作战。

FCS 系统中的无人战斗车

二、发展历程回顾

2000 年 2 月，美国陆军与国防部高级研究计划局（DARPA）开始合作开发 FCS 的创新概念和技术。

2000 年 5 月，DARPA 和美国陆军选择 4 个开发商团队进行 FCS 方案设计。

2001 年 10 月，美国陆军训练与条令司令部批准了 FCS 任务需求书草案。

2002 年 3 月，美国陆军与波音公司和科学应用国际公司（SAIC）联合小组签订价值 1.54 亿美元的 FCS 方案设计合同，波音－SAIC 小组被指定为项目的主系统集成商。

2003 年 5 月，FCS 项目通过里程碑 B，即从概念与技术开发阶段转入系统研制与演示（SDD）阶段。

2004 年 8 月，美国陆军决定对 FCS 项目进行全面调整，主要调整内容是放慢研制进度，将里程碑 C 和装备首套完整 FCS 的时间从 2008 年和 2010 年分别调整到 2012 年和 2014 年；分阶段向当前部队输出技术成果，为系统研制与演示阶段增加 64 亿美元预算；加速或推迟某些分系统的研制。

2005 年下半年，美国陆军决定放弃 FCS 有人驾驶车辆重量不超过 20 吨、必须能用 C−130 运输机进行整车空运的硬指标以降低技术难度，将车重放宽到 24 吨，后来又进一步放宽到 30 吨。

2006 年，FCS 全寿命周期预算从 2003 年的 914 亿美元上升到约 2000 亿美元。

2007 年 1 月，美国陆军决定对 FCS 再次进行重大调整，主要调整内容是缩减项目规模，放慢发展进度，降低技术难度。

2007 年 3 月，组建了由 969 人组成的专门用于验证 FCS 样机的陆军鉴定特遣部队。

2007 年 10 月，FCS 通过了第一阶段工程成熟性审查，陆军鉴定特遣部队开始接收 FCS 第一螺旋阶段分系统。

2008 年 5 月，陆军鉴定特遣部队完成了第一螺旋阶段分系统的部队发展试验与鉴定工作。

2008 年 6 月 11 日，美国陆军将生产出来的第一种有人驾驶车辆——非直瞄火炮的首门全系统样炮在华盛顿国会大厦前展出。

2008 年 6 月 26 日，美国陆军宣布对 FCS 进行第三次重大调整，决定改变原先的首先装备重型旅战斗队的计划，从 2011 年开始首先为更多地参与反恐维稳作战的现役步兵旅战斗队装备 FCS 阶段性技术成果，目的是更好地展示 FCS 的研制成果以获得美国国会和国防部的支持。

2009 年 3 月，FCS 成功完成所有无人飞行系统（UVS）的初始设计评估（PDR）。

2009 年 4 月，国防部长盖茨宣布，2010 财年取消全寿命费用为 870 亿美元的 FCS 有人驾驶车辆。

2009 年 5 月下旬，国防部负责采办、技术与后勤工作的副部长阿什顿·卡特在海军分析中心的研讨会上宣布，FCS 项目行将结束。阿什顿·卡特即将以主管副部长的名义发布一份关于 FCS 的采购决策备忘录，美国陆军将根据备忘录正式发布停止研发的命令。

三、下马原因分析

（1）经费严重超支是直接原因。由于 FCS 项目启动时所需关键技术有 3/4 尚未成熟，不仅使项目研制进度一推再推，也使研发费用呈滚雪球式增长。从 2003 年至 2004 年，FCS 研发费用就增长了约 51%。到目前为止，美国陆军已经为 FCS 项目投入 140 亿美元的研制经费，总费用（装备 15 个旅）则从 2003 年估算的 914 亿美元飙升到 2006 年的约 2,000 亿美元。FCS 研制和采办费用预算的一路攀升给陆军造成极大的经费压力，这引起了美国政府问责局（原审计总署）的高度重视，也遭到部分国会议员的强烈质疑。美国政府问责局指出，FCS 项目费用增长的后果将可能是灾难性的。由于美军在阿富汗和伊拉克的战争费用居高不下，加之美国陆军 2006 年底制订的扩编计划也需要约 700 亿美元的巨额经费支撑，美国陆军不得不于 2007 年 1 月将 FCS 项目从 18+1+1 削减为 14+1+1。在 2009 年 5 月 19 日陆军部长皮特格仁和陆军参谋长乔洽·凯西参与的美国国会参议院武装部队委员会听证会上，参议员约翰·迈凯恩指出，在第一件装备交付前，FCS 超支已达 45%。2008 年美国爆发的金融危机使美军本已捉襟见肘的经费状况更是雪上加霜，最终导致现实主义色彩浓厚的国防部长盖茨为保证当前反恐作战的顺利进行，痛下杀手砍掉了 FCS 项目。

（2）应对当前反恐作战的能力受质疑是关键原因。盖茨于 2008 年初就频频告诫美军各军种领导，要坚持研制能对付当前各种复杂军事威胁的高新技术武器系统，弦外之音就是怀疑昂贵的 FCS 能否应对目前的各种复杂威胁。盖茨于 2008 年 5 月 13 日更是直截了当地说："除了应对（大规模）全谱作战外，FCS 必须继续展示其应对我们目前（在伊拉克和阿富汗）面对的各种非常规挑战的能力。" 由于未来 20 年需要大约 2,000 亿美元的巨额采办费用和令人怀疑的反恐作战能力，国会对 FCS 的支持力度也越来越小。

FCS 系统中的轮式战车的底盘

面对质疑，陆军官员多次表示，FCS 是应对伊拉克和阿富汗战场上各种恐怖威胁和非常规威胁的最佳装备，并说明了前线指挥官对 FCS 能力更为直接的需求，还决定首先为更多地参与反恐维稳作战的现役步兵旅战斗队装备 FCS 阶段性技术成果。但盖茨认为 FCS 有人驾驶车辆采用平底设计，且底盘离地面不到半米，完全没有吸取美军在伊拉克和阿富汗的教训，是其脱离美军战场实战考虑的致命伤，因为美军在伊拉克超过一半的伤亡是由路边炸弹造成的。盖茨说："路边炸弹很有效，它将成为未来冲突中针对美军最常见的攻击方式。" 为了应对路边炸弹袭击，美军已经推出了防地雷反伏击战车（MRAP）。这种加厚钢板的车辆采用 V 字型车底以分散爆炸冲击波，能减少伤亡，为美军提供很好的防护。

（3）技术不成熟是深层原因。为了追求关键技术的超前突破、作战能力的绝对优势和研制进度的高歌猛进，FCS 的技术门槛定得很高，研制进度定得很快。根据设计要求，司令部必须具备从单兵到连、营、旅的网络通信与作战指挥能力，并具备当前部队所缺乏的机动组网能力；司令部将利用联合战术无线电系统和战术级作战人员信息网组成战术通信网，并通过 FCS 的网络系统将全部有人和无人操控平台集成在一起，实现 FCS 所有平台之间以及与其他武器系统之间的互联互通。

FCS 如此高的技术门槛却是在所需的绝大多数关键技术尚未成熟的情况下进入系统研制与演示阶段的。虽然几年来美国陆军在促使关键技术成熟方面取得了很大进展，但是关键技术非常复杂，研制过程中既相互依赖又互相影响，要使所有关键技术都达到成熟程度还需要多年时间。FCS 的技术难度不只是来自单项技术本身，还在于所有技术的发展必须协调一致。只要某一项技术发展滞后就可能影响全局。FCS 除了要保证内部技术发展的同步性，还要与其他 100 多个项目的发展协同。例如，联合战术无线电系统和战术级作战人员信息网的技术如果不能如期成熟，FCS 网络的进度就会受到很大影响。

尽管美国陆军的独立评估结果认为，在涉及 FCS 项目的 44 项关键技术中，有 35 项已达到规定的成熟度，其余 9 项将在 2009 年夏天达到规定的成熟度。但是，美国政府问责局于 2009 年 3 月 12 日发布的评估报告严厉指责 FCS 项目尚未达到获得国会和国防部全面支持所需的目标。该评估报告认为，在 44 项关键技术中，只有 3 项达到了 TRL 7 级，37 项达到了 TRL 6 级，4 项则仍处于 TRL 5 级。这项评估结果可能为国防部最终决定砍掉 FCS 项目提供了直接依据。所以，技术门槛过高导致经费节节攀升，进度不断放慢，是 FCS 项目最终下马的深层原因。

四、下马影响

（1）已经研制出来的 FCS 阶段性技术成果不会被终止。目前，FCS 项目已经研制出很多阶段性技术成果。陆军鉴定特遣部队已从 2007 年 10 月开始陆续接收第一螺旋阶段技术成果，主要包括 18 套被称为"B 组件"

的网络设备，7 套非直瞄导弹发射系统以及无人值守地面传感器，小型机器人车辆和排级 Block O 型微型无人机等，非直瞄火炮的首门全系统样炮也已于 2008 年 6 月 11 日公开展出，该火炮在国会一直得到了强有力的支持。正如 "十字军战士" 自行榴弹炮项目下马后其很多已经研制成功的技术成果，如激光点火技术，弹药装填机器人、钛金属材料、弹道跟踪和修正技术、先进的乘员舱、嵌入式训练系统、电子线控驾驶技术等被移植应用到非直瞄火炮上一样，FCS 项目的技术成果已经并将继续应用于美国陆军的现役装备改造上。作为 FCS 项目主系统集成商的波音公司和科学应用国际公司都是对美国政坛有重要影响力的 "军工复合体" 重要成员，它们可能会对国会和军方展开强大的游说工作，FCS 项目还存在通过 "改名换姓" 来求得 "死而复生" 的可能。

（2）FCS 体现出来的创新理念不会被终止。FCS 项目的发展理念具有很强的创新性，主要表现在以下 3 个方面：

① 在作战理念上以网络中心战为指导，依靠先进的信息系统夺取未来战场信息优势；

② 在发展思路上，充分应用以网络技术为主的各种高新技术，研制由多种无人系统和有人系统通过网络集成的一体化的 "系统之系统"，涵盖了侦察监视、指挥控制、机动突击、火力支援、后勤支援、维修保障等几乎所有陆军作战功能，以期解决陆军 20 年以后的装备发展方向和作战能力问题，具有很强的超前性；

③ 在发展途径上，采取螺旋式渐进获取方式，且根据实战经验教训、经费保障情况和技术成熟度进行了各种调整。如何研制新一代陆军武器装备，FCS 项目在理念上、技术上和管理上都体现出了具有开拓创新意义的探索。这些创新理念在陆军武器装备今后的发展中仍将具有重要的借鉴意义。

（3）FCS 的作战需求依然存在。在近几年有关 FCS 项目的争论中，主要集中在经费、技术、应对当前反恐作战的能力以及当前部队与未来部队建设的矛盾等问题上，没有人提及它的未来作战需求问题，而研制 FCS 的初衷却恰恰是为满足未来作战需求。

FCS 项目启动于 9•11 事件之前，美国陆军对当时的战略形势非常乐观。2001 年版的《陆军现代化计划》对当时的战略环境有如下描述："如果当前的趋势继续保持下去，美国将迎来一个相对平静的战略时期。在此期间将没有一个外来势力可以用常规军事力量来威胁我们的重大利益。"基于上述判断，美国陆军决心抓住时机打造一支全新的信息化战略反应型地面部队，以在未来的全谱作战中具有压倒性优势，并将这种部队的核心装备——FCS 列为陆军最优先的装备发展项目。FCS 寻求将信息技术和精确杀伤技术与美国陆军已经具备的无可匹敌的火力结合在一起，以期在敌人做出反应前就快速将其消灭。

然而，FCS 项目刚刚步入系统研制阶段就被伊拉克战争打乱了步伐。一方面，旷日持久的反恐作战使美国陆军当前部队需求与未来部队建设之间争夺资金的矛盾日益突出；另一方面，反美武装分子使用各种低技术含量的轻武器，火箭推进榴弹、简易爆炸装置和自杀炸弹袭击实施的游击战，使美国陆军所追求的网络化态势感知能力英雄无用武之地的同时，还使其轻型化作战车辆不堪一击。FCS 的经费保障和作战需求因反恐战争的长期化而变得复杂化，其三次重大调整和最终下马均与此密切相关。

但是，不能很好地满足当前的反恐作战需求并不等于不能满足未来大规模战争作战需求。其实，国防部决定取消 FCS 项目在很大程度上是技术上短期内难以实现和当前反恐作战需求压力过大双重压力下的无奈之举，并非打造具有压倒性优势的未来部队不需要 FCS。

第四节
孪生兄弟在英国

英国与美国关系密切，在国际事务上常以美国马首是瞻，与美国隔海唱和，在武器装备的研制方面自然也受美国的影响不小。在美国提出"未来战斗系统"（FCS）设想时，英国自然也追随其后，推出了类似计划——未来快速部署系统（FRES）。

一、FRES 的提出和发展

英国未来快速部署系统的提出可追溯到 2001 年，当时英国陆军的主战装备仍是"挑战者"2 主战坦克和"武士"步兵战车。为了适应 21 世纪作战的需要，英国陆军早在 20 世纪 90 年代中期就提出研制下一代陆战主战装备的计划，即"未来地面战斗系统"（FLCS），包括用来取代"挑战者"2 主战坦克的"机动直射火力装备"（MODIFIER）和取代"武士"步兵战车的"未来步兵战车"（FIFV）。虽然冷战后装甲车辆减重的风潮也吹进英国陆军，但他们相信在 2020 年以前，超轻型的新武器系统在技术上难以实现，所以"未来地面战斗系统"的服役时间定在 2020—2025 年之间。英国陆军认为，在"未来地面战斗系统"服役前还需要一种介于轻型部队和重型部队的中型装备部队。于是，FRES 计划于 2001 年应运而生。FRES 将成为这种中型部队的主战装备，其最根本的出发点，即是针对 21 世纪的作战需求为正在建设的中型部队提供可空运的中型装甲车辆，使陆军具备所要求的远征作战能力，以提供一种可用于快速反应作战的中型装甲车族，组建一支身兼重型部队和轻型部队之长，更加灵活且能全球快速部署的网络化中型部队，使"英国地面部队能通过网络化平台系统，增强快速介入、作战、机动能力，在战场感知、指挥控制、精确交战、生存能力、机动能力和可利用能力上占有优势"。

美英未来装甲侦察车正在进行样车试验

FRES 不但与 FCS 有一定的相似性，而且与美国陆军转型计划中过渡性的"斯特瑞克"装甲车族也很接近，但 FRES 与 FCS 和"斯特瑞克"装甲车族都不相同。FCS 不仅是美国陆军未来的主战装备，而且包括多个车系：地面有人车辆、地面无人车辆和无人机。而 FRES 仅仅是一个装甲车族，一种中型辅助装备。FRES作为英国陆军迈向"未来地面战斗系统"的基石，将来也是支援"未来地面战斗系统"的武器系统，在技术上超过在现有车辆基础上改装的"斯特瑞克"车族。

FRES计划提出以后，它的性质和内容就不断发生变化。虽然仍具有过渡性和辅助重型部队使用的特点，但根据长期规划，FRES要具有足够的战斗力以取代"挑战者"2主战坦克和"武士"步兵战车。从用途和性能上看，FRES已经与美国FCS计划中地面有人车辆差不多。FRES的重量上限于是被增加到17～25吨（可能超过C-130的承载能力），整个车族在2014年全部推出。采购数量也增加到了1,750辆，英国陆军打算用FRES装备两个中型旅。

为满足各种功能任务的需求，FRES车族几乎包括了陆军所有装甲车型，如直射火力平台（类似坦克）、装甲人员输送车、指挥车、救护车、步兵战车、侦察车、三防侦察车、导弹发射车、修理抢救车和其他工程车辆等。由于功能繁多，英国在分析了17吨、22吨和24吨等不同重量规格之后，决定将FRES的车重上限放宽到25吨，并分别由C-1303和A400M运输机运载。从这一点看，FRES的发展路线比美国FCS中的"有人地面车辆"更务实，美国陆军一直"死板"地要求所有"有人地面车辆"都要遵守苛刻的重量上限。

在英国对FRES形成初步方案之前，维克斯防务系统公司便披露了分别采用前置发动机和后置发动机布置方案的两种履带式底盘和在其上发展的16种车辆。前置发动机底盘将发展为3种车型，分别为装甲人员输送车型（含8种变型车：装甲人员输送车、步兵战车、追击炮车和指挥车等）、平板车型（含2种变型车：8联装防空导弹发射车、扫雷/架桥车）和工程车型。而后置发动机底盘则发展为侦察车、反坦克导弹发射车和直射火力平台。

二、FRES性能解析

作为英国陆军的下一代装备，FRES不但可空运，而且其战斗力要远远超过轻型部队，所以FRES除了会应用一些成熟的现有技术和部件外，还必然要采用许多新技术。而且从需求定义阶段起，英国就开始论证多种新技术概念。

（1）火力性能。FRES 车族中既有直射火力平台，也包括能够曲射的火力单元。直射火力平台的武器选择有两个方向：一是选用重量较轻的 40 毫米机关炮，配合类似 LOSAT 导弹的高速导弹，二是采用重量较重的传统火炮。不过导弹的价格昂贵，而且体积、重量也较大，携带、储运均不方便，若考虑到弹药的多样性、经济性以及火力持续性，大口径火炮仍是较好的选择。现阶段电磁炮和电热化学炮的发展都还不成熟，因此 FRES 直射火力平台将选用常规滑膛炮，为减轻重量，武器的安装布置方式肯定也不同于现役坦克。

FRES 还纳入了英国式网络作战概念，即所谓的"网络作战能力"（NEC）。它与美国所倡导的"网络中心战"（NCW）大同小异，也是要通过网络连接各个系统创造信息优势，并将目标信息传送给适当的火力单元发动攻击。不过，NEC 仅是对常规作战方式的补充和提升，网络所构成的战斗力相对较低，而"网络中心战"则是颠覆性的作战方式，是美国 FCS 的精髓和核心。早在 20 世纪 90 年代中期的"机动直射火力装备"研究中，英国陆军便考虑让下一代战车武器配备方式为火炮＋导弹，在车上携有可监视敌情的小型无人机，而且能通过接收网络信息作战。通过接收网络信息作战也是 FRES 的特征之一。

此外，FRES 也有类似美国 FCS 中"网火""非瞄准线发射系统"的模块化多功能小型地面发射精确制导武器，可以直接从置于地面的发射箱发射。英国目前正在进行"模块化弹药"研究计划，要求直射射程 4 千米，曲射射程超过 15 ~ 20 千米，重量为 25 ~ 30 千克，长度不大于 2 米。

（2）防护性能。由于重量的限制，传统的厚重装甲将难以在 FRES 上应用。FRES 的基本防护要求是基体装甲使全车能抵御 14.5 毫米穿甲弹的攻击，而关键位置的防护则要靠其他装甲技术手段了。英国正在开展多种装甲技术研究，包括电磁装甲和主动防护系统。电磁装甲主要用于对付中小口径成型装药弹药，如便携式反坦克火箭筒，其原理是将装甲中间的夹层充电，利用电力产生的磁场置偏来袭弹药的金属射流，从而抵消其穿透力。电磁装甲在试验中展示了不错的效果，据称对付火箭筒时电磁装甲所需的能量不超过在寒冷地区发动车辆所需的电量。但目前电磁装甲还难以对付坦克主炮发射的破甲弹和反坦克导弹的成型装药战斗部，因为这将需要更大的电能。

对付火箭筒、反坦克导弹和大口径动能弹和破甲弹最有效的手段还是主动防护系统。目前已有多种主动防护系统已接近实用阶段。对于FRES，最难防的当数中口径速射机关炮弹药，其威力虽远不如大口径弹药，但其高射速却对主动防护系统提出较大挑战。对付中口径速射机关炮弹药最有效的手段仍是基本装甲，但又受到重量的限制。据认为，在FRES防护系统的研究方面，英国在短时间内还难以拿出定案。

（3）机动性能。根据FRES的机动性要求，FRES在保证有50千米行程储备燃油的前提下，行程达到300千米，越野行程150千米。为达到这一要求，FRES将采用电驱动系统和带状橡胶履带（整体式）。与金属履带相比，带状橡胶履带优点很多，包括寿命长、重量轻、震动小和噪音低，而且可以达到传统履带不易达到的高速（85千米/小时以上）。电驱动与传统驱动方式相比也有很多优点，除提高燃油效率外，动力组件的布置也更灵活，而且增大了车内可利用空间。

英国阿尔维斯车辆公司属下的瑞典赫格隆公司研究多年的"模块化装甲战术系统"（SEP），可能是FRES电驱动技术的来源。阿尔维斯公司曾在2002年年中推出基于SEP的多种技术，以争取满足FRES的需求。

SEP 原型车出厂，FRES 在成功之路上又前进了一步

三、伊拉克战争对 FRES 的影响

正在 FRES 从概念研究逐步发展出大概轮廓之际，英国和美国联手在2003 年 3 月发动了伊拉克战争，推翻了萨达姆政权。伊拉克战争影响了

英国的武器发展计划，致使 FRES 计划在 2005 年进行了两项重大调整。

按照原来的设想，FRES 应在 2025 年具备取代"挑战者"2 主战坦克与"武士"步兵战车的战斗力，而这两种装备也将于 2028 年退役。伊拉克战争和持续至今的清剿作战，却让英国陆军重新认识到重型部队具有无与伦比的优势。伊拉克战争中，重型部队的主战坦克和步兵战车展现出了优异的机动性和快速反应能力，尤其是主战坦克的防护性能表现相当出色。在战斗中，没有任何"挑战者"2 被敌方火力击毁，甚至有 1 辆"挑战者"2 被 15 枚 RPG 火箭弹击中而毫发无损。不仅正面装甲几乎是刀枪不入，就连侧面和尾部也有足够的防护力，这主要是因为当代主战坦克有充沛的动力储备，可以在侧面和尾部加装附加装甲。

以色列在约旦河西岸的经验也显示，不需要进行远程作战机动时，主战坦克可以挂装更多的装甲，以色列有 1 辆梅卡瓦 2 主战坦克曾被 7 枚反坦克导弹击中而没有被击穿。主战坦克的防护系统不但坚实，而且实用。考虑到在伊拉克的英军以后要遭遇的大多是火力有限的小规模部队，而不是正规部队，所以装甲会比网络和所谓的信息优势更实用。

"挑战者"2 主战坦克和"武士"步兵战车在伊拉克战争中的优异表现，肯定了重型部队的威力，英国陆军在 2005 年春决定将这两种装备的服役年限延长至 2035 年。也就是说到那时，FRES 能够具有取代"挑战者"2 主战坦克和"武士"步兵战车的战斗力即可。

另外，由 C-130"大力神"运输机空运的要求也将成为过去时。最初计划的 FRES 车族分为可由 C-130 运载的轻型和由 A400M 运载的重型两种。但英国国防部发现，到 FRES 全部服役时，英国可能只剩下 7 架 C-130 运输机，而且它的实际运载重量太低了。鉴于此，用 C-130 空运 FRES 的需求在 2005 年 6 月初被取消，FRES 将由 A400M 或 C-17 运输机运载。1 架 A400M 可装载 1 辆轻型的 FRES 飞行 3,704 千米，装载 1 辆重型的 FRES 时也力争达到这一目标，而 1 架 C-17 则能装载 2 辆重型 FRES 或 3 辆轻型 FRES 飞行 5,556 千米。根据 A400M 的性能推算，重型 FRES 的重量上限应在 35 吨左右，而以 C-17 的性能而言，重型 FRES 的重量上限应是 38 吨，轻型 FRES 的重量上限应是 25 吨。很明显，FRES 的重量上限再度被放宽，比 2003 年时的重量上限增加很多，已经日益接近现有的重型装备。

2008 年底，英国国防部已暂定"锯脂鲤"V 轮式装甲车为 FRES 的通用车辆（UV）基型车。但是由于需求的进一步变化，2009 年英国国防部对陆军武器装备发展战略进行了优化调整，决定优先实施"武士"步兵战车能力持久性计划（WCSP）和未来快速奏效系统专用车辆（FRES-SV）发展计划，而 FRES 通用车辆的采购计划将被搁置，其原因主要有以下 4个方面。

（1）履带式装甲平台在英国陆军发展中一直占据着主要地位，重履带式轻轮式一直是英军传统；

（2）现役履带式装甲侦察车已达到服役年限，升级乏力，对履带式装甲侦察车的需求逐渐成为主要需求；

（3）美国陆军 FCS 取消，特别是有人地面车辆全部取消，触及了英国陆军的神经，轮式车辆能否满足未来战争对主战平台的需要的疑问正在悄悄影响着英国乃至世界各国陆军；

（4）2009 年英国关闭了主战坦克生产线，而作为 FRES 直射火力平台的通用基型平台（CBP）基础的 SV 就变得重要起来，它很可能是未来英国陆军上战坦克的雏形。

替代现役"弯刀"装甲侦察车的将是未来快速奏效系统专用车辆，FRES-SV 包括侦察车、中型装甲车和支援车 3 种类型。

四、FRES 的新进展

FRES 计划在发展演变的同时，其项目一直在向前发展，持续进行。在 2003 年开始的 1 年期第一阶段评估完成后，英国国防部在 2004 年 11月宣布阿特金斯工程顾问公司赢得了 2 年期的第二阶段评估合同，并开始挑选厂商进行技术演示项目。

FRES 的一项关键需求就是车辆能够使用 C-130 运输机空运，这一点对于平台设计者是极为苛刻的并迫使他们修改方案。对于 FRES 基本型车完全能够满足，但是其他车辆将只能使用更大的 A400M 运输机空运（该机型将在未来几年内成为欧洲军用运输机队的主力）。

"1 组"FRES 多用途车将包括防护机动车、轻型装甲支援车、指挥控制车、救护车、设备支援车和驾驶训练车等车型。

"2组"FRES车辆将用于情报、监视、目标获取和侦察（ISTAR）和火力控制领域，并还可能增加非直射火力支援车、直射火力支援车、非直射火力控制车、工程侦察车、陆基监视车、侦察车、反坦克制导武器车和先进防护机动车。

"3组"为多种通讯车辆（"猎鹰"）和电子战车辆（"占卜者"）。前者将包括"弓箭手"网关、"猎鹰"入口节点、"猎鹰"管理节点、"猎鹰""黄蜂"（Wasp）或是"抵达者"（Reacher）。

"4组"为部队防护和机动支援编队，将包括装甲架桥车、装甲工程车、装甲工程牵引车和CBRN勘测车。

目前"5组"仅包括一种车型——遥控布雷系统，用于替换目前在英国皇家工程兵团服役的"防护者"（Shielder）系统。

为了降低风险，DPA正在实施一系列技术论证计划（TDP），包括诸如电装甲、底盘、电气机构、整体生存和跨越鸿沟（与重型和轻型部队相协同）等。

TDP计划将作为全部综合技术计划（ITP）的一部分，ITP的目的则在于评估并加快FRES技术的成熟和应用。对除跨越鸿沟以外的所有TDP进行招标的工作已经开始，首个承包商将在不久后产生。

FRES将不会取代现役的"挑战者"2主战坦克和"武士"步兵战车，相反，这两种主装装备的性能还将通过改造进行增强。陆军方面将把这两种装备的退役年限推迟到2035年。首先，将是"武士"步兵战车接受"武士"杀伤力增强计划（WLIP）的改造。该车将会装备泰利斯公司的战斗群热成像系统和通用动力公司的"弓箭手"通信系统。

而针对"挑战者"2主战坦克所进行的"挑战者"杀伤力增强计划（CLIP）中的120毫米滑膛炮技术演示车已经制造完毕。如果经费充足，CLIP将在不久后开始实施。这两项计划中所采用的40毫米火炮（WLIP）和120毫米火炮（CLIP）将会被用在FRES的步兵战车和直射火力平台上。

五、质疑也不少

面对冷战后时代的新局势，英国陆军一开始是不切实际的，盲目跟着美国 FCS 与陆军转型的路线，急切地想建立能以 C-130 空运的新型部队，后来慢慢放宽重量的限制，并延后了研制和部署的时间。目前，英国 FRES 的重量要求虽然比美国 FCS 的有人地面车辆更切合实际，但严格说来，FRES 还是没能从"快速空运部队"的美梦中清醒过来。

只要稍加计算就能发现，以空运部署旅级部队，即使是装备类似 FCS 或 FRES 的中型部队，部署速度也未必会比海运快。就目前的情况看，即使以美国空军所拥有的庞大运输机队，尚且无法快速部署中型装备的旅级部队，英国想以未来更小规模的运输机队（4 架租来的 C-17、25 架 A400M 和 7 ~ 17 架 C-130）进行快速空运部署，只怕更加无望。幸好 FRES 尚未推出具体的原型车，计划还存在很大的可塑性，相信英国陆军会在以后的数年内继续寻找一个理想和现实的平衡点。

美国人虽然暂时不搞 FCS 了，但它和 FRES 的设计思想对信息化时代的新军事变革，特别是坦克装甲车辆的发展来说，仍具有十分深远的意义。

FCS 和 FRES 的立项，将宣告主战坦克生产的结束，是坦克发展史中的重大事件。坦克自问世以来，其发展一直走着"更重、更大、更强"的大型化的发展道路。70 吨的战斗全重，120/125 毫米的大口径火炮，500 毫米厚的超厚装甲，500 万美元的"豪华价格"，使坦克的发展已经接近了"四大极限"。坦克的"小型→大型→小型"的辩证发展，是哲学上的否定之否定规律的深刻体现，也是科学技术发展到信息化时代武器发展的必然结果。

FCS 和 FRES 的定型，将引起陆军武器和作战方式的新的革命。它的出现，相当于"从乘马骑兵向坦克的转变，或者像引进直升机一样的转变"，具有深刻的、革命性的历史意义。高速机动，精确打击，立体打击，远程打击，减少作战士兵，这一切将使未来的陆军兵器面目一新，也使未来的地面战斗具有全新的模式。

FCS 和 FRES 的投产，将引起新一轮的军备竞赛。未来地面系统，将使现有的主战坦克和大口径自行榴弹炮一类 20 世纪末期的重型兵器相形见绌。巨大的反差将促使各国投入新一轮的军备竞赛。一茬新的武器系统，一套新的作战模式，将在未来的 10 ~ 20 年中诞生。

FCS 和 FRES 是坦克和陆军兵器发展中的一件大事，2015 年，坦克迎来它的"百岁诞辰"，如果有几个主要军事强国研制出自己的"未来战斗系统"来,那可谓百年坦克的"凤凰涅槃"。

1915 年英国生产出世界上第一辆坦克,然而 100 年后的今天,英国却将放弃对坦克的生产。英国的这一举动虽饱受争议,但把这一事件放在战争形态发展的历程中去审视,则不是哗众取宠的冒进行为。坦克与战争的关系如何,它们的缘分是否终结,值得我们深思。英国政府不再订购坦克,导致坦克的停产,来源于对未来战争形态的判断。许多英国军事专家都认为应对非对称作战、反恐及维和等任务所需要的是小型和轻型的装甲武器,而非重型坦克,现役主战坦克已经不适应现代战争的需求。这一判断从现实来看是否合理还有待实践的检验。

第五节
未来坦克走向何方

我们这里所说的未来的坦克是指 21 世纪初的坦克。更确切的说,是 2010 年至 2020 年间将出现的坦克。因为,2000 年至 2010 年间的新型坦克,十有八九是现役主战坦克的改进提高型,即主战坦克仍将以战后的第三代坦克为主,而第四代坦克也正在孕育中。21 世纪的坦克将是什么样?隐形坦克、全电坦克、双人坦克……,21 世纪的坦克将在信息对抗中成长。反坦克导弹不会使坦克消亡,武装直升机代替不了坦克。武装直升机的火力不如坦克强大,其防护力也不像坦克那样全面,机动性能虽好但不能长时间连续作战,因此,武装直升机难以承担坦克的全部作战任务或取而代之。

一、不断改进中的主战坦克

美国目前的主战坦克以 M1 系列坦克为主,约生产了 8,000 辆。美国陆军为继续保持其装甲优势,提出了发展坦克的三步设想:第一步是近期内将 1,000 多辆老式 M1 坦克改进到 M1A2 的水平。第二步是在中期开发 1,080 坦克。这种坦克是对 M1A2 坦克的再改进型号,定型后称 M1A3 坦克,改进重点是重新设计软件、车长彩色综合显示器和视频信号分配器;改进存储器、阅读器、解调器、导航系统和乘员头盔显示器。第三步是远期即 2015 年以后,开发重量轻、性能高的未来主战坦克(FMBT)。通用动力公司己向美国陆军提出了一种采用电传动驱动的、乘员布置在车体内的双人未来主战坦克方案。该方案的特点是外形低矮、战斗全重在 45 吨以下。它可能采用电热化学或电磁技术，也可能采用主动防护技术。

随着陆军装备体系化的进一步发展，推出 FCS 系统，以信息技术为支撑，打造网络化作战体系，2009 年该计划终止后，仍保留了其核心——网络。并将 FCS 网络、小型无人地面车辆、无人机、无人值守地面传感器等项目融入旅战斗队现代化计划改造中，同时积极推进新型地面战车族研制计划，在未来若干年，美国陆军将混合装备老式车辆和新型车辆，构建一支编制灵活、网络化、多用途混合型陆军。

俄罗斯继 T-80 主战坦克之后，又推出了多种 T-80 改进型坦克和 T-90 坦克。1994 年底，俄罗斯又展示了用 T-80 坦克底盘改进的新型试验坦克样车。该坦克的车长、炮长和驾驶员全部位于车体前部，车体后部为动力舱，车体中部上方装有外置式大口径火炮，口径约为 140 毫米，炮管较长，初速和穿甲能力都大大超过 125 毫米滑膛炮。

德国豹 II 坦克是现代化主战坦克的典型。德国陆军正在分 3 个阶段对豹 II 坦克进行改进。第一阶段是通过改进弹芯和发射药设计以及加长炮管来提高穿甲能力；第二阶段是通过加装附加装甲和防崩落内衬层提高生存能力，通过使用炮塔电驱动系统和热成像瞄准镜提高指挥控制能力；第三阶段是通过换装 140 毫米火炮，配装自动装弹机，采用综合指挥与信息系统，全面提高坦克性能。这些改进型豹 II 坦克将是德国 21 世纪初的主战坦克。德国第四代坦克豹 II 的研究工作虽然从 1982 年已经开始，但为了节约资金，于 1992 年初被德国国防部放弃，不过为豹 II 坦克预研的新技术和新部件将首先用于改进型豹 II 坦克。

法国"勒克莱尔"坦克是世界上最新问世的主战坦克。法国的未来坦克是"勒克莱尔"2 型坦克，其主要部件将沿用"勒克莱尔"坦克的部件，不同的是该坦克装有 1 门配用自动装弹机的新型 140 毫米滑膛炮。

英国准备用"挑战者"2 坦克替换"奇伏坦"，其生产准备工作己经完成。"挑战者"坦克将是英国 21 世纪初坦克的主力。目前，英国军方还不打算研制未来的主战坦克，但新部件的研制工作却正在进行着。据专家们推测，英国第四代坦克"挑战者"3 的研制工作将在"挑战者"2 坦克的改进大纲范围内进行。

90 式坦克是日本依靠雄厚的经济实力,利用 15 年的时间,充分发挥其先进的电子技术、新材料等特长并广泛吸取世界各国先进坦克技术研制而成,名列世界战车榜首。在海湾战争中,尽管美国的艾布拉姆斯、英国的挑战者及俄罗斯的 T-80,德国的豹 Ⅱ 坦克都大出风头,但他们都逊色于日本的 90 式坦克。对 90 坦克的装甲防护奥秘,日本人守口如瓶。90 式坦克的传动装置为带液力变矩器和静液转向机构的自动变速箱,可实现无级变速。各国的主战坦克的动力系统大多采用四行程发动机。日本 90 式车十分独特,它始终坚持采用两行程发动机。另外,它采用的是猎手、射手式火控系统。炮长和车长一旦用瞄准镜捕捉到目标,只要按下跟踪开关,坦克炮便可按一定的速度跟踪目标。日本人自豪地称它们是世界上第一流的火控系统。

以色列自行设计的梅卡瓦坦克,一直居于世界主战坦克发展的前列。随着研究工作的不断进展,目前,以色列已推出梅卡瓦 3 型主战坦克,其显著的特点是拥有先进的火控系统尤其是目标自动跟踪系统,增加了该坦克对运动目标甚至是高速飞行的直升机的命中精度。

中国的 99 式主战坦克,是目前我军研制的最新型最先进的主战坦克,坦克炮塔正面和侧面加装了新的楔形双防反应附加装甲,具备了优异的防弹外形,车体也均采用复合装甲,抗弹能力也成倍提高,加装有 125 毫米滑膛炮/140 毫米滑膛炮,能发射尾翼稳定脱壳穿甲弹、破甲弹和榴弹三种不同类型的炮弹,列装了激光制导炮射导弹系统,是我军装甲师和机步师的突击力量,被称为中国的陆战王牌。

二、战斗全重轻量化

第三代主战坦克的战斗全重一般都在 50 至 60 吨之间,非常不适应战时运输的要求,特别是应付突发事件的特种部队的快速部署要求。为此,美国和以色列等国家都提出了发展 40 多吨主战坦克的设想。取消炮塔和减少乘员既是减轻坦克战斗全重的最佳手段,也是提高生存力的有效途径。美国通用动力公司已向美国陆军提出了低矮外形、乘员位于车体内的未来双人坦克方案。

轻量化是工程技术人员永恒的追求，但轻量化不能牺牲防护性能和经济性。FCS一开始就过分强调陆军装备必须刚性满足空运甚至空投的要求，认为信息化条件下能大幅提高单车生存力而牺牲单车防护性，后经伊拉克战争、阿富汗战争证明此路不通。战斗全重的控制一直是坦克装甲车辆型号研制的难点，各分系统、部件为了本身的可靠性基本上都"超重"。

轻量化技术的发展重点是新材料应用，动力、传动与辅助系统的集成设计，行走系统的优化设计，甚至减少乘员，采用新型整车结构，等等。新材料应用的重要方向是车体、炮塔体和火炮身管。铝合金、钛合金、镁合金以及高性能纤维增强复合材料的应用研究都很活跃，而瓶颈在不同型材的批量制备工艺和零部件之间的连接技术。另一方面，新材料的应用往往导致成本的大幅增加。动力、传动与辅助系统的集成设计能大幅度降低动力舱的体积，动力舱体积的减小意味着整车重量的大幅度下降。例如，"欧洲动力机组"就使得豹Ⅱ坦克的动力舱长度缩短1,000毫米，体积由原来的7.6立方米缩小到立方米。而其集成设计的关键是冷却系统（包括冷却风道）、进气系统的优化设计，以及动力、传动系统润滑油品种的统一，传动系统中高、中、低压液压系统（转向系统、操纵系统、润滑系统）以及液力系统（传动系统、转向系统、制动系统）的集成设计，包括润滑油品种的统一，热管理、污染管理系统集成、优化设计。动力、传动与辅助系统的集成设计往往以牺牲一些零部件的可维修性为代价，因此实现集成设计的前提是坚决杜绝漏油、漏水、漏气、漏电，否则会因为那个管接头松动导致漏油就不得不吊动力舱甚至分解动力舱。

行走系统的优化设计对于坦克的轻量化有很大潜力。加拿大Soucy International公司和BAE系统公司瑞典分公司研制的带式橡胶履带就取得了积极的成果，已经安装到中级车辆（35吨）上进行了使用试验，带来了实实在在的好处：车重减轻大约1吨，而且接地压力均匀分布，车辆总体声响信号特征降低10分贝，车辆振动减小65%，而且便于修理和更换。此前，人们基本上将注意力集中在行走系统的通过性和减振性能上，而往往忽略其轻量化设计。开展以履带、负重轮轻量化为主要目标的行走系统优化设计是我国坦克装甲车辆业界的重点。

另外，改变车辆的结构与布置，如减小乘员、采用无人炮塔等措施都

可以大大减轻车辆重量。

三、全电坦克小有进步

全电坦克是指采用电炮（如电磁炮、电热炮、电热化学炮）、电传动系统、主动防护系统（如电磁装甲）以及其他电气部件（如炮塔电驱动装置、自动装弹机、火控系统）等技术设计的新概念坦克。全电坦克的优点众所周知，无论是火力、机动性、生存力，还是体积和重量方面的潜力，均超出常规坦克。全电坦克的竞争技术，也在一一突破之中。然而，发展全电坦克的费用高昂，小型储能器件和脉冲发生器的研制还有一定难度，因此，不能期望全电坦克在 2020 年以前出现。英国 BAE 公司的 E-X-Drive 串联式机电复合传动装置已成为美国终止 FCS 后新启动的新型地面战车族（GCV）和英国 FRES 中 SV 的传动系统方案。德国 RENK 公司和 MTU 公司也相继推出了串联式 EM1100、分流式 REX 和并联式 MBRID，均作为下一代坦克装甲车辆的传动方案。这些电驱动方案表现出了低速大扭矩、无级变速等良好的驱动性能，而且也表现出优异的动力舱体积，如采用 E-X-Drive 机电复合传动装置后，动力舱体积只有 3.2 立方米。

电气化的另一个方面是供配电的电压体制已由原单一的 28 伏发展成为高压 270 伏、低压 28 伏双电压供配电体制。电气化的发展重点是智能电网控制技术，含用电安全技术、高功率密度（大于 1 千瓦/千克）电机、大功率电子器件、高效高能量密度储能技术、脉冲电源技术等。坦克装甲车辆电气化的研究重点是整车能量管理、功率管理顶层方案的设计，机电复合传动多方案研究，起动发电一体机、电机、电池、电控、智能供配电等关键部件的研制。

四、综合防护是生存之道

综合防护又称为主、被动防护，即采用一切可能的主动和被动防护措施对坦克进行防护。伊拉克、阿富汗战争表明，拥有高技术武器装备的美国陆军同样遭到重创，连"海豹"突击队员的武装直升机也能被火箭弹击落。战争给美国陆军强烈的刺激和警醒，装甲车辆必须具备一定的装甲，至少能对付 RPG 火箭弹的攻击。但装甲的增加，势必造成战斗全重的大幅增加，往往只能起到"事倍功半"的效果。

坦克要想在未来的战场上生存，仅仅依靠传统的防护方法是无法同反坦克武器抗衡的。因为，现代坦克炮可以穿透厚度在 600 毫米以上的钢装甲，导弹射流对钢装甲的侵彻深度也在 1 米以上。单纯采用钢装甲板防护肯定会使主战坦克变成一个行动不便的"铁乌龟"。综合防护从防止被敌人发现入手，采取缩小外形尺寸、降低信号特征、使用新材料等一系列措施，尽量减少被发现的概率。同时，它依靠增强火力、提高机动性能进行积极的防护；依靠提高装甲抗弹性能进行有效的防护；借助光电等高新技术进行主动对抗防护；通过滤毒系统等进行特种防护。

坦克装甲车辆的生存力如何提高，成了工程师们紧迫的研究课题，隐身技术，可便捷披挂的附加装甲，光电对抗、信息对抗的软杀伤主动防护系统，对来袭弹药进行拦截的硬杀伤主动防护系统的研发尤为活跃，生存力技术在一定"装甲"能力的基础上，朝着隐身、主动防护的方向快速发展，基于激光、红外、紫外、雷达多波谱的综合探测、告警系统成为标配；新推出的主战坦克，如"豹 2"A7+、梅卡瓦 MK4，均配置了拦截型主动防护系统；中轻型装甲车辆加装拦截型主动防护系统也渐成为趋势。俄罗斯、以色列、德国、南非、瑞士等国家均已推出主动防护系统产品。

2011 年 3 月 1 日，以色列国防军一辆梅卡瓦 4 坦克在加沙地区巡逻时，其"奖杯"（TROPHY）主动防护系统探测到一个来袭射弹并成功摧毁。这是坦克首次在实战中成功使用主动防护系统，以色列国防军表示，这是坦克向前迈出的具有重大意义的一步，可能会改变未来的地面战。"奖杯"系统可提供 360° 防护，防御反坦克导弹、反坦克火箭弹和坦克发射的高爆反坦克炮弹。坦克装甲车辆软杀伤主动防护技术的发展重点是：激光、红外、紫外、雷达等多波谱光电探测。总之，21 世纪的主战坦克将在新技术、新概念的推动下，不断地同反坦克武器较量，并逐渐实现自我完善。

五、智能无人化渐趋明显

无人系统是装备实现无人化、智能化发展的新阶段，它可以完成有人系统难以完成的各项军事任务，显著增强作战能力。随着先进传感器技术、人工智能技术等信息技术的快速发展，无人化、智能化正成为装甲装备未来发展的一个重要趋势。无人地面作战平台的发展已成为目前的一个关注热点。

美国 FCS、英国 FRES、法国 BOA 等新一代综合作战系统都大量采用了无人地面作战平台，从而大大提高了装备的无人化和智能化水平。美国陆军为 FCS 研制的无人地面平台包括 ARV 武装机器人车辆、多功能通用 / 后勤机器人车辆和小型机器人。与此同时，英、法、德、以色列等国家也正在积极研制和装备本国陆军使用的无人地面车辆。法国陆军的 BOA 也包括无人驾驶地面车辆，目前正在研制"赛兰诺"无人地面车辆。德国也正在进行"普莱默斯"技术演示项目，目的是为半自主化的无人驾驶地面车辆的作战研制和集成先进技术。目前英、美的两家公司合作，正在以"魔爪"机器人车辆为基础，研制"剑"式机器人车辆。以色列已成功研制并装备有"卫士"－M 自主式安全无人车和"阿韦多"2004 机器人。

自从美国 1990 推出联合机器人计划（JRP）以来，无人系统的发展一直方兴未艾，

英美合作研制的"剑"式机器人车辆

并已经开始投入实战，伊拉克、阿富汗和利比亚战争都看到了无人系统的实战应用。尽管美国终止 FCS 后，仍然保留了小型无人地面车辆、无人机、无人值守地面传感器等项目，2010 年 7 月法国萨托利防务展和 2011 年 8 月 16 日至 18 日在华盛顿会议中心举行的北美无人系统展上展出的无人系统产品和技术，就能看出无人化已成为以信息化技术为支撑的坦克装甲车辆装备与技术发展的又一鲜明的方向。

当前坦克装甲车辆无人化装备的发展重点放在侦察感知、工程与后勤保障类装备的开发，而带有火力的战斗无人车或武装机器人的发展与应用相对慢一些，多是些遥控武器站或无人炮塔，或许是把武器交给机器人还

是让人有些不放心或感到恐惧，而实质是技术还不能保证机器人完全具备人的智能，也不能保证机器人不被敌方"绑架"。无人侦察感知装备主要包括无人侦察车、无人机和无人值守地面传感器；而无人工程与后勤保障装备主要是排雷等危险作业和运载武器弹药等搬运作业，等等。无人化技术的发展重点是传感器、通信系统、智能软件，核心是智能软件，难点是任务、路径规划和与其他武器装备以及人的协同。美国将无人化技术的智能水平分为 10 级，最低级 1 级是遥控型，由遥控操作者操控，最高级 10 级即像人的智能一样完全自主。无人化技术的发展重点是：遥控武器站、无人炮塔和无人值守地面传感器；无人侦察车、无人工程与后勤保障装备的研制。无人诱骗装备或许也是未来无人化技术的一个重点。

　　未来，各种地面无人作战平台将和无人空中平台一起广泛出现在信息化战场上，执行侦察、监视和目标捕捉，通信中继，火力打击，安全巡逻，作战保障等各种任务，这些无人平台将与有人平台通过战场信息网络形成一个有机整体并发挥更重要的作用。

六、制信息力成为第四特性

　　微电子、计算机技术在坦克装甲车辆上的广泛应用，极大地增强了坦克装甲车辆的态势感知、信息对抗和指挥控制能力（简称制信息力），使传统的坦克装甲车辆因具有先进的信息系统而成为信息化、自动化的新概念作战平台，制信息力成为继火力、机动力和防护力之后坦克装甲车辆的第四特性。

　　未来的高技术战场是网络化、多维化、透明化、一体化的战场，这无疑对坦克装甲车辆制信息力的发展提出了更高的要求。战场的网络化，本质上是战术级 C^4I 系统向作战分队乃至作战平台的延伸和扩展，实现指挥系统和武器系统的无缝隙连接，把战场的各种要素有机地结合成一个态势感知和信息处理的网络大系统，因而要求坦克装甲车辆成为战场上的有源信息节点，形成一个"传感器—控制器—武器"联合化的战斗系统。战场的多维化，是指战场结构由有形的物理空间发展成包括无形的信息空间在内的多维空间。这就要求坦克装甲车辆不但要具有火力打击、战场机动和综合防护的能力，还要有制信息力。战场的透明化，是指各级指挥员乃至基层士兵都可看到通用的、与战场相关的电子动态画面，从而可实时掌握敌军、自己和友军在战场中的准确位置，驱散战场"迷雾"，因而要求坦克装甲车辆与其他各种武器系统（包括单兵）能共享实时信息，形成不可分割的"联动体"。战场的一体化，是指监视与侦察、通信、指挥与控制、情报与计算的一体化，要求作为一个战场子系统的坦克装甲车辆，与其他子系统紧密配合，协调行动，实现对敌目标精确地探测、识别、跟踪、打击和毁伤评估。坦克装甲车辆的信息处理与显示系统包括数字式多路传输数据总线、软件和显示设备。多路传输数据总线犹如坦克装甲车辆的"神经中枢"，它在车内计算机数据库管理系统的管理调度下，可实时地采集、处理、传递和利用信息。

各类用于支撑车内有关设备的作战软件，如基本物理过程函数库、车辆运动学与动力学函数库、火控系统软件和三维实时图形库，可对机动、火力和防护实施有效的控制，并把车辆技术状态、火炮射击诸元和战场实时态势等综合信息在显示屏上显示出来，使乘员直观地看到关键战斗情况、车辆状况和其他情报信息。

装备有 GPS 全球定位导航系统接收机的坦克装甲车辆，能获取高精度的三维位置数据，因而可以在无明显特征的地形（如沙漠、草原）上快速、精确地定位。由于车内计算机中可储存大量的电子地图，行动中 GPS 接收机将接收的车辆当前位置的三维位置数据转化为图形（如队标、圆点等），显示在电子地图上。随着车辆的移动，GPS 接收机的位置产生变化，其提供的动态数据可实时地显示出来，使车辆能充分地利用地形，合理地选择机动路线，灵活避开障碍区和核、生、化沾染区。美军的一次作战试验表明，使用 GPS 的 M1A2 坦克装甲车辆行军时间节省了 42%，行军路程减少了 10%。GPS 接收机与数字化摄像仪、传感器等设备相结合，可将敌我双方车辆的方位、动向及交战情况等战场信息在车辆间相互准确、实时地传递，从而实现信息的共享和互补，便于协调作战行动。

通信与指挥系统是坦克装甲车辆信息系统的"灵魂"。以计算机信息处理技术为基础，通过数字式跳频无线电台、微波扩频无线局域网、车内有线局域网、有线电话、通信控制器等传输手段，把战场各种武器系统与作战平台紧密联系在一起，可构成纵横交错的战场综合网络系统，实现上下左右实时的信息交换与情报共享，使坦克装甲车辆等信息化作战平台更快、更有效地利用信息，掌握战场态势，优化指挥与控制过程，从而能显著提高部队的整体作战能力。一方面，指挥员利用通信与指挥系统强大的信息处理与分析功能，既可通过建立一点对多点的"通播式"信息联网，快速及时地分发情报资料，又可实行点对点式信息传输，以减少信息干扰，增大指挥的灵活性，使作战力量的使用更精确、更有效。

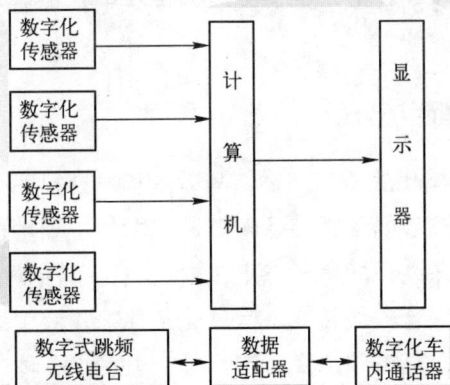

世界各国发展数字化坦克车内车际信息系统原理图

另一方面，战斗实施中，利用通信与指挥系统可在各作战平台间相互交换信息，就任务编组、行军序列、主要攻击方向和目标等方面组织更加密切的协同动作，对敌形成整体优势。

在数字化战场上，当己方一辆装有 GPS 系统的前方装甲侦察车用激光侧距仪照射到一支敌军车队的前导车辆时，即可把敌方车辆的精确位置坐标以"点报告"的信息传送到己方指挥车的战术显示器屏幕上。指挥车从显示器屏幕上向有关作战平台（坦克装甲车辆和自行火炮）发出"信息模板"，组织对敌目标实施精确打击，或及时通报上级"火力指挥中心"，引导上级远程炮兵或攻击直升机对目标进行有效的压制和摧毁。

总之，制信息力的发展将使坦克装甲车辆的战斗力获得质的提升，并促使各国未来陆军编制体制和作战模式发生重大变革。对于坦克装甲车辆而言，作为第四特性的制信息力将制约着其火力、机动力和防护力的发挥，因此，从某种意义上讲，获得战斗空间的制信息力将成为世界各国建设装

甲兵数字化部队的一个主要目标。

第六节
坦克地位与作用

　　战争形态的发展过程是对武器装备扬弃更新的过程，坦克在不断改进性能中逐渐改变自身。在战争形态发展的进程中，坦克也在适应中不断变化着自己。

一、将以新面目出现

　　坦克原本是机械化战争的产物，其诞生和发展已有近百年的历史。长期以来，以坦克为核心的装甲装备一直是陆军的主要地面突击兵器。随着新军事技术变革的深入，战争形态正在由机械化条件下的协同作战向信息化条件下的一体化联合作战转变。信息化条件下，装甲装备所处的战场环境发生了重大变化，具有陆、海、空、天、电多维一体的特点。不仅面临各类反坦克武器的威胁，而且处在一个复杂的电磁环境中，电子干扰、光电对抗、信息对抗始终伴随作战行动的全过程。信息化条件下，作战样式将由平台为中心转变为网络为中心，装甲装备与其他武器的协同方式将通过网络实现，作战效能的表征方式也由各作战单元的效能叠加转变为体系对抗的整体效能。因此，信息化条件下联合作战对坦克的发展提出了新的要求，坦克的发展也将呈现出新的特点。

　　坦克产生至今已有百年的历史，在第一次世界大战的索姆河战役中首次运用，共出动49辆坦克，实际参加战斗的只有18辆，这18辆坦克中有10辆被德军击毁，虽初露锋芒，但战绩并不骄人。坦克在"二战"中才成为不可替代的主角，从德国的闪击战到阿拉曼战役英国击败德意联军，德国法西斯由盛而衰，坦克都是胜败双方的骄傲。然而，在海湾战争和伊拉克战争中，伊拉克军队的坦克部队成为美军直升机的标靶。在以色列与黎巴嫩真主党游击队的冲突中，掌握世界上最先进坦克之一的以色列军队对真主党游击队的火箭弹毫无办法。直至今天，坦克的故乡——英国公然宣布结束生产主战坦克。我们可以看到，随着战争形态的变化，坦克的发展正在经历着一个由盛而衰的过程。

英国停止生产坦克的原因是多方面的，其中一方面的原因是技术落后，无法适应未来作战需要。坦克在英国的停产并不意味着坦克将从英军中退役，而是因为英国需要节约现有坦克生产基金来研究更为先进的小型和轻型的装甲武器。坦克在今后的战争中不会突然消失，而是在不断改进中逐渐变为更适应新的作战样式的新作战平台，这个改进的过程也是量变的积累过程。

自海湾战争至今的历次局部战争证明，主战坦克还是各种作战行动中不可或缺的关键战斗平台。美欧、日本、印度、俄罗斯等诸多国家正在加紧对新型坦克的开发。但这种坦克不再是传统意义上的装甲厚、重量大、采用线膛炮的坦克，而是在防护性、机动性更强的基础上装载信息化设备，使坦克成为重量更轻、火力更强、速度更快，能适应多种环境的信息化新型作战平台，其名称最终也将发生改变。这种改变如同古代战车与现代履带式步战车的名称改变一样，通过量变到质变的转变而变成本质上不同的两种陆战武器。

坦克曾经是陆战的宠儿，在"二战"中，在世界各地的各种陆地战场上，尽显风流。坦克也曾是战场的弃儿，整师整团的装甲部队在数架直升飞机面前束手无策，最先进的主战坦克被土方法制造的火箭弹弄得焦头烂额。

一种新的武器的产生，随之会有该武器制胜的理论产生，从富勒的坦克制胜论再到杜黑的空军制胜论再到马汉的海军制胜论，他们的理论在特定时期的实战中总能得到印证和检验。希特勒的闪击战利用坦克横扫欧洲，"一战"、"二战"时期用海上绞杀战扼住生命线的方式总是屡屡得手，还有海湾战争和波黑战争中的空战几乎让美国取得零伤亡的骄人战绩。但在未来战争中，一种武器系列就能决定战争胜负的局面必将过去。

为满足未来战争需要，各军事强国将依据信息战、网络中心战等新的作战理论，坚持综合集成的发展思路，积极打造陆军综合作战系统，以推动陆军转型深入发展。在综合作战系统体系内，作为同时兼容火力平台、机动平台、防护平台和信息平台的装甲装备，仍是其中的基本地面作战平台，构成了其核心和骨干作战装备。未来综合作战系统告别了先前单个平台或系统分散独立发展的思路，而是采取系统集成的方式，成系列、成体系发展整个武器系统。新一代战斗系统不再是一种单一的作战平台，而是由多种有人和无人、地面和空中平台共同组成的分布式、网络化的诸兵种合成的作战系统集成。它的功能不仅包括直射火力，还具有通过间瞄射击方式实现超视距远程精确打击能力及兵员输送、侦察与搜索、运动中的指挥与控制、后勤补给、医疗救护、抢救修理等战斗保障功能。新一代战斗系统将采取一种系统集成的运用方式，将侦察、作战、支援、保障、指挥等系统构成一个一体化作战网络，具有网络化的通信、指挥与控制和一体化的作战能力。它的出现将极大地改变未来的地面作战方面和空中平台共同组成的分布式、网络化的诸兵种合成的作战系统集成。它的功能不仅包括直射火力，还具有通过间瞄射击方式实现超视距远程精确打击能力及兵员输送、侦察与搜索、运动中的指挥与控制、后勤补给、医疗救护、抢救修理等战斗保障功能。新一代战斗系统将采取一种系统集成的运用方式，将侦察、作战、支援、保障、指挥等系统构成一个一体化作战网络，具有网络化的通信、指挥与控制和一体化的作战能力。它的出现将极大地改变未来的地面作战方式，并对部队的作战思想、作战程序、编制结构和人员训练产生深刻的影响。

二、将成为信息节点

未来的战争是体系作战，是陆、海、空、天、电磁、心理多维战场的一体作战。体系作战是以系统为基础，信息为枢纽的新型作战形态，所有的武器装备，无论它是传统的还是现代的，都要在信息的连接下，成为系统中的一个要素，体系作战中的一个节点，在一定的结构定位下，和其他要素相互配合，才能发挥其作战功能。脱离体系的作战要素就仿佛是"割下来的手"，将失去其应有的功能。

随着新军事技术变革的深入，战争形态正在由机械化条件下的协同作战向信息化条件下的一体化联合作战转变。当代几场局部战争实践证明，信息系统主导作战，机械能和化学能仍是打击、摧毁功能的承载者。信息化条件下，坦克所处的战场环境发生了重大变化，具有陆、海、空、天、电多维一体的特点，不仅面临各类反坦克武器的威胁，而且处在一个复杂的电磁环境中，电子干扰、光电对抗、信息对抗始终伴随作战行动的全过程。

在信息化作战条件下，坦克（装甲装备）将成为未来网络作战体系的重要节点和平台，其一体化的指挥控制系统、网络化的火力打击系统、精确化的综合保障系统，将会以看得更远、打得更准、威力更大、功能更完善的新面目出现在战场上。坦克在未来作战中不会再有做"孤胆英雄"的机会，离开了系统，它的攻击力再强也无法发现和摧毁超视距或隐形目标，机动性再快也快不过无人机，防护性再好也顶不住反坦克导弹的攻击。而在系统中的坦克，即使装甲不厚、速度不快、攻击性不强，在其它要素的支援配合下，在有效信息的导引下，也能够趋利避害，避免被摧毁，完成攻击任务。

在未来作战中，坦克将成为陆地重要的信息化作战平台发挥越来越大的作用。火力、机动与防护，历来是装甲装备作战效能的三要素。未来作战，信息不仅作为第一要素，实现全员信息源和全员信息用户，更是机动、火力与防护三要素的"融合剂"与"倍增器"。插上信息"翅膀"的机动，势将实现战略、战役、战术上的快速机动、全域机动和多能机动；嵌入信息"耳目"的火力，在多维战场监控与多源信息获取中，更加灵活、精准、高效；拥有信息"盾牌"的防护，不单靠新技术、新材料、新工艺提高自身防护，更要通过战场上信息流的快速通联先机判断威胁，实现主动防护。

三、仍是控制陆战场的主角

近十年来，空天领域在军事上的重要性凸显，未来这一趋势还会增强。但在目前和可预见的将来，人类的主要活动领域仍是地面。军事冲突通常是因"陆地"问题而起：领土争端，企图控制资源、重新划分势力范围、政治、意识形态、宗教和其他矛盾。未来战争单靠空军是不能最终解决这些问题的，要达到占领和控制的目的，还需要靠陆军来完成。只要存在"占领"，坦克作为陆战平台的地位就不会下降，他们在歼灭敌人和实现军事行动目标中继续发挥决定性作用。随着技术的发展，坦克向着轻型化、智能化、多功能化、无人化、模块化发展，它将作为陆战平台在陆战中发挥更大的作用。

各国的武器装备建设，都要服从服务于本国的军事战略需求。我国实行的是积极防御的军事战略，在战略上坚持积极防御、自卫和后发制人的原则，我军作战理论强调增强联合作战、机动作战和执行多种任务的能力。我国的主战装甲装备发展，不仅要满足应急机动作战部队的快速反应，而且要满足战略预备力量的威慑与防御作战要求。适应我国战略需要，装甲机械化部队将由传统的攻势行动到立足遂行多样化任务，可不同类型装备，遂行不同任务、适应不同战场环境，不仅要立足用于高强度对抗，也要立足于遂行多样化任务；由传统的防守反击到基于威慑和遏制的地域控制，着眼遏制危机，直接配置在第一线，展示前沿存在，或拒阻或突击，以尽快达成地域控制甚至控制战局的战略目的；由传统的区域防卫到全域机动作战，以实现作战力量运用的持续性和作战进程的可控性。因此，我们在当今仍然可以说：装甲兵是陆军构成的主体，承载着遏制危机与维护国家安全稳定的历史重任，装甲兵是陆军作战的主力，肩负着打赢一体化联合地面作战的使命。

参 考 文 献

[1] 余高达. 军事装备学 [M]. 北京：国防大学出版社，2000.

[2] 刘向刚，李雄，付佳. 陆军装备发展概论 [M]. 北京：国防大学出版社，2011.

[3] 卢俊，张浅秋，党生，等. 武器装备发展概论 [M]. 北京：军事科学出版社，2005.

[4] 丁保春. 对现代武器装备发展战略的系统思考 [J]. 军事运筹与系统工程，2002，16 (3)：24-26.

[5] 钱海皓. 武器装备学教程 [M]. 北京：军事科学出版社，2000.

[6] （美）杜普伊. 武器和战争演变 [M]. 北京：军事科学出版社，1985.

[7] 余起芬. 古德里安"闪击战"理论评析 [J]. 中国军事科学，1991(2)：156-160.

[8] 刘青山，杨宇. 铁马冰河入梦来 [J]. 坦克装甲车辆，2004（5）：6-9.

[9] 丁骥. 富勒与英国坦克运用 [J]. 国外坦克. 2004（4）：42-44.

[10] 朱连华，李雄. 制信息力—坦克装甲车辆的第四特性. [J] 兵器知识. 1999（9）：15-16.

[11] （英）罗杰·福特. 坦克发展史 [M]. 俞建梁，徐春，译. 北京：中国市场出版社，2010.

[12] 吕辉. 陆战之王：坦克 [M]. 北京：中国社会出版社，2014.

[13] 中国兵器工业集团第二一〇研究所. 国外坦克装甲车辆综合电子技术发展专题研究 [R]. 北京：中国兵器工业集团第二一〇研究所，2012.

[14] 中国兵器工业集团第二一〇研究所. 国外坦克装甲车辆主动防护技术发展专题研究 [R]. 北京：中国兵器工业集团第二一〇研究所，2012.

[15] 中国兵器工业集团第二一〇研究所. 国外坦克装甲车辆高功率密度推进技术发展专题研究 [R]. 北京：中国兵器工业集团第二一〇研究所，2012.

[16] （英）史蒂文·A 哈特. 德军豹式坦克 1942—1945[M]. 重庆：重庆出版社，2009.

[17] 王保存. 世界新军事变革新论 [M]. 北京：解放军出版社，2003.

[18] 王珊. 坦克：世界王牌坦克暨作战实录，哈尔滨：哈尔滨出版社，2013.

[19] 张卫东. 美国取消"未来战斗系统"解析 [J]. 国外坦克 2009（11）：16-20.

[20] 朱念斌，于宝林. 未来坦克解析 [J]. 国外坦克 2014（5）：7-16.

[21] 郭正祥. 俄 T-95 与 "舰队" 坦克发展的幕后 [J]. 坦克装甲车辆 2014（1）：48-51.

[22] 曾望. 俄新型坦克发展模式构想与实践 [J]. 国外坦克 2012（9）：9-10.

[23] 李莉. 未来坦克技术发展趋势探析现代兵种 [J]. 2010（6）：56-57.

[24] 肖咏捷. 2011 年世界陆军武器装备发展综述军事史林 [J]. 2011（5）：56-57.

[25] 铁血图. 陆战雄狮：二战坦克风云录 [M]. 北京：人民邮电出版社，2013.

[26] 陈渠兰. 第二次世界大战秘密武器 [M]. 武汉：武汉大学出版社，2014.